普通高等教育"十三五"规划教材
荣获中国石油和化学工业优秀教材奖

环境保护概论

第二版

刘芃岩　主编　　郭玉凤　宁国辉　路　达　副主编

化学工业出版社

·北京·

本书分为环境与发展、环境污染及控制对策、环境保护措施三大部分。全书从辩证的角度概述了环境与发展的关系、污染与人体健康的关系，系统地介绍了可持续发展理论，对全球当代环境问题进行了阐述，讲述了环境污染的相关基本概念和基础知识，探讨了水环境、土壤、大气、固体废物和物理污染及其防治对策，对环境管理、环境质量评价与环境监测进行了介绍，融入了一些环境保护的新理念，如低碳经济、循环经济、清洁生产、电子垃圾的污染及处理等，同时提供与本书配套的电子教案作为参考。本书注重知识性和实用性的结合，注重培养学生对实际问题的分析能力。通过对本课程的学习，可培养学生的环保意识，使学生了解当前环境问题，掌握环境保护知识，自觉地将环境保护融入自己的行为中。

本书可作为高等院校环境专业的基础教材和非环境专业的通选教材，也可作为环保技术人员和管理人员的参考用书。

图书在版编目（CIP）数据

环境保护概论/刘芃岩主编. —2 版. —北京：化学工业出版社，2018.9 （2024.1重印）
普通高等教育"十三五"规划教材　荣获中国石油和化学工业优秀教材奖
ISBN 978-7-122-32477-1

Ⅰ.①环…　Ⅱ.①刘…　Ⅲ.①环境保护-高等学校-教材　Ⅳ.①X

中国版本图书馆 CIP 数据核字（2018）第 138579 号

责任编辑：满悦芝　　　　　　　　　　文字编辑：王　琪
责任校对：王　静　　　　　　　　　　装帧设计：张　辉

出版发行：化学工业出版社（北京市东城区青年湖南街 13 号　邮政编码 100011）
印　　装：三河市延风印装有限公司
787mm×1092mm　1/16　印张 12½　字数 304 千字　2024 年 1 月北京第 2 版第 12 次印刷

购书咨询：010-64518888　　　　　　　售后服务：010-64518899
网　　址：http://www.cip.com.cn
凡购买本书，如有缺损质量问题，本社销售中心负责调换。

定　　价：35.00 元

《环境保护概论》（第二版）
编写人员名单

主　编：刘芃岩

副主编：郭玉凤　宁国辉　路　达

参　编：于泊蕖　秦　哲　刘树庆

前　言

随着新的环境问题的不断显现，人们对环境问题的认识也在不断深入和完善，尤其自2010年雾霾大面积出现以来，人们对环境保护更加关注，我国政府在政策、资金方面给予了污染治理大力支持，科研人员为了弄清楚污染来源而投入了更多的精力，近五六年新出台了很多环境新政策、新法规、新标准，同时，新理论、新技术也不断出现。例如，2015年8月修订了《中华人民共和国大气污染防治法》以及与其相适应的新的空气环境质量标准；分别针对水、土、大气污染防治措施出台了三个"十条"等。因此，有必要对《环境保护概论》进行修订和补充。

本教材自出版以来，除了在河北大学、河北科技大学、河北农业大学作为环境学科的基础教材和非环境学科的通识通选教材供选读外，还得到全国几十所高校和广大读者的认可，并于2012年获得中国石油和化学工业优秀教材奖，为此，编者对广大读者表示深深的感谢！为了更好地服务广大读者，答谢广大读者的厚爱，编者也尽力使教材跟上时代步伐，尽量做到满足广大读者的需求。

本教材可作为高等院校环境专业的基础课和非环境专业的选修课的教材，也可供环境科学与工程技术人员、环境科学管理者参考。

这一版《环境保护概论》中的主要内容与第一版基本相同，为了使教材更具有广泛的适用性，对个别章节中专业性过强的内容进行了删减，修订了相关新标准，补充了新的相关数据，对近几年出台的重要的相关政策进行了介绍，在书后附录中更新了相关标准，补充了近几年的环保主题，增加了"水十条""大气十条""土十条"等。相信这些修订会对读者有所帮助。

本书的再版工作由第一版的作者共同协作完成，各章节的修订分工也仍按第一版进行，刘芃岩负责全书统稿。在修订过程中，河北大学赵春霞帮助修订了第五章内容，并给出了一些好的建议，在此向她表示衷心的感谢！

由于编者时间和水平有限，书中疏漏之处在所难免，敬请读者批评指正。

编　者
2018 年 7 月

第一版前言

随着人口的迅猛增长、经济的快速发展、科技水平的大幅度提高，人类改造自然、利用自然资源的规模空前扩大，从自然环境中获取的资源也越来越多，与此同时排放的污染物也与日俱增，从而引发了环境的污染与生态环境的破坏、资源能源的短缺等问题，而环境与资源保护需要公众参与，作为我国未来经济社会发展主力军的当代大学生，有必要掌握环境保护基础知识，提高环境保护意识。本书是专为高等院校环境专业和非环境专业的本科生编写的教材。

本教材分为环境与发展、环境污染及控制对策、环境保护措施三部分，涵盖了环境及其污染问题的基础知识，水、土壤、大气、固体废物污染和其他物理污染及其防治对策，环境管理，环境质量评价，环境监测等内容。本书力求反映当前国内外环境保护发展前沿，补充了一些新数据；对当代全球环境问题进行了分析；融入了"保护生态环境，贯彻落实科学发展观，走可持续发展的道路，建设资源节约型、环境友好型的社会"等环境保护的新理念；增加了低碳经济、清洁生产、电子垃圾的污染及处理等新内容。在内容的编排上既考虑到了教材的广泛适用性，又注重一些内容的加深和扩展，对专业性强的内容，作者采用小一字号标出，供使用者选择采纳。本书配套电子教案，请发信到 cipedu@163.com 免费索取；或到化学工业出版社教学资源网 http://www.cipedu.com.cn 免费下载。

本书由河北大学、河北科技大学和河北农业大学的一些教师共同编写而成。各章节编写分工如下：第一章、第五章（第一节、第三节、第四节、第五节）、第六章、第十二章第四节，刘芃岩；第五章第二节、第七章、第十二章（第一节～第三节）和第十三章，路达；第二章、第九章，刘树庆、宁国辉；第三章、第四章，郭玉凤；第八章、第十章，于泊蕖；第十一章，秦哲。刘芃岩负责全书统稿。

在本书的编写过程中，编者引用了相关资料，在此，对这些资料的作者表示衷心感谢！

由于环境保护涉及的范围广、交叉性强，而且随着人们对环境保护认识的不断深入和科技水平的不断提高，新的理念、新的污染防控技术又不断更新，加之编者的水平和时间有限，疏漏之处在所难免，敬请读者批评指正。

编　者
2011 年 1 月

目　　录

第一部分　环境与发展

第二部分 环境污染及控制对策

第三部分　环境保护措施

第一部分　环境与发展

第一章 绪 论

内容提要及重点要求：本章主要介绍了环境的概念、环境的分类和组成；对环境问题产生的原因进行了分析，阐述了当前全球面临的主要环境问题；介绍了国内外环境保护发展历程。本章要求系统地了解环境、环境问题及其相关的环境基础知识；明确当前全球性、广域性的环境问题，并掌握其发生、发展的起因；掌握环境的概念；理解环境保护工作及对环境保护的认识，是随着环境问题的一步步显露而发展，并逐步完善起来的。

第一节 环 境 概 述

一、环境的概念

环境（environment）总是相对于某一中心事物而言的。环境因中心事物的不同而不同，随中心事物的变化而变化。围绕中心事物的外部空间、条件和状况，构成中心事物的环境。我们通常所称的环境是指人类的环境，即以人为中心事物而言的，除人以外的一切其他生命体与非生命体均被视为环境要素，因此，环境即是以人为中心事物而存在于周围的一切事物。这里不考虑其对人类的生存与发展是否有影响。

对于环境科学来说，中心事物仍然是人类，但环境主要是指与人类密切相关的生存环境。它的含义可以概括为："作用在'人'这一中心客体上的、一切外界事物和力量的总和。"人与环境之间存在着一种对立统一的辩证关系，是矛盾的两个方面，他们既相互作用、相互依存、相互促进和相互转化，又相互对立和相互制约。

当前，世界各国对各自国家的环境保护政策都有明确的规定，但这些规定和各国法律对环境的解释又不尽相同。我国颁布的《中华人民共和国环境保护法》中明确指出："本法所称环境，是指影响人类生存和发展的各种天然的和经过人工改造的自然因素的总体，包括大气、水、海洋、土地、矿藏、森林、草原、野生生物、自然遗迹、人文遗迹、自然保护区、风景名胜区、城市和乡村等。"法律明确规定，环境内涵就是指人类的生存和发展环境，并不泛指人类周围的所有自然因素。这里的"自然因素的总体"强调的是"各种天然的和经过人工改造的"，即法律所指的"环境"，既包括了自然环境，也包括了社会环境。所以人类的生存环境有别于其他生物的生存环境，也不同于所谓的自然环境。

二、环境的分类和组成

环境既包括以空气、水、土地、植物、动物等为内容的物质因素，也包括以观念、制度、行为准则等为内容的非物质因素；既包括自然因素，也包括社会因素；既包括非生命体形式，也包括生命体形式。通常按环境的属性，将环境分为自然环境、人工环境和社会环境。

自然环境（natural environment）是指未经过人的加工改造而天然存在的环境。自然环境按环境要素，又可分为大气环境、水环境、土壤环境、地质环境和生物环境等，主要指地球的五大圈——大气圈、水圈、土圈、岩石圈和生物圈。

人工环境（artificial environment）是指在自然环境的基础上经过人的加工改造所形成的环境，或人为创造的环境。人工环境与自然环境的区别，主要在于人工环境对自然物质的形态做了较大的改变，使其失去了原有的面貌。

社会环境（social environment）是指由人与人之间的各种社会关系所形成的环境，包括政治制度、经济体制、文化传统、社会治安、邻里关系等。

通常，按照人类生存环境的空间范围，可由近及远、由小到大地分为聚落环境、地理环境、地质环境和星际（宇宙）环境等层次结构，而每一层次均包含各种不同的环境性质和要素，并由自然环境和社会环境共同组成。

（一）聚落环境

聚落是指人类聚居的中心，活动的场所。聚落环境（settlement environment）是人类有目的、有计划地利用和改造自然环境而创造出来的生存环境，是与人类的生产和生活关系最密切、最直接的工作和生活环境。聚落环境中的人工环境因素占主导地位，也是社会环境的一种类型。人类的聚落环境，从自然界中的穴居和散居，直到形成密集栖息的乡村和城市。显然，聚居环境的变迁和发展，为人类提供了安全清洁和舒适方便的生存环境。但是，聚落环境及周围的生态环境由于人口的过度集中、人类缺乏节制的频繁活动以及对自然界的资源和能源超负荷索取而受到巨大的压力，造成局部、区域乃至全球性的环境污染。因此，聚落环境历来都引起人们的重视和关注，也是环境科学的重要和优先研究领域。

聚落环境根据其性质、功能和规模可分为院落环境、村落环境、城市环境等。

1. 院落环境

院落环境（courtyard environment）是由一些功能不同的建筑物和与其联系在一起的场院组成的基本环境单元。它的结构、布局、规模和现代化程度是很不相同的，因而，它的功能单元分化的完善程度也是很悬殊的。它可以简单到一间孤立的房屋，也可以复杂到一座大庄园。由于发展的不平衡，它可以是简陋的茅舍，也可以是防震、防噪声和有自动化空调设备的现代化住宅。它不仅有明显的时代特征，也具有显著的地方色彩。例如，北极地区爱斯基摩人的小冰屋，热带地区巴布亚人筑在树上的茅舍，我国西南地区的竹楼，内蒙古草原的蒙古包，黄土高原的窑洞，干旱地区的平顶房，寒冷地区的火墙、火炕，以及我国北方讲究的"向阳门第"、南方喜欢的"阴凉通风"。这些都说明：院落环境是人类在发展过程中为适应自己的生产和生活需要而因地制宜创造出来的。

院落环境在保障人类工作、生活和健康及促进人类发展过程中起到了积极的作用，但也相应地产生了消极的环境问题。例如，南方房子阴凉通风，以致冬季在室内比在室外阳光下还要冷；北方房屋注意保暖而忽视通风，以致空气污染严重。所以，在今后聚落环境的规划设计中，要加强环境科学的观念，以便在充分考虑利用和改造自然的基础上，创造出内部结构合理并与外部环境协调的院落环境。所谓内部结构合理，不仅是指各类房间布局适当、组合成套，而且还要求有一定灵活性和适应性，能够随着居民需要的变化而改变一些房间的形状、大小、数目、布局和组合，机动灵活地利用空间，方便生活。所谓与外部环境协调，也不仅是只从美学观点出发，在建筑物的结构、布局、形态和色调上与外部环境相协调，更重要的是还须从生态学观点出发，充分利用自然生态系统中能量流和物质流的迁移转化规律来改善工作和生活环境。例如，在院落的规划设计中，要充分考虑到太阳能的利用，以节约燃料、减少大气污染等。

院落环境的污染主要是由居民的生活"三废"造成的。提倡院落环境园林化，在室内、室外、窗前、房后种植瓜果、蔬菜和花草，美化环境，净化环境，调控人类、生物与大气之间的二氧化碳与氧气平衡。近年来国内外不少人士主张大力推广无土栽培技术，不仅可以创造一个色、香、味俱美，清洁新鲜，令人心旷神怡的居住环境，而且其产品除供人畜食用外，所收获的有机质及生活废弃物又可用作生产沼气来提供清洁能源的原料，其废渣、废液又可用作肥料，以促进我们收获更多的有机质和"太阳能"。这样就把院落环境建造成一个结构合理、功能良好、物尽其用的人工生态系统，同时减少了居民"三废"的排放。

2. 村落环境

村落主要是农业人口聚居的地方。由于自然条件的不同，以及农、林、牧、副、渔等农业活动的种类、规模和现代化程度的不同，无论是从结构、形态、规模还是从功能上来看，村落的类型都是多种多样的，如平原上的农村、海滨湖畔的渔村、深山老林的山村等，因而，它所遇到的环境问题也是各不相同的。

村落环境（village environment）的污染主要来自于农业污染及生活污染，特别是农药、化肥的使用使污染日益增加，影响农副产品的质量，威胁人们的身体健康，甚至危及人们的生命。因此，必须加强对农药、化肥的管理，严格控制施用剂量、时机和方法，并尽量利用综合性生物防治来代替农药防治，用速效、易降解的农药代替难降解的农药，尽量多施用有机肥，少用化肥，提高施肥技术和改善施肥效果。

提倡建设生态新农村，走可持续发展道路。应因地制宜，充分利用农村的自然条件，综合利用自然能源，如太阳能、风能、水能、地热能、生物能等分散性自然能源都是资源非常丰富并可更新的清洁能源。还可以人工建立绿色能源基地，种植速生高产的草木，以收获更多的有机质和"太阳能"，从而改变自然能源的利用方式，提高其利用率。另外，把养殖业的畜禽粪便及其他有机质废物制成沼气，既可以提供给生活作为煮饭燃料、照明能源等，又降低了污染，美化了环境，是打造低碳新农村的可行之路。

3. 城市环境

城市环境（urban environment）是人类利用和改造环境而创造出来的高度人工化的生存环境。

城市有现代化的工业、建筑、交通、运输、通信、文化娱乐及其他服务行业，为居民的物质和文化生活创造了优越条件，但是由于城市人口密集、工厂林立、交通阻塞等，使环境遭受严重的污染和破坏。

城市是以人为主体的人工生态环境，其特点是：人口密集；占据大量土地，地面被建筑物、道路等覆盖，绿地很少；物种种群发生了很大变化，野生动物极少，而多为人工养殖宠物；城市环境系统是不完全的生态系统，在城市中主要是消费者，而生产者和分解者所占比例相对较小，与其在自然生态系统中的比例正好相反，呈现出以消费者为主体的倒三角形营养结构。城市的生产者（植物）的产量远远不能满足人们对粮食的需要，必须从城市之外输入。城市因消费者而产生的大量废弃物往往自身又难以分解，必须送往异地。所以，为满足城市系统的正常运行而形成的在城市系统中的巨大能源流、物质流和信息流对环境产生的影响是不可低估的。

城市化对环境的影响有以下几个方面。

（1）城市化对大气环境的影响

①　城市化改变了下垫面的组成和性质。城市用砖瓦、混凝土以及玻璃和金属等人工表面代替了土壤、草地和森林等自然地面，改变了反射和辐射面的性质及近地面层的热交换和地面粗糙度，从而影响大气的物理性状。

②　城市化改变了大气的热量状况。城市化消耗大量能源，并释放出大量热能。大气环境所接受的这种人工热能，接近甚至超过它所接受的太阳能和天空辐射能，使城市市区气温明显高于郊区和农村。

③　城市化大量排放各种气体和颗粒污染物。这些污染物会改变城市大气环境的组成。城市燃煤及汽车排放出大量的烟尘、SO_2、CO、NO_2、光化学烟雾污染大气环境，使大气环境质量恶化。

因而，相对来说，城市气温高，云量、雾量、降雨量多，大气中烟尘、碳氧化物、氮氧化物、硫氧化物以及多环芳烃等含量较高。伦敦型烟雾和洛杉矶型烟雾等重大污染事件大都发生在城市中。但相对湿度、能见度、风速、地平面所接受的总辐射和紫外辐射等则较低，而局部湍流较多。由于城市气温高于四周，往往形成城市热岛（图 1-1）。城市市区被污染的暖气流上升，并从高层向四周扩散；郊区较新鲜的冷空气则从底层吹向市区，构成局部环流。这样，加强了市区与郊区的气体交换，但也一定程度上使污染物存留于局部环流之中，而不易向更大范围扩散，常常在城市上空形成一个污染物幕罩。

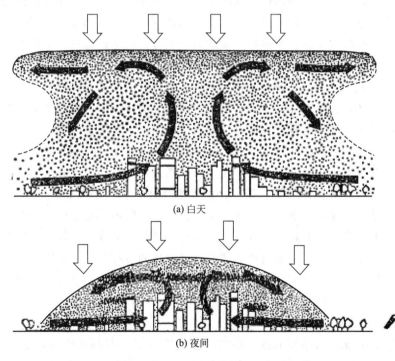

(a) 白天

(b) 夜间

图 1-1　热岛环流图（引自林肇信《环境保护概论》）

（2）城市化对水环境的影响

①　对水量的影响。城市化增加了房屋和道路等不透水面积和排水工程，特别是暴雨排水工程，从而减少渗透，增加流速，地下水得不到地表水足够的补给，破坏了自然界的水分循环，致使地表总径流量和峰值流量增加，滞后时间（径流量落后于降雨量的时间）缩短。

城市化增加耗水量，往往导致水源枯竭、供水紧张。地下水过度开采，常导致地下水面下降和地面下沉。

② 对水质的影响。这主要是指生活、工业、交通、运输以及其他行业对水环境的污染。

（3）城市化对于生物环境的影响 城市化严重地破坏了生物环境，改变了生物环境的组成和结构，使生产者有机体与消费者有机体的比例不协调，特别是近代工商业大城市的发展，往往不是受计划的调节，而是受经济规律的控制，许多城市房屋密集、街道交错，到处是混凝土建筑和柏油路面，森林和草地几乎完全消失，除了熙熙攘攘的人群，几乎看不到其他的生命，称为"城市荒漠"。尤其在闹市区，高楼夹峙，街道深陷，形同峡谷，更给人以压抑之感。与此同时，野生动物群在城市中消失，鸟儿也少见踪影，这种变化在20世纪60年代已经引起了人们的注意，它使生态系统遭到破坏，影响到碳、氧等物质循环。为了改善城市环境，许多国家都制定了切实可行的措施，加强城市绿化。我国各大城市也都正在为创造优美、清洁的城市环境而大力开展绿化工作。

（4）城市化对环境的其他影响 城市化过程还造成振动、噪声、微波污染，以及交通紊乱、住房拥挤、供应紧张等一系列困扰人民工作和生活的环境问题。城市规模越大，环境问题就越严重。近年来在发达国家出现了人口自城市中心向郊区流动的趋势。城区居民纷纷迁往郊外，形成白天进城工作而晚间或假日回郊区休息的生活方式。这样就使交通更加拥挤，能源消耗更大，大气污染更加严重。

城市化的趋势是必然的，但城市过大的弊端又是明显的。为了防止城市化造成的不良影响，主要应采取以下措施：控制人口；禁止在大城市兴建某些工业；征收高额环境保护税、土地税；疏散企业和机构，建立卫星城、带状城，或有计划地建立中、小城市。

（二）地理环境

地理环境（geographical environment）是指一定社会所处的地理位置以及与此相联系的各种自然条件的总和，包括气候、土地、河流、湖泊、山脉、矿藏以及动植物资源等。地理环境是能量的交错带，位于地球表层，即岩石圈、水圈、土壤圈、大气圈和生物圈相互作用的交错带上。它下起岩石圈的表层，上至大气圈下部的对流层顶，厚10～20km，包括了全部的土壤圈，其范围大致与水圈和生物圈相当。概括地说，地理环境是由与人类生存和发展密切相关，直接影响到人类衣、食、住、行的非生物和生物等因子构成的复杂的对立统一体，是具有一定结构的多级自然系统，水、土、大气、生物圈都是它的子系统。每个子系统在整个系统中有着各自特定的地位和作用，非生物环境都是生物（植物、动物和微生物）赖以生存的主要环境要素，它们与生物种群共同组成生物的生存环境。这里是来自地球内部的内能和来自太阳辐射的外能的交融地带，有着适合人类生存的物理条件、化学条件和生物条件，因而构成了人类活动的基础。

（三）地质环境

地质环境（geological environment）主要指地表以下的坚硬地壳层，也就是岩石圈部分。地理环境是在地质环境的基础上，在宇宙因素的影响下发生和发展起来的，地理环境和地质环境以及星际环境之间经常不断地进行着物质和能量的交换。岩石在太阳能作用下的风化过程，使被固结的物质解放出来，参加到地理环境中去，参加到地质循环乃至星际物质大循环中去。

如果说地理环境为我们提供了大量的生活资料、可再生的资源，那么，地质环境则为我们提供了大量的生产资料——丰富的矿产资源和难以再生的资源。矿物资源是人类生产资料和生活资料的基本来源，对矿产资源的开发利用是人类社会发展的前提和动力。

（四）宇宙环境（星际环境）

宇宙环境（cosmic environment），又称星际环境，是指地球大气圈以外的宇宙空间环境，由广袤的空间、各种天体、弥漫物质以及各类飞行器组成。

目前人类能观察到的空间范围已达 100 多亿光年的距离。自古以来，人类采用各种方法观测宇宙、探寻宇宙的奥秘，直到 1957 年人造地球卫星上天，人类才开始离开地球进入宇宙空间进行探测活动。随着航天事业的发展，载人飞船发射成功，我国也于 2003 年由杨利伟成功地实现了千年飞天梦，人类又揭开了宇宙探索的新篇章。在不久的将来人类还会奔向更遥远的太空。

各星球的大气状况、温度、压力差别极大，与地球环境相差甚远。在太阳系中，我们居住的地球距太阳不近也不远，正处于"可居住区"之内，转动得不快也不慢，轨道离心率不大，致使地理环境中的一切变化极有规律，又不过度剧烈，这些都为生物的繁茂昌盛创造了美好的条件。地球是目前所知道的唯一一个适合人类居住的星球。我们研究宇宙环境是为了探求宇宙中各种自然现象及其发生的过程和规律对地球的影响。例如，太阳的辐射能量变化和对地球的引力作用会影响地球的地理环境，与地球的降水量、潮汐现象、风暴和海啸等自然灾害有明显的相关性。人类对太阳系的研究有助于对地球的成因及变化规律的了解；有助于人类更好地掌握自然规律和防止自然灾害，创造更理想的生存空间；同时也为星际航行、空间利用和资源开发提供可循依据。

第二节 环境问题

环境问题是指由于人类活动作用于人们周围的环境所引起的环境质量变化，以及这种变化反过来对人类的生产、生活和健康的影响问题。人类在改造自然环境和创建社会环境的过程中，自然环境仍以其固有的自然规律变化着。社会环境一方面受自然环境的制约，同时也以其固有的规律运动着。人类与环境不断地相互影响和作用，产生环境问题。

一、环境问题及其分类

1. 原生环境问题

环境问题多种多样，由自然演变和自然灾害引起的环境问题为原生环境问题（primitive environment），也称第一环境问题。如地震、火山爆发、滑坡、泥石流、台风、洪涝、干旱等。

2. 次生环境问题

由人类活动引起的环境问题为次生环境问题（secondary environment），也称第二环境问题。次生环境问题一般又分为环境污染和环境破坏两大类。在人类生产、生活活动中产生的各种污染物（或污染因素）进入环境，当超过了环境容量的容许极限时，使环境受到污染；人类在开发利用自然资源时，超越了环境自身的承载能力，使生态环境遭到破坏，或出现自然资源枯竭的现象，这些都属于人为造成的环境问题。我们通常所说的环境问题，多指人为因素造成的。

二、环境问题的产生

从人类诞生开始就存在着人与环境的对立统一关系，人类利用和改造自然的能力越强，对环境的影响越大，因而环境问题是随着人类生产力的迅猛提高而日益凸显出来，并随之发展和变化的，大体上可分为以下四个阶段。

1. 环境问题萌芽阶段（工业革命以前）

人类诞生后在很漫长的岁月里，只是天然食物的采集者和捕食者，那时人类主要是利用环境，而很少有意识地改造环境，人类对环境的影响不大。

随后，人类学会了培育植物、驯化动物，开始发展农业和畜牧业，这在生产发展史上是一次大革命。而随着农业和畜牧业的发展，人类改造环境的作用也越来越明显地显示出来，但与此同时也产生了相应的环境问题，如大量开发森林、破坏草原、刀耕火种、盲目开荒，往往引起严重的水土流失、水旱灾害频繁和沙漠化。又如兴修水利，不合理灌溉，往往引起土壤的盐渍化、沼泽化，以及引起某些传染病的流行。在工业革命以前虽然已出现了城市化和手工业作坊（或工厂），但工业生产并不发达，由此引起的环境污染问题并不突出。

2. 环境问题的发展恶化阶段（工业革命至 20 世纪 50 年代以前）

1784 年瓦特发明了蒸汽机，迎来了工业革命，使生产力获得了飞跃的发展，从而增强了人类利用和改造自然的能力，同时大规模地改变了环境的组成和结构，还改变了环境中的物质循环系统，与此同时也带来了新的环境问题。如 1873 年 12 月、1880 年 1 月、1882 年 2 月、1891 年 12 月、1892 年 2 月英国伦敦多次发生可怕的有毒烟雾事件，1930 年 12 月的比利时马斯河谷烟雾事件，1943 年 5 月的美国洛杉矶光化学烟雾事件，1948 年 10 月的美国多诺拉硫酸烟雾事件等。可见由于蒸汽机的发明和广泛使用，生产力有了很大的提高，使大工业日益发展，环境问题也随之发展且逐步恶化。一些工业发达的城市和工矿区的工业企业排出大量废弃物污染环境，使污染事件不断发生。

3. 环境问题的第一次高潮（20 世纪 50 年代至 80 年代以前）

环境问题的第一次高潮出现在 20 世纪 50—60 年代。20 世纪 50 年代以后，环境问题更加突出，震惊世界的公害事件接连不断。如 1952 年 12 月的伦敦烟雾事件、1953—1956 年的日本水俣病事件、1961 年的日本四日市哮喘病事件、1963 年 3 月的日本爱知县米糠油事件、1955—1972 年的日本骨痛病事件。这就形成了第一次环境问题高潮。主要是由下列因素造成的。

首先是人口迅猛增长，城市化的速度加快。19 世纪初（约 1830 年），世界人口只有 10 亿，经过 100 年（1930 年）人口增加了 10 亿，而世界人口增加第三个 10 亿仅仅经过了 30 年，增加第四个 10 亿仅仅用了 15 年。1975 年世界人口增至 40 亿，到 1987 年增至 50 亿，到 1999 年 10 月 12 日，世界人口已达 60 亿，近几十年世界人口呈现了爆炸式的增长。

其次是工业不断集中和扩大，能源消耗大增。1900 年世界能源消耗量还不到 10 亿吨煤当量，到 1950 年就猛增至 25 亿吨煤当量，到 1956 年石油的消费量也猛增至 6 亿吨，在能源中所占的比例增大，而且又增加了新污染，碳的排放量也迅速增加。而当时人们的环境意识还很薄弱，因此，第一次环境问题高潮出现是必然的。

4. 环境问题的第二次高潮（20 世纪 80 年代以后）

环境问题的第二次高潮是伴随着环境污染和大范围生态破坏，在 20 世纪 80 年代初开始出现的。此时，人们共同关心的影响范围大和危害严重的环境问题有三类：一是全球性的大气污染，如温室效应、臭氧层破坏和酸雨；二是大面积生态破坏，如大面积森林被毁、草场退化、土壤侵蚀和荒漠化；三是突发性的污染事件叠起，如印度博帕尔农药泄漏事件（1984 年 12 月）、前苏联切尔诺贝利核电站泄漏事件（1986 年 4 月）、莱茵河污染事件（1986 年

11 月）等。在 1979—1988 年间，这类突发性的严重污染事故就发生了十多起。

前后两次高潮有很大的不同，有明显的阶段性，主要表现在以下几个方面。

（1）影响范围不同 第一次高潮主要出现在工业发达国家，重点是局部性、小范围的环境污染问题。第二次高潮则是大范围，乃至全球性的环境污染和大面积生态破坏。这些环境问题不仅对某个国家、某个地区造成危害，而且对人类赖以生存的整个地球环境造成危害。

（2）危害后果不同 第一次高潮人们关心的是环境污染对人体健康的影响，那时环境污染虽也造成经济损失，但问题还不突出。第二次高潮不但明显损害人类健康，而且全球性的环境污染和生态破坏已威胁到全人类的生存与发展，阻碍经济的可持续发展。

（3）污染源不同 第一次高潮的污染来源尚不太复杂，较易通过污染源调查弄清产生环境问题的来龙去脉。通过采取适当措施，污染就可以得到有效控制。第二次高潮出现的环境问题，污染源和破坏源众多，不但分布广，而且来源杂，既来自人类的经济生产活动，也来自人类的日常生活活动，既来自发达国家，也来自发展中国家。解决这些环境问题只靠一个国家的努力很难奏效，要靠众多国家甚至全人类的共同努力才行，这就极大地增加了解决问题的难度。

（4）第一次高潮的公害事件与第二次高潮的突发性严重污染事件也不相同 第二次高潮一是带有突发性，二是事故污染范围广，危害严重，经济损失巨大。例如，印度博帕尔农药泄漏事件，受害面积达 $40km^2$，据美国一些科学家估计，死亡人数为 0.6 万～1 万人，受害人数为 10 万～20 万人，其中有许多人双目失明或肢体残疾。

综上所述，就环境问题本身的发生、发展来看，可分为环境问题发展萌芽阶段、环境问题恶化阶段、第一次环境问题高潮阶段和第二次环境问题高潮阶段四个阶段。可见，环境问题是自人类出现而产生的，又伴随人类社会的发展而发展，老的问题解决了，新的问题又出现了。人与环境的矛盾是不断运动、不断变化、永无止境的。

三、当代环境问题

到目前为止已经威胁人类生存并已被人类认识到的环境问题主要有温室效应、臭氧层耗竭、酸雨、淡水资源危机、大气污染、能源和资源短缺、森林锐减、土地荒漠化、生物多样性锐减、垃圾围城、海洋污染、有毒化学品污染、危险废物越境转移等众多方面。

1. 温室效应（greenhouse effect）

温室效应是指大气中的温室气体通过对长波辐射的吸收而阻止地表热能耗散，从而导致地表温度增高的现象。近 100 多年来，全球平均气温经历了冷—暖—冷—暖两次波动，总体为上升趋势，进入 20 世纪 80 年代后，全球气温明显上升。导致全球变暖的主要原因是人类活动和自然界排放的大量温室气体，如二氧化碳（CO_2）、甲烷、氟氯烃、一氧化二氮、低空臭氧等，由于这些温室气体对来自太阳辐射的短波具有高度的透过性，而对地球反射出来的长波辐射具有高度的吸收性，造成温室效应，导致全球气候变暖。其中最重要的温室气体 CO_2 来源于人类大量使用煤炭、石油和天然气等燃料。由于世界上人口的增加和经济的迅速增长，排入大气中的 CO_2 也越来越多。有关资料指出，过去 100 年人类通过化石燃料的燃烧，约把 4150 亿吨的 CO_2 排入大气，这使全球平均气温上升约 0.83℃，按照目前化石燃料燃烧的增加速度，大气中 CO_2 将在 50 年内加倍，这将使中纬地区温度升高 2～3℃，极地升高 6～10℃。

全球变暖的后果，是会使极地或高山上的冰川融化，导致海平面上升。据推算，全球增温 1.5～4.5℃，海平面会上升 20～165cm，从而将淹没沿海大量繁华的城市、低地和海岛。此外，温室效应可引起全球性气候变化，会对陆地自然生态系统产生难以预料的影响，如高温、干旱、洪涝、疾病、暴风雨和热带风加剧等，使热带雨林和生物多样性减少，农作物减产，从而威胁人类的食物供应和居住环境。

面对全球气候变化，急需世界各国协同降低或控制二氧化碳排放。1997 年 12 月，《联合国气候变化框架公约》第三次缔约方大会在日本京都召开。149 个国家和地区的代表通过了旨在限制发达国家温室气体排放量，以抑制全球变暖的《京都议定书》，目标是在 2008—2012 年间，将发达国家 CO_2 等 6 种温室气体（二氧化碳、甲烷、一氧化二氮、六氟化硫、氢氟碳化物和全氟化碳）的排放量在 1990 年的基础上平均削减 5.2%。2007 年 3 月，欧盟各成员国领导人一致同意，单方面承诺到 2020 年将欧盟温室气体排放量在 1990 年的基础上至少减少 20%。2009 年 12 月，联合国在丹麦哥本哈根召开了气候变化框架公约第 15 次缔约方会议，旨在各国携手共同抑制全球变暖。

2. 臭氧层耗竭（ozone depletion）

在地球大气层近地面 20～30km 的平流层里存在着一个臭氧层，其中臭氧含量占这一高度气体总量的十万分之一。臭氧含量虽然极微，却具有强烈吸收紫外线的功能，因此，它能挡住太阳紫外辐射对地球生物的伤害，保护地球上的生命。然而人类生产和生活所排放出的一些污染物，如制冷剂氟氯烃类化合物、氮氧化物，受到紫外线的照射后可被激化形成活性很强的原子，与臭氧层的臭氧（O_3）作用，使其变成氧分子（O_2），这种作用连锁般地发生，臭氧迅速耗减，使臭氧层遭到破坏。据统计，南极上空臭氧层空洞面积已达 2400km²，约占总面积的 60%，北半球上空臭氧层比以往任何时候都薄，欧洲和北美上空臭氧层平均减少了 10%～15%，西伯利亚上空甚至减少了 35%。臭氧层的破坏将导致皮肤癌和角膜炎患者增加，并破坏地球上的生态系统。

3. 酸雨（acid rain）

pH 小于 5.6 的雨、雪或其他形式的大气降水称为酸雨。由化石燃料燃烧和汽车排放的二氧化硫（SO_2）和氮氧化物（NO_x）等酸性气体，在大气中形成硫酸和硝酸后，又以雨、雪、雾等形式返回地面，形成酸雨。在受酸雨危害的地区，出现了土壤和湖泊酸化，植被和生态系统遭受破坏，建筑材料、金属结构和文物被腐蚀等一系列严重的环境问题。酸雨可对人体呼吸系统和皮肤等造成损害。全球受酸雨危害严重的有欧洲、北美及东亚南地区。我国西南、华南和东南地区的酸雨危害也相当严重。

4. 淡水资源危机（the crisis of fresh water resource）

地球总水量不少，但可用于生产和生活的淡水资源只有很少的一部分（参见第五章第二节）。由于一方面清洁水源被大量滥用、浪费和污染，另一方面，淡水的区域分布不均匀，致使世界上缺水现象十分普遍，全球淡水危机日趋严重。目前世界上 100 多个国家和地区缺水，其中 28 个被列为严重缺水的国家和地区。我国广大的北方和沿海地区水资源严重不足，全国 500 多座城市中，有 300 多座城市缺水。随着地球上人口的激增，生产迅速发展，水的需求在不断增加，使淡水资源更加紧张。一些河流和湖泊的枯竭、地下水的耗尽及湿地的消失，不仅给人类生存带来严重威胁，而且许多生物也正随着人类生产和生活造成的河流改道、湿地干化和生态环境恶化而灭绝。

5. 大气污染（air pollution）

大气污染的主要因子为悬浮颗粒物、硫氧化物、氮氧化物、臭氧、一氧化碳、二氧化碳、铅等（参见第八章第一节）。大气污染导致每年有 30 万～70 万人因烟尘污染提前死亡，2500 万的儿童患慢性喉炎，400 万～700 万的农村妇女和儿童受害。

6. 资源和能源短缺（the shortage of resource and energy）

当前，世界上资源和能源短缺问题已经在大多数国家甚至全球范围内出现。这种现象的出现，主要是人类对资源、能源无计划、不合理地大规模开采所致。20 世纪 90 年代初全世界消耗能源总数约 100 亿吨标准煤，2005 年全球范围的能源消耗量已达到 153 亿吨标准煤，国际能源机构在《2007 年世界能源展望》报告中指出未来 20 多年内世界能源消耗量将剧增 55%。从目前石油、煤、水利和核能发展的情况来看，要满足这种需求是十分困难的。因此，在新能源（如太阳能、风能、核能等）开发利用尚未取得较大突破之前，世界能源供应将日趋紧张。此外，其他不可再生性矿产资源的储量也在日益减少，这些资源终究会被消耗殆尽。

7. 森林锐减（forest decrease）

森林是人类赖以生存的生态系统中的一个重要的组成部分。地球上曾经有 76 亿公顷的原生森林，1860 年减至 55 亿公顷，1990 年降到 40.8 亿公顷，2005 年仅有 39.52 亿公顷。由于世界人口的增长，对耕地、牧场、木材的需求量日益增加，导致对森林的过度采伐和开垦，使森林受到前所未有的破坏。此外，全球每年平均有 1.04 亿公顷的森林受到林火、有害生物（包括病虫害）以及干旱、风雪、冰冻和洪水等气候事件影响。据统计，全世界每年约有 1200 万公顷的森林消失，其中绝大多数是对全球生态平衡至关重要的热带雨林。

2006 年联合国发布的《2005 年全球森林资源评估报告》显示，20 世纪 90 年代以来，世界各国政府强化森林资源的保护与管理，完善法律法规，制定森林政策，开展植树造林，人工林面积持续增加，但原生林面积继续呈减少趋势。世界人均森林面积 $0.62hm^2$，而我国人均森林面积 $0.132hm^2$，不到世界平均水平的 1/4，居世界第 134 位。

8. 土地荒漠化（land desertification）

1992 年联合国环境与发展大会对荒漠化的概念做了这样的定义：荒漠化是由于气候变化和人类不合理的经济活动等因素，使干旱、半干旱和具有干旱灾害的半湿润地区的土地发生了退化。当前世界荒漠化现象仍在加剧，荒漠化已经不再是一个单纯的生态环境问题，而演变为经济问题和社会问题，它给人类带来贫困和社会不稳定，荒漠化意味着人类将失去最基本的生存基础——有生产能力的土地。

9. 生物多样性锐减（biodiversity decrease）

鸟类和哺乳动物现在的灭绝速度可能是它们在未受干扰的自然界中的 100～1000 倍。大面积地砍伐森林，过度捕猎野生动物，工业化和城市化发展造成的污染，植被破坏，无控制的旅游、土壤、水、空气的污染，全球变暖等人类的各种活动是引起大量物种灭绝或濒临灭绝的原因。地球上动物、植物和微生物彼此之间相互作用以及与其所生存的自然环境间的相互作用，形成了地球丰富的生物多样性。这种多样性是生命支持最重要的组成部分，维持着自然生态系统的平衡，是人类生存和实现可持续发展必不可少的基础。生物多样性的减少，必将恶化人类生存环境，限制人类生存和发展机会的选择，甚至严重威胁人类的生存与发展。

10. 垃圾围城（the garbage rounds city）

全球每年产生垃圾近 100 亿吨，而处理垃圾的能力远远赶不上垃圾增加的速度。垃圾除了占用大量土地外，还污染环境。危险垃圾，特别是有毒有害垃圾的处理问题（包括运送、存放），因其造成的危害更为严重、产生的危害更为深远，而成了当今世界各国面临的一个十分棘手的环境问题。

11. 海洋污染（ocean pollution，marine pollution）

人类活动使近海区的氮和磷增加了 50%～200%，过量营养物质导致沿海藻类大量生长，致使赤潮频繁发生，破坏了红树林、珊瑚礁、海草，使近海鱼虾锐减，渔业损失惨重。污染最严重的海域有波罗的海、地中海、东京湾、纽约湾、墨西哥湾等。就国家来说，沿海污染严重的是日本、美国、西欧诸国和前苏联等国家。我国的渤海湾、黄海、东海和南海的污染状况也不容乐观。

海洋污染主要有原油泄漏污染、漂浮物污染、有机化学物污染及赤潮、黑潮等。污染主要来源如下：一是人类工业生产和生活排出的大量污染物倾倒到大海里；二是人类核试验、火山爆发等产生的核辐射尘核、火山灰尘等进入大海造成污染；三是人类从事海洋探测和进行采矿等产生海洋污染；四是日常海洋运输漏油造成污染；五是陆地表面大量的富营养物质通过雨水和河流进入大海造成污染等。另外，对海洋的过度开发也给海洋生态系统带来破坏（详见第七章第五节）。

12. 有毒化学品污染（poisonous chemicals pollution）

由于化学品的广泛使用，全球的大气、水体、土壤乃至生物都受到了不同程度的污染、毒害，连南极的企鹅也未能幸免。自 20 世纪 50 年代以来，涉及有毒有害化学品的污染事件日益增多，如果不采取有效防治措施，将对人类和动植物造成严重的危害。

13. 危险废物越境转移（hazardous waste's transfer by crossing the boundary illegally）

20 世纪 80 年代，危险废物大量向发展中国家转移，由于发展中国家缺乏处置技术和设施，在处置、监测和执法方面能力薄弱，缺乏危险废物管理实践，因此，危险废物的越境转移已经变成全球的环境问题，需要全球解决。为此，联合国环境规划署于 1989 年在瑞士巴塞尔召开了会议，并制定了《控制危险废物越境转移及其处置的巴塞尔公约》（简称《巴塞尔公约》）。

第三节　国内外环境保护发展历程

一、国外发达国家环境保护发展历程

世界各国，主要是发达国家的环境保护工作，大致经历了四个发展阶段。

1. 限制阶段

环境污染早在 19 世纪就已发生，如英国泰晤士河的污染、日本足尾铜矿的污染事件等。20 世纪 50 年代前后，相继发生了比利时马斯河谷烟雾、美国洛杉矶光化学烟雾、美国多诺拉烟雾、英国伦敦烟雾、日本水俣病和骨痛病、日本四日市大气污染和米糠油污染事件，即所谓的八大公害事件。由于当时尚未搞清这些公害事件产生的原因和机理，所以一般只是采取限制措施。如英国伦敦发生烟雾事件后，制定了法律，限制燃料使用量和污染物排放时间。

2.“三废”治理阶段

20 世纪 50 年代末至 60 年代初，发达国家环境污染问题日益突出，1962 年美国生物学家雷切尔·卡森所著《寂静的春天》（Silent Spring）一书，用大量翔实的事实描述了有机氯农药对人类和生物界所造成的影响，唤醒了世人的环境意识，于是各发达国家相继成立了环境保护专门机构。但因当时的环境问题还只是被看成工业污染问题，所以环境保护工作主要就是治理污染源、减少排污量。因此，在法律措施上，颁布了一系列环境保护的法规和标准，加强了法制。在经济措施上，采取给工厂企业补助资金，帮助工厂企业建设净化设施；并通过征收排污费或实行"谁污染、谁治理"的原则，解决环境污染的治理费用问题。在这个阶段，投入了大量资金，尽管环境污染有所控制，环境质量有所改善，但所采取的"末端治理"措施，从根本上来说是被动的，因而收效并不显著。

3. 综合防治阶段

1972 年 6 月 5 日在瑞典首都斯德哥尔摩召开联合国"人类环境会议"，提出了"只有一个地球"的口号，并通过了《人类环境宣言》，提出将每年的 6 月 5 日定为"世界环境日"。这次会议成为人类环境保护工作的历史转折点，它加深了人们对环境问题的认识，扩大了环境问题的范围。宣言指出，环境问题不仅仅是环境污染问题，还应该包括生态破坏问题。另外，它冲破了以环境论环境的狭隘观点，把环境与人口、资源和发展联系在一起，从整体上来解决环境问题。环境污染的治理也从"末端治理"向"全过程控制"和"综合治理"发展。1973 年 1 月，联合国大会决定成立联合国环境规划署，负责处理联合国在环境方面的日常事务工作。

4. 可持续发展阶段

20 世纪 80 年代以来，人们开始重新审视传统思维和价值观念，认识到人类再也不能为所欲为地成为大自然的主人，人类必须与大自然和谐相处，成为大自然的朋友。

1987 年由挪威首相布伦特兰夫人在《我们共同的未来》中提出了可持续发展（sustainable development）的思想。1992 年 6 月在巴西里约热内卢召开了人类第二次环境大会，会议第一次把经济发展与环境保护结合起来认识，提出了可持续发展战略，标志着环境保护事业在全世界范围发生了历史性转变。

进入 21 世纪后，可持续发展的思想进一步深化。2002 年 8 月在南非约翰内斯堡召开的可持续发展世界首脑会议，提出了经济增长、社会进步和环境保护是可持续发展的三大支柱，经济增长和社会进步必须同环境保护、生态平衡相协调。2012 年 6 月在巴西里约热内卢召开了联合国可持续发展大会，会议发起可持续发展目标讨论，提出绿色经济是实现可持续发展的重要手段。至此，各国已达成共识：人类社会要生存下去，必须彻底改变靠无限制地消耗自然资源的同时又破坏生态环境而维持发展的传统生产方式，人类必须走经济效益、社会效益和环境效益融洽和谐的可持续发展道路。

二、中国环境保护发展历程

新中国成立以来，我国的环境保护事业经历了从无到有、从小到大，先发展经济后环保、先污染后治理，到经济与环保同步发展，从科学发展观出发，走可持续发展道路，建设资源节约型、环境友好型社会的历程。

1. 萌芽阶段（1949—1973 年）

新中国成立初期，由于当时人口相对较少，生产规模不大，所产生的环境问题大多是局部性的生态破坏和环境污染。经济建设与环境保护之间的矛盾尚不突出。

1972 年 6 月，联合国在瑞典首都斯德哥尔摩召开了第一次人类环境会议。根据周恩来总理的指示，我国政府派代表团参加了会议。通过这次会议，我国高层的决策者开始认识到中国也同样存在着严重的环境问题，需要认真对待。

2. 起步阶段（1973—1983 年）

1973 年 8 月，国务院召开第一次全国环境保护会议，审议通过了"全面规划、合理布局、综合利用、化害为利、依靠群众、大家动手、保护环境、造福人民"的 32 字环境保护工作方针和我国第一个环境保护文件——《关于保护和改善环境的若干规定》。至此，我国环境保护事业开始起步。

1974 年 10 月，国务院环境保护领导小组正式成立。之后，各省、自治区、直辖市和国务院有关部门也陆续建立起环境管理机构和环保科研、监测机构，在全国逐步开展了以"三废"治理和综合利用为主要内容的污染防治工作。在此阶段我国颁布了第一个环境标准——《工业"三废"排放试行标准》，标志着中国以治理"三废"和综合利用为特色的污染防治进入新的阶段，并开始实行"三同时"、污染源限期治理等管理制度。

1978 年 2 月，五届人大一次会议通过的《中华人民共和国宪法》规定："国家保护环境和自然资源，防治污染和其他公害。"这是新中国历史上第一次在宪法中对环境保护做出明确规定，为我国环境法制建设和环境保护事业的开展奠定了坚实的基础。同年 12 月，十一届三中全会胜利召开，强调指出：我们绝不能走先建设、后治理的弯路，我们要在建设的同时就解决环境污染的问题，这也是第一次以党中央的名义对环境保护工作做出指示。

十一届三中全会以后，党和国家对环境保护工作给予了高度重视，明确提出保护环境是社会主义现代化建设的重要组成部分。1979 年 9 月，通过新中国的第一部环境保护基本法——《中华人民共和国环境保护法（试行）》，我国的环境保护工作开始走上法制化轨道。

3. 发展阶段（1983—1995 年）

1983 年 12 月，国务院召开第二次全国环境保护会议，明确提出：保护环境是我国一项基本国策；制定了我国环境保护事业的战略方针——"经济建设、城乡建设、环境建设同步规划、同步实施、同步发展"（"三同步"），实现"经济效益、环境效益、社会效益的统一"（"三统一"）。这次会议在我国环境保护发展史上具有重大意义，标志着中国环境保护工作进入发展阶段。

1988 年设立国务院直属机构——国家环境保护局。地方政府也陆续成立环境保护机构。1989 年 4 月，国务院召开了第三次环境保护会议，推出了"三大政策"和"八项制度"。三大政策是："预防为主、防治结合、综合治理"，这是环境保护的基本指导方针；"谁污染谁治理"，明确环境治理的责任和原则；"强化环境管理"，强调法规和政府的监督作用。八项制度是："三同时"制度、环境影响评价制度、排污收费制度、城市环境综合整治定量考核制度、污染限期治理制度、排污申请登记和许可制度、环境目标责任制度和污染集中控制制度。

这三大政策和八项制度，把实施基本国策和同步发展方针具体化了，从而使我国的环境管理由一般号召和靠行政推动的阶段，进入法制化、制度化的新阶段，是环境保护特别是环境管理一个重大的、具有根本意义的转变。

1992 年联合国环境与发展大会之后，我国在世界上率先提出了《中国环境与发展十大对策》，第一次明确提出转变传统发展模式，走可持续发展道路。1994 年我国又制定了《中国 21 世纪议程》和《中国环境保护行动计划》等纲领性文件，可持续发展战略成为我国经济和社会发展的基本指导思想。

1993 年 10 月召开了全国第二次工业污染防治工作会议，提出了工业污染防治必须实行清洁生产，实行"三个转变"，即由末端治理向生产全过程控制转变，由浓度控制向浓度与总量控制相结合转变，由分散治理向分散与集中控制相结合转变。这标志我国工业污染防治工作指导方针发生了新的转变。

4. 深化阶段（1995—2012 年）

进入 20 世纪 90 年代后，国务院提出：由污染防治为主转向污染防治和生态保护并重；由末端治理转向源头和全过程控制，实行清洁生产，推动循环经济；由分散的点源治理转向区域流域环境综合整治和依靠产业结构调整；由浓度控制转向浓度与总量控制相结合，开始集中治理流域性、区域性环境污染。

1996 年 7 月，国务院召开第四次全国环境保护会议，发布了《国务院关于加强环境保护若干问题的决定》，大力推进"一控双达标"（控制主要污染物排放总量、工业污染源达标和重点城市的环境质量按功能区达标）工作，全面开展"三河"（淮河、海河、辽河）和"三湖"（太湖、滇池、巢湖）水污染防治、"两控区"（酸雨污染控制区、二氧化硫污染控制区）大气污染防治、"一市"（北京市）污染防治、"一海"（渤海）污染防治（简称"33211"工程）。启动了退耕还林、退耕还草、保护天然林等一系列生态保护重大工程。

1997—1999 年，中央连续 3 年就人口、环境和资源问题召开座谈会，党和国家领导人直接听取环保工作汇报，并要求：建立和完善环境与发展综合决策、统一监管和分工负责、环保投入、公众参与四项制度，把环保工作纳入制度化、法制化的轨道；各级领导干部要注意算大账，对环境保护工作要长期不懈地抓紧抓好。

2002—2012 年，党的十六大以来，党中央、国务院提出树立和落实科学发展观、构建社会主义和谐社会、建设资源节约型环境友好型社会、让江河湖泊休养生息、推进环境保护历史性转变、环境保护是重大民生问题、探索环境保护新路等新思想和新举措。2002 年、2006 年和 2011 年国务院先后召开第五次、第六次和第七次全国环境保护大会，做出一系列新的重大决策部署。把主要污染物减排作为经济社会发展的约束性指标，完善环境法制和经济政策，强化重点流域区域污染防治，提高环境执法监管能力，积极开展国际环境交流与合作。在 2002 年的第五次全国环境保护会议上，部署"十五"期间的环境保护工作，并强调指出："要继续搞好环境警示教育，把公众和新闻媒体参与环境监督作为加强环保工作的重要手段。对造成环境污染、破坏生态环境的违法行为，要公开曝光，并依法严惩。"

第六次全国环境保护大会的主题是：以邓小平理论、"三个代表"重要思想和科学发展观为指导，全面落实科学发展观，坚持保护环境的基本国策，深入实施可持续发展战略；坚持预防为主、综合治理、全面推进、重点突破，着力解决危害人民群众健康的突出环境问题；坚持创新体制机制，依靠科技进步，强化环境法治，发挥社会各方面的积极性。经过长期不懈努力，使生态环境得到改善，资源利用效率显著提高，可持续发展能力不断增强，人与自然和谐相处，建设环境友好型社会。

5. 生态文明建设阶段（2012 年至今）

2012 年 11 月召开的"十八大"将生态文明建设纳入中国特色社会主义事业总体布局，即"五位一体"（经济建设、政治建设、文化建设、社会建设、生态文明建设）的总体布局，把生态文明建设和环境保护摆上更加重要的战略位置，习近平总书记对生态文明建设和环境保护提出一系列新理念、新思想、新战略，涵盖重大理念、方针原则、目标任务、重点举措、制度保障等诸多领域和方面，指明了实现发展和保护内在统一、相互促进和协调共生的方法论。党的十八届五中全会强调牢固树立并切实贯彻创新、协调、绿色、开放、共享五大发展理念，将生态环境质量总体改善列为全面建成小康社会目标。

在这期间国务院先后确立了"大气十条"（2013年9月）、"水十条"（2015年4月）、"土十条"（2016年5月）。中央还相继出台了一系列重要文件和法律法规，完成了重大、系统、全面的制度构架，绘就了当前和今后一个时期生态文明建设的顶层设计图，具有重要的引领和指导作用。

生态文明是人类为保护和建设美好生态环境而取得的物质成果、精神成果和制度成果的总和，是人与自然、环境与经济、人与社会和谐共生的社会形态。环境保护是生态文明建设的主阵地和根本措施，环境保护取得的任何成效、任何突破，都是对生态文明建设的积极贡献，直接决定着生态文明建设的进程。"十八大"做出的具有里程碑意义的科学论断和战略抉择，标志着我们党对中国特色社会主义规律认识的进一步深化，昭示着要从建设生态文明的战略高度来认识和解决我国环境问题。

思 考 题

1. 简述环境的概念及其分类。
2. 目前全球面临的环境问题有哪些？
3. 产生环境问题的主要因素有哪些？
4. 简述中国环境保护发展历程。
5. 查阅环境保护纪念日、世界环境日主题。
6. 简述温室效应、臭氧层空洞产生的原因。

第二章　生态学及生态环境

内容提要及重点要求：本章主要叙述了生态学及生态系统的概念；生态系统的组成、结构和类型；生态系统的功能；生态平衡概念及其意义；生态平衡破坏的标志及影响因素；生态学在环境保护中的应用等。本章要求重点了解和掌握生态系统的概念、组成、结构、类型和功能，生态平衡；阐明或明确如何运用生态学理论与技术合理调控并保持其各个子系统优化以达到或保持生态平衡。

第一节　生态系统基本概念

一、生态学及生态系统的概念

生态学（ecology）是研究生命系统和环境系统之间相互作用的机理、规律的科学。生态学的英文名称是 ecology，由两个希腊词根构成：likos（房子）、logos（科学）。1869 年，海克尔首先提出生态学的概念。1935 年坦斯勒提出"生态系统"概念。1942 年林德曼提出食物链和金字塔营养结构（进入任何一个营养级的物质和能量只有一部分转移到次一级生物，即十分之一定律），确立了生态系统物质循环和能量流动理论，为现代生态学奠定了基础。

生态系统（ecosystem）就是在一定空间中共同栖居着的所有生物（即生物群落）与其环境之间由于不断进行物质循环和能量流动而形成的统一整体。地球上的森林、草原、荒漠、海洋、湖泊、河流等，不仅形貌有区别，生物组成也各有其特点，并且其中生物和非生物构成了一个相互作用、物质不断循环、能量不停流动的生态系统。故生态系统是指在一定的时间和空间内，生物成分和非生物成分之间通过不断物质循环、能量流动和信息联系而相互作用、相互依存构成的统一整体，是具有一定结构和功能的单位，具有自动调节机制。在异度空间的各种生物的总和则称为生物群落。所以，生态系统又可概括为生物群落与其生存环境之间构成的综合体。或者说，生态系统就是生命系统与环境系统在特定空间的组合。

学者在应用生态系统概念时，对其范围和大小并没有严格的限制，小至动物有机体内消化道中的微生物系统，大至各大洲的森林、荒漠等生物群落，甚至整个地球上的生物圈或生态圈，其范围和边界随研究问题的特征而定。例如，池塘的能量流动、核降尘、杀虫剂残留、酸雨、全球气候变化对生态系统的影响等，其空间尺度的变化很大，相差若干数量级。同样研究的时间尺度也很不一致。目前，人类所生活的生物圈内有无数大小不同的生态系统。池塘、河流、草原、森林等都是生态系统。城市、农村、矿山、工厂等广义上也是一种人工的生态系统。因此，整个生物圈便是一个最大的生态系统，生物圈也可以称为生态圈。

二、生态系统的组成、结构和类型

（一）生态系统的组成

任何生态系统都是由有机体及其生存环境组成的。组成生态系统的生物种类很多，按生态系统的功能不同及获得能量方式不同，其分类方法各异。不过，一般可根据生态系统具有相同或相似的组成、结构、功能特点来划分。各种生态系统无论大小、复杂程度如何不同，其组成成分均可分为两个部分、四个基本成分，两个部分是生物成分和非生物成分，四个基本成分是生产者、消费者、分解者和非生物成分。生态系统组成见图 2-1。

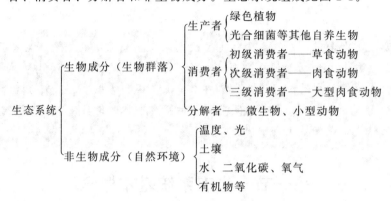

图 2-1　生态系统组成

1. 生物成分

根据各生物成分在生态系统中对物质循环和能量转化所起的作用以及它们取得营养方式的不同，又将其细分为生产者、消费者和分解者三大功能类群。

（1）生产者（producer）　主要是绿色植物和化能合成细菌等，它们具有固定太阳能进行光合作用的功能，能把从环境中摄取的无机物质合成为有机物质——碳水化合物、脂肪和蛋白质等，同时将吸收的太阳能转化为生物化学能，储藏在有机物中。这种首次将能量和物质输入生态系统的同化过程称为初级生产，这类以简单无机物为原料制造有机物的自养者称为初级生产者，在生态系统的构成中起主导作用，直接影响到生态系统的存在与发展。

（2）消费者（consumers）　是指除了微生物以外的异养生物，主要指依赖初级生产者或其他生物为生的各种动物。根据其食性的不同，又分为草食动物、肉食动物、寄生动物、腐生动物和杂食动物五种类型。

（3）分解者（decomposers）　主要是指以分解动物残体为生的异养生物，包括真菌、细菌、放线菌，也包括一些原生动物和腐食动物，如甲虫、蠕虫、白蚁和某些软体动物。分解者又称还原者，能使构成有机成分的元素和储备的能量通过分解作用又释放归还到周围环境中去，在物质循环、废物消除和土壤肥力形成中发挥巨大的作用。

消费者和分解者都依赖初级生产者提供的能量和养分通过代谢作用来构成自身，其生物量形成的生产称为次级生产，异养生物统称次级生产者。

2. 非生物成分（自然环境）

（1）太阳辐射　是指来自太阳的直射辐射和散射辐射，是生态系统的主要能源。太阳辐射能通过自养生物的光合作用被转化为有机物中的化学潜能。同时太阳辐射也为生态系统中的生物提供生存所需的温热条件。

（2）无机物质　生态系统环境中的无机物质，一部分指大气中的氧气、二氧化碳、氮气、水及其他物质；另一部分指土壤中的氮、磷、钾、钙、硫、镁等元素的化合物及水。

（3）有机物质　生态系统环境中的有机物质，主要是来源于生物残体、排泄物及植物根系分泌物。它们是连接生物与非生物部分的物质，如蛋白质、糖类、脂类和腐殖质等。

（4）土壤　土壤作为一个生态系统的特殊环境组分，不仅是无机物和有机物的储藏库，同时也是支持陆生植物最重要的基质和众多微生物、动物的栖息场所。

（二）生态系统的结构

生态系统（ecosystem）是由生物组分与环境组分组合而成的有序结构系统。所谓生态系统结构是指生态系统中组成成分及其在时间、空间上的分布和各组分间的能量、物质、信息流的方式与特点。具体来说，生态系统的结构包括三个方面，即物种结构、时空结构和营养结构，这三个方面是相互联系、相互渗透和不可分割的。

1. 物种结构（species structure）

又称组分结构，是指生态系统中的生物组分由哪些生物种群所组成，以及它们之间的量比关系。生物种群是构成生态系统的基本单元，不同的物种（或类群）以及它们之间不同的量比关系，构成了生态系统的基本特征。如一个森林生态系统的物种结构中，有林木、灌木、草本植物，还有各种动物、微生物，各自占一定组分比例，并都有其相对的位置，且保持相对平衡。

2. 时空结构（temporal structure）

生态系统中各生物种群在空间上的配置和在时间上的分布，构成了生态系统形态结构上的特征，故又称形态结构。大多数自然生态系统的形态结构都具有水平空间上的镶嵌性、垂直空间上的成层性和时间分布上的发展演替特征。又如一个森林生态系统的物种结构中，从山顶到山脚分布的植被有草本、林木、灌木，岩石背面有苔藓，地下有根系、根际微生物；还有动物分布，山上有老鹰，林中有鸟类，地上有野兔、野猪，地下有昆虫等，组成不同的形态结构。

3. 营养结构（nutrition structure）

生态系统中由生产者、消费者、分解者三大功能类群以食物营养关系所组成的食物链、食物网是生态系统的营养结构。它是生态系统中物质循环、能量流动和信息传递的主要路径。如草原生态系统结构中各种草本绿色植物是生产者；兔、羊以草为生，为第一级消费者，鹰、狼又以兔、羊为生，为第二级消费者，狮、虎为第三级消费者；这些动植物死亡后都被微生物分解，故微生物为分解者。这种相互为食的循环过程称为食物链，该类群以食物营养关系所组成的食物链或食物网就是生态系统的营养结构。

系统结构是系统功能的基础。只有组建合理的生态系统结构，才能获得较高的系统整体功能。反过来，生态系统功能的高低可以作为检验系统结构合理与否的尺度。

（三）生态系统的类型

地球上全部生物及其生活区域称为生物圈（biosphere），一般指从大气圈到水圈约20km 的厚度范围，其中包含了边界大小不同、种类各式各样的生态系统。为了认识和研究上的方便，人们常将生态系统划分为不同的类型（图 2-2）。

1. 根据环境特性划分的生态系统

（1）海洋生态系统　这是生物圈内最大、层次最厚的生态系统。全球海洋面积为 3.6 亿平方千米，占地球表面的 70%，平均深度为 3750m。浮游植物与藻类是海洋生态系统中的生产者，各种鱼类为消费者，微生物既存在于水中，也存在于海岸沉积物中。

（2）森林生态系统　属于陆地生态系统中最大的亚系统，其现存生物量最大，为 $100\sim400t/hm^2$。据统计，全球森林生态系统固定的能量占陆地上固定能量的 68% 左右。森林中有着极其丰富的物种资源。

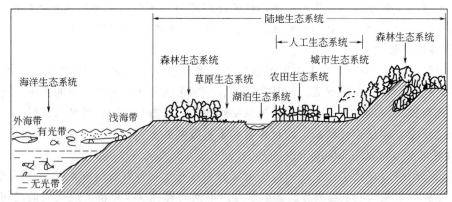

图 2-2 地球上生态系统示意图（引自祝廷成等，1983）

（3）草原生态系统 这是陆地生态系统中的又一亚系统。世界上草原面积约 30 亿公顷，占陆地面积的 1/4，多分布在年降水量 250～450mm 的干旱、半干旱地区。该系统中的主要生产者是各种草类，消费者以草食动物为主，土壤中有大量微生物作为分解者。

（4）淡水生态系统 该系统主要包括河流、溪流、水渠等流动水体亚系统和湖泊、池塘、沼泽、水库等静止水体亚系统。该系统的主要生产者包括藻类和水生高等植物，消费者为鱼类、浮游动物和昆虫类。

2. 根据人类干预程度划分的生态系统

（1）自然生态系统 在该系统中无人类的干预，系统的边界不很明显，但生物种群丰富、结构多样，系统的稳定性靠自然调控机制进行维持，系统的生产力较低。

（2）人工生态系统 是指人类为了达到某一目的而人为建造的生态系统，包括城镇生态系统、宇宙飞船生态系统、高级设施农业生态系统等。在该系统中，人类不断对其施加影响，通过增加系统输入，期望得到越来越多的系统输出。

（3）半自然生态系统 该系统介于人工生态系统和自然生态系统之间，既有人类的干预，同时又受自然规律的支配，是人工驯化生态系统，其典型代表是农业生态系统。它有明显的边界，有大量的人工辅助能的投入，属于开放性系统，并具有较高的净生产力。

（四）生态系统的功能

生态系统和任何"系统"一样，也具有多种功能，但其最基本的功能是生物生产、能量流动、物质循环和信息传递。生态系统的这些功能又相互联系，共同决定着生态系统的特征。

1. 生物生产 （biological production）

生态系统的生物生产包括初级生产和次级生产两个部分。初级生产是生产者（主要的绿色植物和光合细菌等）把太阳能转变为化学能的过程，故称为植物生产。初级生产的能源来自于太阳辐射，是植物利用太阳能进行光合作用合成和储存太阳能为化学能的过程。因此除太阳辐射如光照强度等因素外，还取决于大气温度、大气中 CO_2 含量、降水、土壤的养分供应等多种因素。

对于农业生态系统来说，人为地投入物质与能量，对植物性生产进行干预，可以改变初级生产的进程，提高初级生产产品数量。

次级生产是指消费者利用初级生产物质进行同化作用构造自身和繁衍后代的过程。它可以通过生命活动将初级生产产品转化为动物性产品，也称动物性生产。

2. 能量流动（energy flow）

生态系统的能量流动是指能量通过其食物网络在系统内的传递消耗过程。这一过程始于初级生产，止于分解者对次级产物分解的完成，包括各种形式能量的转变、转移、利用与消耗。

（1）食物链和食物网　生态系统中能量的流动，是借助于"食物链"和"食物网"来实现的。生态系统内部不同生物之间通过取食关系形成锁链式的单向联系，某种生物以另一种生物为食，而它又被第三种生物取食……这样多种生物彼此形成一个食与被食的关系，就是所谓的"食物链"（food chain）。我国流传久远的古老谚语"大鱼吃小鱼，小鱼吃虾米，虾米吃稀泥（实际是藻类）"就是对食物链概念的生动描述。

生态系统中很少只有一条食物链，而是多条食物链彼此交错连接成网状结构，称为食物网。一般来说，食物网越复杂，生态系统就越稳定，因为食物网中某个环节（物种）缺失时，其他相应环节能起补偿作用；相反，食物网越简单，则生态系统越不稳定。例如，某个生态系统中只有一条食物链林草→鹿→狼，如果鹿一旦消失，狼将被饿死，同样如果狼一旦消失，鹿失去天敌后会大量繁殖，超过林草承载力，草地和森林遭到破坏，鹿反被饿死，结果也会导致整个生态系统的破坏。

（2）营养级与生态金字塔　生态系统中各个生物之间进行物质和能量传递的级次关系称为营养级（trophic level）。

绿色植物（包括藻类）、光合细菌利用太阳能制造有机物质，为初级生产者，属于第一营养级；直接以生产者为食物的动物是第一消费者，属于第二营养级；以第一消费者为食物的动物是第二消费者，属于第三营养级……依次类推。各营养级上的生物一般不止一种，凡在同一层次上的生物都属于同一营养级，例如在草原生态系统中，多种草本植物都属于第一营养级，初级消费者鼠类、小鸟、野兔等都属于第二营养级。又由于食物关系的复杂性，同一种生物也可能隶属于不同的营养级，例如黄鼬不仅吃田鼠，还吃鸟、蛙甚至少量植物，可隶属于第二、第三营养级。

生态金字塔是生态学研究中用以反映食物链各营养级之间生物个体数量、生物量和能量比例关系的一个图解模型。由于能量沿食物链传递过程中的衰减现象，使得每一个营养级被净同化的部分都要大大少于前一营养级。因此，当营养级由低到高，其个体数目、生物现存量和所含能量一般呈现出基部宽、顶部尖的立体金字塔形，用数量表示的称为数量金字塔，用生物量表示的称为生物量金字塔，用能量表示的称为能量金字塔。在这三类生态金字塔中，能较好地反映营养级之间比例关系的是能量金字塔。其余两者在描述一些非常规形式食物链中个别营养级的比例关系时，就会出现生态金字塔的倒置现象或畸形现象。

3. 物质循环（material recycling）

与能量流动不同，物质循环过程中同一种物质不仅在食物链多个营养级间被依次利用，也可以在同一营养级内被生物多次利用。

生态系统中各种有机物质归还到环境中后，被分解成可被生产者利用的形式而后再度被利用，周而复始地循环下去，这样一个过程称为生态系统的物质循环。

生态系统的物质循环可以在三个不同层次上进行。

① 生物个体。在这个层次上生物个体吸取营养物质建造自身，经过代谢活动又把利用后的物质排出体外，最后生物死亡，生物体躯体经过分解者分解归还于环境。

② 生态系统层次的物质循环。是指在局部区域内从自养生物物质合成开始形成初级产

品后，经过各级消费者消费和分解者分解把营养物质归还至环境当中去，这也称生物学小循环或营养物质循环；生物学小循环的物质流动是按照生产者—消费者—分解者的顺序周而复始地流动的，其实质是有机物质合成和分解的过程。

③ 生物圈层次的循环。物质在整个生物圈内、陆地与海洋间进行循环，这又称地质学大循环或生物地球化学循环；生物地球化学循环实质上是生态系统间的物质输入与输出以及大气圈、水圈和土壤圈之间的物质交换过程。

水循环、碳循环、氮循环和硫循环则是生态系统物质循环的主体。

(1) 水循环（water cycle） 水具有可溶性、可动性和比热容高等独特的理化性质，是生命体最重要的组成部分。有机体中的水分占 70% 以上，生长茂盛的水稻，一天约吸收 70 t/hm^2 的水，5% 用于原生质的合成和光合作用，95% 变成水汽蒸腾，所以它是绿色植物光合作用的原料，是生命活动的介质。同时水还是地质变化的动因，它引起侵蚀、异地沉积，起着溶解、运输养分和气体的作用。水与许多元素的循环密切相关，是流动、移动的载体。水对生态系统最根本的意义，是起着能量传递和利用的作用。

① 存在形式。地球上水分布广泛，自然界里的水以固态、液态、气态分布在地球表面（海洋、湖泊、河流、沼泽、冰川）和大气圈（大气水）、岩石圈（土壤水、地下水）、生物圈中，组成了一个相互联系着的水圈。据估计，自然界中水的总储量为 13.86 亿立方千米，其中海洋储水量占地球上总水量的 97.5%，淡水占地球上总水量的 2.53%，但这些淡水主要以南北两极冰盖、冰川、永久积雪的形式存在着，人类能够直接利用的数量却很少。

② 水循环过程。自然界中的水不是静止的，而是在太阳辐射和地球引力的作用下不断运动着的。水循环可分为大循环和小循环。大循环是水从海上蒸发，输入内陆上空遇冷凝结下降，降水在地表形成径流，最终流入大海，水汽不断从海洋向内陆输送，越深入内陆，水汽的含量就越少。海上和内陆，水循环是小循环，水汽在海上或陆上凝结降下，然后又被蒸发，在陆上降下与蒸发不断循环，其径流不流入大海，而流入内陆湖或形成内陆河。

水循环的驱动力是太阳能，在局部很不均匀，但从全球来看，蒸发和降水的调节是很好的。植被对水循环有很大的影响，可以影响降水、气候及水的再分配。

(2) 碳循环（carbon cycle） 碳存在于生物有机体和无机体中。在生物体内，碳元素是构成生物体的主要元素，约占生物质量的 25%。在无机环境中，碳是以二氧化碳和碳酸盐的形式存在的。碳的储量及转化途径如下。

① 地球上的碳总量约为 26×10^{15} t，其中有 99% 左右存在于岩石圈和化石燃料中，0.1% 左右存在于海洋中，0.0026% 左右存在于大气圈中。

② 生物圈的碳循环途径见图 2-3。

第一条途径：始于绿色植物并经陆生生物与大气之间的碳交换。碳元素是生物体的重要元素成分，它主要以蛋白质、脂肪、糖类和有机酸等形式存在于生物体内，植物体中碳的含量高达其干重的 45% 左右。绿色植物在一定光照、温度、土壤水分与养分供应等条件下进行光合作用，将大气中的 CO_2 固定下来，使之变为有机物质，与此同时呼吸作用也在进行着，但呼吸作用消耗碳水化合物的数量要小于光合作用合成的数量，因此植物光合作用总的趋势是碳水化合物的积累。

第二条途径：海洋、海洋生物与大气之间的交换。海水作为一种溶液具有溶解的能力，单位体积海水溶解 CO_2 数量的多少既取决于大气中 CO_2 气体的分压，也取决于该系统内的温度。大气中 CO_2 浓度越高，大气及海水的温度越低，单位体积海水溶解 CO_2 的能力就越

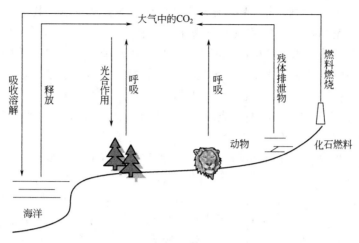

图 2-3　生物圈的碳循环途径

强。近一个世纪来 CO_2 在大气中的含量不断上升，从而引起了气温的上升，而气温的上升使海水温度也随之升高，海水溶解 CO_2 的能力变小，使大量的 CO_2 自海水中释放出来而进入大气，又加剧了大气的温室效应。另外，海洋中生存着大量的生物，无论是藻类及植物性浮游生物的光合作用，还是包括微生物在内的海洋生物的呼吸作用，都与海水中的 CO_2 浓度直接相关，同时也与大气中的 CO_2 保持着数量上的平衡关系。这种平衡作用的结果致使大气中 CO_2 浓度表现为升高的趋势。

第三条途径：人类生产和生活对化石燃料的大量应用，直接影响到了自然界的碳循环。

在漫长的历史年代里，地球上的碳循环在大气圈、土壤圈、岩石圈、生物圈之间保持着一种平衡关系。由于人类活动的介入，使得 CO_2 循环平衡关系被打破。随着化石燃料的使用，植被大量减少，大气中 CO_2 浓度增加，给气候带来了长期、深远的影响，对生态系统的作用也是深刻的。特别是由于近代工业的发展，人类消耗大量化石燃料，使空气中 CO_2 浓度不断增加，导致世界气候变化产生温室效应，对人类造成危害。这已经成为当今世界令人担忧的问题之一。

（3）氮循环（nitrogen cycle）　氮存在于生物体、大气和矿物质中。氮元素是构成生物体不可缺少的蛋白质、核酸和酶的组成元素，没有氮就没有蛋白质，没有蛋白质也就没有生命。地球上氮元素的数量十分巨大，分布在土壤、海洋、河流、湖泊和地下水中。大气中氮气（N_2）含量约为78％，但大气中的氮一般是不能直接为生物所利用的，能够利用大气中氮的只有固氮菌、蓝藻以及与某些植物共生的根瘤菌等少数生物。因此，大气中的氮进入生物有机体主要有四种途径：一是生物固氮，豆科植物和其他少数高等植物能通过蓝藻和固氮菌固定大气中的氮；二是工业固氮，合成氨氮化肥，供给植物利用；三是岩浆固氮，火山爆发时喷射出的岩浆可固定一部分氮；四是大气固氮，雷雨天气发生的闪电现象通过电离作用可使大气中的氮氧化成硝酸盐，经雨水淋洗带入土壤。

因此，闪电能使大气中的氮进入土壤，估计每年经闪电而进入土壤的氮平均为 $8.9kg/hm^2$。进入土壤中的有机态氮，在氨化和硝化细菌的作用下，转化为酰胺态、铵盐或硝酸盐，可被植物根系吸收，也可被其他微生物利用。动物排泄物、动物及植物死亡后的残体又可被微生物分解，其产物回到土壤当中，有机态氮被转变为硝态氮、铵态氮，可再一次为植物所利用，由此进入了下一循环。

　　人类的生产与生活活动对自然界氮循环产生了十分复杂的影响，其作用主要表现在：用化学合成的方法大量固定大气中的氮，作为化学肥料用于农业生产，使粮食产量大幅度增加；过量地使用化肥使施入土壤中的氮流失，造成水体污染，导致"富营养化"等现象的发生；大量燃烧化石燃料使氮氧化物进入大气，从而加剧了酸雨的危害和温室气体效应。

　　（4）硫循环（sulfur cycle）　硫元素是生物必需的大量营养元素之一，是蛋白质、酶、维生素 B_1、蒜油、芥子油等物质的构成成分。硫因有氧化和还原两种形态存在而影响生物体内的氧化还原反应过程。硫是可变价态的元素，价态变化在 -2 价至 $+6$ 价之间，可形成多种无机和有机硫化合物，并对环境的氧化还原电位和酸碱度带来影响。

　　自然界中硫的最大储存库在岩石圈，在沉积岩、变质岩和火成岩三类岩石中总含量达 $2.948 \times 10^{19} t$。硫在水圈中的储存量也较大，在海水中含 $1.348 \times 10^{18} t$，在极地冰帽、冰山和陆地冰川中含 $2.78 \times 10^{16} t$，但在地下水、地面水、土壤圈、大气圈中含量均较小。通过有机物分解释放 H_2S 气体或可溶硫酸盐、火山喷发（H_2S、SO_4^{2-}、SO_2）等过程使硫变成可移动的简单化合物进入大气、水或土壤中。

　　土壤中微生物可将含硫有机物质分解为硫化氢，硫黄细菌和硫化细菌可将硫化氢进一步转变为单质硫或硫酸盐，许多兼性或厌气性微生物又可将硫酸盐转化为硫化氢。因此，在土壤和水体底质中，硫因氧化还原电位不同而呈现不同的化学价态。土壤和空气中硫酸盐、硫化氢和二氧化硫可被植物吸收，每年全球植物吸收硫总量约为 $1.5 \times 10^{13} t$，然后沿着食物链在生态系统中转移。陆地上可溶价态的硫酸盐通过雨水淋洗，每年由河流携入海洋的硫总量达 $1.32 \times 10^{28} t$。海水和海洋沉积物中积蓄着最大量对生物有效态硫，总量达 $1.648 \times 10^8 t$。由于有机物燃烧、火山喷发和微生物氨化及反硫化作用等，也有少量硫以 H_2S、SO_2 和硫酸盐气溶胶状态存在于大气中。近来由于工业发展，化石燃料的燃烧增加，每年燃烧排入大气的 SO_2 量高达 $1.47 \times 10^8 t$，影响了生物圈中硫的循环。

　　大气中的 SO_2 和 H_2S 经氧化作用形成硫酸根（SO_4^{2-}），随降水降落到陆地和海洋。SO_2 和 SO_4^{2-} 还可由于自然沉降或碰撞而被土壤和植物或海水所吸收。由陆地排入大气的 SO_2 和 SO_4^{2-} 可迁移到海洋上空，沉降入海洋。同样，海浪飞溅出来的 SO_4^{2-} 也可迁移沉降到陆地上。陆地岩石风化释放出的硫可经河流输送入海洋。水体中硫酸盐的还原是由各种硫酸盐还原菌进行反硫化过程完成的，在缺氧条件下，硫酸盐作为受氢体而转化为 H_2S。

　　人类燃烧含硫矿物燃料和柴草，冶炼含硫矿石，释放出大量的 SO_2，石油炼制释放的 H_2S 在大气中很快氧化为 SO_2，这些活动使城市和工矿区的局部地区大气中 SO_2 浓度大为升高，对人和动植物有伤害作用。SO_2 在大气中氧化成为 SO_4^{2-} 是形成酸雨和降低能见度的主要原因。

　　但硫循环与碳循环是有区别的。首先要明确两个循环的概念、过程。

　　① 硫循环。化石燃料的燃烧、火山的爆发和微生物的分解作用是 SO_2 的来源。在自然状态下，大气中的 SO_2，一部分被绿色植物吸收；一部分则与大气中的水结合，形成 H_2SO_4，随降水落入土壤或水体中，以硫酸盐的形式被植物的根系吸收，转变成蛋白质等有机物，进而被各级消费者所利用，动植物的遗体被微生物分解后，又能将硫元素释放到土壤或大气中，这样就形成一个完整的循环回路。

　　② 碳循环。绿色植物通过光合作用，把大气中的二氧化碳和水合成为糖类等有机物。生产者合成的含碳有机物被各级消费者所利用。生产者和消费者在生命活动过程中，通过呼吸作用，又把二氧化碳释放到大气中。生产者和消费者的遗体被分解者所利用，分解后产生

的二氧化碳也返回到大气中。另外，由古代动植物遗体变成的煤和石油等被人们开采出来后，通过燃烧把大量的二氧化碳排放到大气中，也加入生态系统的碳循环中。由此可见，碳在生物群落与无机环境之间的循环主要是以二氧化碳的形式进行的。大气中的二氧化碳能够随着大气环流在全球范围内运动，因此，碳循环具有全球性。

由此比较如下：首先是来源不同，SO_2 来源于化石燃料的燃烧、火山爆发和微生物的分解作用，CO_2 来源于煤和石油等燃烧及呼吸作用；其次是去路不同，CO_2 主要被绿色植物吸收（被微生物吸收很少），SO_2 一部分被绿色植物吸收，一部分则与大气中的水结合，形成 H_2SO_4。

总之，物质循环是生态系统存在的基础，如果没有物质循环，能量也就停止了流动，能量不再流动，生物的生命活动也就停止了；物质流与能量流紧密相连，共同维持着生态系统的生长发育与演化进程。

4. 信息传递（information transmission）

除能量流动和物质循环外，生态系统中各生命体之间还存在着信息传递，习惯上人们将它称为信息流。

生态系统中包含着各种各样的信息，大致可以分为营养信息、化学信息、物理信息、行为信息四大类。

（1）营养信息（nutritional information）　通过营养交换的形式，把信息从一个个体传递给另一个个体，或从一个种群传递给另一个种群，这就是生态系统的营养信息传递。

食物链（网）本身就是一个营养信息传递系统。以由草本植物、鹌鹑、鼠和猫头鹰组成的食物链为例，当鹌鹑数量较多时，猫头鹰大量捕食鹌鹑，而捕食鼠类较少，当鹌鹑较少时，猫头鹰转向大量捕食鼠类，这样通过猫头鹰对鼠类、鹌鹑捕食的多少，向鼠类、鹌鹑传递了其他种群数量的信息。

（2）化学信息（chemical information）　生物代谢产生一些化学物质，起到传递信息、协调功能的作用，这一类信息称为化学信息。如许多猫科动物以尿液标识各自的领地以避免与栖居同一地区的对手相遇，狼用尿液标记活动路线。在植物的群落中，一种植物通过分泌某种化学物质能够影响另一种或几种植物的生长甚至生存，如作物中的洋葱与食用甜菜、马铃薯与菜豆、小麦与豌豆种在一起能相互促进，而胡桃树大量分泌胡桃醌对苹果有毒害作用。

（3）物理信息（physical information）　生态系统中以物理过程传递的信息称为物理信息，光、声、磁、电、颜色等都属此类。

如鸟鸣、兽吼可以传达惊慌、安全、恫吓、警告、厌恶、有无食物和要求配偶等各种信息，含羞草在强烈声音的刺激下会做出小叶合拢、叶柄下垂动作，昆虫可以根据花的颜色判断花蜜的有无，信鸽靠体内的电磁场与地球磁场的相互作用确定方向。

（4）行为信息（behavior information）　生态系统中许多动物和植物的异常表现或行为所传递的信息称为行为信息。如蜜蜂跳舞的不同形态和动作，可以表示蜜源的远近和方向；燕子在求偶时，雄燕会围绕着雌燕在空中做特殊飞行；丹顶鹤在求偶时，雌雄双双起舞。

生态系统中的信息传递不像物质流那样循环，也不像能量流那样是单向的，信息传递往往是双向的，有输入也有输出。信息传递对于生态系统内的物质循环、能量流动以及生物种群的分布等具有十分重要的作用，它使生态系统成为一个有机整体，经常处于协调状态。

因此，生态系统功能除上述之外，还有动态系统变化、自动调节功能，它们共同维持生态平衡。

第二节　生态平衡及其意义

一、生态平衡的概念

生态平衡（ecological balance）是指在一定时间内，生物与环境、生物与生物之间相互适应所维持着的一种协调状态。它表现为生态系统中生物组成、种群数量、食物链营养结构的协调状态，能量和物质的输入与输出基本相等，物质储存量恒定，信息传递畅通，生物群落与环境之间或各对应量之间各自保持一定的状态，达到正负相当、协调吻合。

二、生态平衡的破坏

（一）生态平衡破坏的标志

1. 结构的改变

表现在缺损一个或几个组分成分，使平衡失调，系统崩溃，如毁林、开荒等；也表现在某一组成成分发生变化，如生物群落结构的改变、非生物成分的组成和结构发生变化等。

2. 功能的衰退

主要表现在能量流动受阻，如生产者数量减少；也表现在物质循环的中断等。

（二）生态平衡破坏的因素

1. 自然因素

首先是灾难性的自然因素，如火山、地震和水旱灾害等，它们会急剧破坏生态平衡；其次是自然界本来存在的有害因素，例如母岩风化放出有害元素，或者土壤缺乏必要的元素。

2. 人为因素

主要是指人类活动造成的生态系统不平衡，如工业排放"三废"、滥砍滥伐、围湖造田、过度放牧等。

综上所述，人类既可以破坏生态平衡，又可以改造环境，为使生态系统在良性循环下达到稳定平衡，必须顺应自然规律，否则要受到自然的惩罚。

三、生态学及应用

（一）生态学的一般规律

1. 相互依存和相互制约的规律

相互依存与相互制约规律，反映了生物间的协调关系，是构成生物群落的基础。生物间的这种协调关系，主要分为两类。

（1）以食物相互联系与制约的协调关系　亦称"相生相克"规律。在生态系统中，每一生物种都占据一定的位置，具有特定的作用。即每一种生物在食物链或食物网中都占据一定的位置，并具有特定的作用。各生物种之间相互依赖、彼此制约、协同进化。被食者为捕食者提供生存条件，同时又为捕食者控制；反过来，捕食者又受制于被食者，彼此相生相克，使生物保持数量上的相对稳定，使整个体系成为协调的整体。当向一个生物群落（或生态系统）引进其他群落的生物种时，往往会由于该群落缺乏能控制它的生物种存在，使该种种群暴发起来，从而造成灾害。

（2）普遍的依存与制约关系　亦称"物物相关"规律。有相同生理、生态特性的生物，占据与之相适宜的小生境，构成生物群落或生态系统。系统中同种生物、异种生物、不同群落或系统之间都存在相互依存、相互制约的关系，如地衣就是真菌和藻类的共生体，真菌吸收水分、无机盐供给藻类光合作用所需的原料，并围裹着藻类细胞使其不会干死；藻类进行光合作用，合成的有机质供给真菌利用。这种影响有些是直接的，有些是间接的，有些是立即表现出来的，有些需滞后一段时间才显现出来。因此，在自然开发、工程建设中必须了解自然界诸事物之间的相互关系，统筹兼顾，做出全面安排。

2. 物质循环转化与再生的规律

生态系统中，植物、动物、微生物和非生物成分之间能量在不断地流动，物质在不停地循环着。但是，通常在自然生态系统中，能量沿食物链转移时，每经过一个级位或层次，就有一大部分转化为热而逸散，无法再回收利用；物质与能量则不同，它在生态系统中可以反复地进行循环，实现多级利用；其中有些物质如重金属、农药等还会通过食物链在生物体内发生富集。因此要实现生态系统的良性平衡，必须尽力使物质多级利用和提高能量利用率。

3. 物质输入与输出动态平衡的规律

又称"协调稳定"规律。生物与环境之间的输入与输出，是相互对立的关系，对生物体进行输入时，环境必然进行输出，只有各部分协调的、物质的输入与输出总是相平衡的生态系统才是稳定的。当生物体的输入不足时，例如农田肥料不足，或虽然肥料（营养分）足够，但未能分解而不可利用，或施肥的时间不当而不能很好地利用，结果作物必然生长不好，产量下降。另外，对环境系统而言，如果营养物质输入过多，环境自身吸收不了，打破了原来的输入与输出平衡，就会出现富营养化现象。

4. 相互适应与补偿的协同进化规律

生物与环境之间，存在着作用与反作用的过程。植物从环境吸收水和营养元素与环境的特点如土壤的性质、可溶性营养元素的量以及环境可以提供的水量等紧密相关。同时生物以其排泄物和尸体的方式把相当数量的水和营养元素归还给环境，最后获得协同进化的结果。生物与环境就是如此反复地相互适应与补偿。生物从无到有、从低级向高级发展，而环境也在演变。如果因为某种原因损害了生物与环境相互补偿与适应的关系，例如某种生物过度繁殖，则环境就会由于物质供应不足而造成其他生物因饥饿死亡。

5. 环境资源的有效极限规律

任何生态系统中作为生物赖以生存的各种环境资源，在质量、数量、空间、时间等方面，都有其一定的限度，不能无限制地供给，因而其生物生产力通常都有一个大致的上限。如放牧强度不应超过草场的允许承载量，采伐森林、捕鱼狩猎和采集药材时不应超过能使各种资源永续利用的产量。在生态环境保护中，一定要注意找限制生态平衡的因子。

（二）生态学在环境保护中的应用

1. 树立生态学观点，管理环境和保护环境

环境问题的实质就是包括人类在内的生态学问题。对环境问题的解决，必须运用生态学的理论、方法和手段。人类的生存环境是一个完整的生态系统或若干个生态系统的组合。人类对环境的利用必须在注意遵循经济规律的同时，也注意遵循生态规律。

运用生态学观点管理和保护环境，必须把生态学的基本理论和基本观点渗透到工农业生产之中。

在现代化的工业建设中，为了高效率地利用资源与能源，有效地保护环境质量，人们提

出了要用生态工艺代替传统工艺。生态工艺是指无废料生产工艺。无废料是相对而言，指不向环境排放对生物有毒有害的物质。这是对生态系统中能量流动与物质循环的模拟。

生态农业是以生态学理论为依据建立起来的一种理想的生产模式。它是一种农业生产形式，建立生态农业的目的是把无机物更多地转化为有机物，最大限度地提高能量流、物质流在生态系统中运转时的利用效率，实现高效生产，同时又能创建一个舒适而美好的生存环境。生态农业的重要意义就在于把经济规律与生态规律结合起来，使现在的生态失调得到扭转。

2. 环境质量的生物监测

所谓生物监测（biological monitoring）就是利用生物在各种污染环境下所发出的各种信息来判断环境污染状况的一种手段。它们不仅可以反映出环境中各种污染物的综合影响，而且也能反映出环境污染的历史状况，这种反映可以弥补化学与仪器监测的不足。

（1）利用生物对大气污染进行监测和评价 比较普遍的是利用植物叶片受污染后的伤害症状来进行。不同的污染物引起植物叶片的伤害症状是不同的，如二氧化硫可使叶脉间出现白色烟斑或坏死组织，而氟化物则可使叶缘或叶尖出现浅褐色或褐红色的坏死部分。利用这种受害症状可以判断污染物的种类，进行定性分析。同时也可以根据受害程度的轻重、受害面积的大小，判断污染的程度，进行定量分析。还可以根据叶片中污染物的含量、叶片解剖构造的变化、生理机能的改变、叶片和新梢生长量等，来监测大气的污染发展状况。

（2）水体污染可以利用水生生物进行监测和评价 采用的方法也很多，污水生物体系法就是被普遍采用的方法之一。由于各种生物对污染的忍耐力是不同的，在污染程度不同的水体中，就会出现某些不同的生物种群，构成不同的生物体系，根据各个水域中生物体系的组成，就可以判断水体的污染程度。

3. 为环境容量和环境标准的制定提供依据

要切实有效地加强环境保护工作，对已经污染的环境进行治理，就必须制定出国家和地区的环境标准和环境法规。环境标准的制定又必须以环境容量为主要依据。环境容量（environmental capacity）指的是环境对污染物的最大允许量，也就是保证人体健康和维护生态平衡的环境质量所允许的污染物浓度。为了确定允许的污染物浓度，要得到综合研究污染物浓度与人体健康和生态系统关系的资料，并进行定量的相关分析。

思 考 题

1. 何谓生态学、生态系统？生态系统包括哪些组成及类型？
2. 简述生态系统的组成、结构及类型。
3. 简述生态系统的功能。
4. 什么是生态平衡？有何意义？破坏生态平衡的因素有哪些？
5. 简述生态系统的五大规律。
6. 生态学在环境保护中有哪些应用？

第三章　可持续发展的基本理论

内容提要及重点要求：本章主要介绍可持续发展理论的产生，可持续发展的定义、基本特征及原则，衡量可持续发展过程的指标和指标体系及中国实施可持续发展战略的行动。本章要求了解可持续发展理论的产生过程；了解可持续发展系统学方向的指标体系；掌握可持续发展的定义、基本特征及原则；掌握绿色 GDP、人文发展指数、生态足迹的概念及意义。

第一节　可持续发展理论的产生与发展

虽然"可持续发展"作为一种发展观明确提出于当代，但在我国，朴素的可持续发展思想却是源远流长的，朴素的可持续发展的实践也是由来已久的。早在我国的春秋战国时期，就有对自然资源的持续利用与保护的论著。如春秋时期的政治家管仲把保护山泽林木作为对君王的道德要求；战国时期的思想家荀子也把对自然资源的保护作为治国安邦之策，特别注意遵从生态系统的季节规律，重视自然资源的持续保存和永续利用。同时，西方的经济学家如马尔萨斯（Malthus，1766—1834）、李嘉图（Ricardo，1772—1823）、穆勒（Mill，1773—1836）等，也在他们的著作中提出人类的经济活动范围存在着生态边界。即人类的经济活动要受到环境承载力的限制，人类无限的消费欲望与有限的自然资源形成尖锐的矛盾。

近代人类社会，由于人口的不断增加、工业的迅速发展，全球环境污染日趋加重，尤其是自 20 世纪 50 年代以来，人类所面临的人口猛增、粮食短缺、能源紧张、资源破坏和环境污染等问题日益恶化，导致"生态危机"逐步加剧，这就迫使人类重新审视自己在生态系统中的位置，并努力寻求长期生存和发展的道路。为了达到这一目的，人类进行了不懈的努力和探索，并提出了一些富有启发和很有意义的观点、思想和对策，发表了一系列有关这类问题的报告、书籍和文章，可持续发展（sustainable development）是其中最有影响和最有代表性的概念。可以说可持续发展概念的提出彻底地改变了人们的传统发展观和思维方式，与此同时国际社会也围绕着可持续发展问题组织或进行了一些大规模的会议和行动。

一、关于可持续发展的三次重要国际会议

《联合国人类环境会议》《联合国环境与发展会议》和《可持续发展世界首脑会议》这三次联合国会议一般被认为是国际可持续发展进程中具有里程碑性质的重要会议。

1.《联合国人类环境会议》

《联合国人类环境会议》于 1972 年在瑞典斯德哥尔摩召开。当时人类面临着环境日益恶化、贫困日益加剧等一系列突出问题，国际社会迫切需要共同采取一些行动来解决这些问题。这次会议就是在这样的国际背景下由联合国主持召开的。通过广泛的讨论，会议通过了重要文件《人类环境行动计划》，大会确定每年的 6 月 5 日为世界环境日。作为探讨保护全球环境战略的第一次国际会议，联合国人类环境大会的意义在于唤起了各国政府共同对环境

问题，特别是对环境污染问题的觉醒和关注。

这次会议之后，根据需要联合国于 1973 年成立了联合国环境规划署（United Nations Environment Programme）。1983 年联合国第 38 届大会通过决议，成立了世界环境与发展委员会（World Commission on Environment and Development，WCED），挪威首相布伦特兰夫人（G. H. Brundland）任主席。

2. 《联合国环境与发展会议》

1992 年联合国在巴西里约热内卢召开了《联合国环境与发展会议》。这次会议是根据当时的环境与发展形势需要，同时为了纪念联合国人类环境会议 20 周年而召开的，会议取得了如下成果。

① 会议通过了《里约环境与发展宣言》和《21 世纪议程》两个纲领性文件。

② 会议将公平性、持续性和共同性作为可持续发展的基本原则。

③ 各国政府代表签署了《气候变化框架公约》等国际文件及有关国际公约。

至此，可持续发展得到了世界最广泛和最高级别的政治承诺。可持续发展由理论和概念推向行动。

根据形势需要，联合国在这次会议之后于 1993 年成立了联合国可持续发展委员会（Commission on Sustainable Development）。

全球《21 世纪议程》是贯彻实施可持续发展战略的人类活动计划。该文件虽然不具有法律的约束力，但它反映了环境与发展领域的全球共识和最高级别的政治承诺，提供了全球推进可持续发展的行动准则。

《21 世纪议程》涉及人类可持续发展的所有领域，提供了 21 世纪如何使经济、社会与环境协调发展的行动纲领和行动蓝图。它共计 40 多万字。整个文件分四个部分。

第一部分，经济与社会的可持续发展。

第二部分，资源保护与管理。

第三部分，加强主要群体的作用。

第四部分，实施手段。

3. 《可持续发展世界首脑会议》

《可持续发展世界首脑会议》于 2002 年在南非约翰内斯堡召开。这次会议的主要目的是回顾《21 世纪议程》的执行情况、取得的进展和存在的问题，并制定一项新的可持续发展行动计划，同时也是为了纪念《联合国环境与发展会议》召开 10 周年。经过长时间的讨论和复杂谈判，会议通过了《可持续发展世界首脑会议实施计划》这一重要文件。

二、关于可持续发展的三份重要报告

1. 《增长的极限》

在《联合国人类环境会议》召开的 1972 年，国际社会发生了另一件具有重要意义的事情：非正式的国际协会——罗马俱乐部（The Club of Rome），针对长期流行于西方的高增长理论进行了深刻反思，于 1972 年提交了研究报告——《增长的极限》（The Limits to Growth）。报告的主要内容和论点如下。

① 报告深刻阐明了环境的重要性以及资源与人口之间的关系。

② 世界系统的五个基本因素人口增长、粮食生产、工业发展、资源消耗和环境污染的运行方式是指数增长而非线性增长。人口增长、工业发展过快，而地球的资源、环境对污染物的承载力是有限的，总有一天要达到极限，使得生态恶化、环境污染加剧、资源耗竭、粮

食短缺。

③ 解决的办法是控制发展，必要时不发展。

《增长的极限》是罗马俱乐部于 1968 年成立以后发表的第一个研究报告，这一报告公开发表后迅速在世界各地传播，唤起了人类对环境与发展问题的极大关注，并引起了国际社会的广泛讨论。这些讨论是围绕着这份报告中提出的观点展开的，即经济的不断增长是否会不可避免地导致全球性的环境退化和社会解体。到 20 世纪 70 年代后期，经过进一步广泛的讨论，人们基本上达成了比较一致的结论，即经济发展可以不断地持续下去，但必须对发展加以调整，即必须考虑发展对自然资源的最终依赖性。

2.《世界自然保护策略》

由国际自然保护联盟（International Union for Conservation of Nature and Natural Resources）牵头，与联合国环境规划署以及世界野生基金会（World Wild-Life Fund）等国际组织一起，于 1980 年发表了《世界自然保护策略》这份重要报告，并为这一报告加了一个副标题：为了可持续发展的生存资源保护（Living Resources Conservation for Sustainable Development）。该报告的主要目的有以下三个。

① 解释生命资源保护对人类生存与可持续发展的作用。

② 确定优先保护的问题及处理这些问题的要求。

③ 提出达到这些目标的有效方式。

该报告分析了资源和环境保护与可持续发展之间的关系，并指出，如果发展的目的是为人类提供社会和经济福利的话，那么保护的目的就是要保证地球具有使发展得以持续和支撑所有生命的能力，保护与可持续发展是相互依存的，二者应当结合起来加以综合分析。这里的保护意味着管理人类利用生物圈的方式，使得生物圈在给当代人提供最大持续利益的同时保持其满足未来世代人需求的潜能；发展则意味着改变生物圈以及投入人力、财力、生命和非生命资源等去满足人类的需求和改善人类的生活质量。

虽然《世界自然保护策略》以可持续发展为目标，围绕保护与发展做了大量的研究和讨论，且反复用到可持续发展这个概念，但它并没有明确给出可持续发展的定义。

3.《我们共同的未来》

世界环境与发展委员会（World Commission on Environment and Development，WCED）经过 3 年多的深入研究和充分论证，于 1987 年向联合国大会提交了研究报告《我们共同的未来》（Our Common Future），报告分为共同的关切、共同的挑战、共同的努力三大部分。

该报告提出了"从一个地球走向一个世界"的总观点，并在这样的一个总观点下，从人口、资源、环境、食品安全、生态系统、物种、能源、工业、城市化、机制、法律、和平、安全与发展等方面比较系统地分析和研究了可持续发展问题的各个方面。该报告第一次明确给出了可持续发展的定义。

第二节　可持续发展理论的基本内涵与特征

一、可持续发展的定义

《我们共同的未来》是这样定义可持续发展的："既满足当代人的需求，又不对后代人满足其自身需求的能力构成危害的发展（Sustainable development is development that meets the needs of the present without compromising the ability of future generation to meet their needs）"。这一概念在 1989 年联合国环境规划署（UNEP）第 15 届理事会通过的《关于可持续发展的声明》中得到接受和认同。即可持续发展是指既满足当前需要，而又不削弱子孙后代满足其需要之能力的发展，而且绝不包含侵犯国家主权的含义。这个定义包含了三个重要的内容：首先是"需求"，要满足人类的发展需求，可持续发展应当特别优先考虑世界上穷人的需求；其次是"限制"，发展不能损害自然界支持当代人和后代人的生存能力，其思想实质是尽快发展经济满足人类日益增长的基本需要，但经济发展不应超出环境的容许极限，经济与环境协调发展，保证经济、社会能够持续发展；再次是"平等"，指各代之间的平等以及当代不同地区、不同国家和不同人群之间的平等。

二、可持续发展理论的基本特征

可持续发展理论的基本特征可以简单地归纳为经济可持续发展（基础）、生态（环境）可持续发展（条件）和社会可持续发展（目的）。

1. 可持续发展鼓励经济增长

它强调经济增长的必要性，必须通过经济增长提高当代人福利水平，增强国家实力和社会财富。但可持续发展不仅要重视经济增长的数量，更要追求经济增长的质量。这就是说，经济发展包括数量增长和质量提高两部分。数量的增长是有限的，而依靠科学技术进步，提高经济活动中的效益和质量，采取科学的经济增长方式才是可持续的。

2. 可持续发展的标志是资源的永续利用和良好的生态环境

经济和社会发展不能超越资源和环境的承载能力。可持续发展以自然资源为基础，同生态环境相协调。它要求在保护环境和资源永续利用的条件下，进行经济建设，保证以可持续的方式使用自然资源和环境成本，使人类的发展控制在地球的承载力之内。要实现可持续发展，必须使可再生资源的消耗速率低于资源的再生速率，使不可再生资源的利用能够得到替代资源的补充。

3. 可持续发展的目标是谋求社会的全面进步

发展不仅仅是经济问题，单纯追求产值的经济增长不能体现发展的内涵。可持续发展的观念认为，世界各国的发展阶段和发展目标可以不同，但发展的本质应当包括改善人类生活质量，提高人类健康水平，创造一个保障人们平等、自由、教育和免受暴力的社会环境。这就是说，在人类可持续发展系统中，经济发展是基础，自然生态（环境）保护是条件，社会进步才是目的。而这三者又是一个相互影响的综合体，只要社会在每一个时间段内都能保持与经济、资源和环境的协调发展，这个社会就符合可持续发展的要求。显然，在 21 世纪里，人类共同追求的目标，是以人为本的自然-经济-社会复合系统的持续、稳定、健康的发展。

三、可持续发展理论的基本原则

1. 公平性原则

所谓公平是指机会选择的平等性。可持续发展的公平性原则包括两个方面：一方面是本代人的公平性，即代内之间的横向公平性；另一方面是代际公平性，即世代之间的纵向公平性。可持续发展要满足当代所有人的基本需求，给他们机会以满足他们要求过美好生活的愿望。可持续发展不仅要实现当代人之间的公平，而且也要实现当代人与未来各代人之间的公平，因为人类赖以生存与发展的自然资源是有限的。从伦理上讲，未来各代人应与当代人有同样的权利来提出他们对资源与环境的需求。可持续发展要求当代人在考虑自己的需求与消费的同时，也要对未来各代人的需求与消费负起历史的责任，因为同后代人相比，当代人在资源开发和利用方面处于一种无竞争的主宰地位。各代人之间的公平要求任何一代都不能处于支配的地位，即各代人都应有同样的选择机会。

2. 持续性原则

这里的持续性是指生态系统受到某种干扰时能保持其生产力的能力。资源环境是人类生存与发展的基础和条件，资源的持续利用和生态系统的可持续性是保持人类社会可持续发展的首要条件。这就要求人们根据可持续性的条件调整自己的生活方式，在生态可能的范围内确定自己的消耗标准，要合理开发、合理利用自然资源，使再生性资源能保持其再生产能力，非再生性资源不至于过度消耗并能得到替代资源的补充，环境自净能力能得以维持。可持续发展的可持续性原则从某一个侧面反映了可持续发展的公平性原则。

3. 共同性原则

可持续发展关系到全球的发展。要实现可持续发展的总目标，必须争取全球共同的配合行动，这是由地球整体性和相互依存性所决定的。因此，致力于达成既尊重各方的利益而又保护全球环境与发展体系的国际协定至关重要。正如《我们共同的未来》中写的"今天我们最紧迫的任务也许是要说服各国，认识回到多边主义的必要性"，还有"进一步发展共同的认识和共同的责任感，是这个分裂的世界十分需要的"。这就是说，实现可持续发展就是人类要共同促进自身之间、自身与自然之间的协调，这是人类共同的道义和责任。

第三节　可持续发展理论的指标体系

目前，尽管可持续发展在很大程度上被人们尤其是各国政府所接受，但是，如何从一个概念进入可操作的管理层次仍需要进行很多实际的探讨。其中一个至关重要的问题就是如何测定和评价可持续发展在不同时间和空间的变化过程，这就需要建立一套完整的衡量可持续发展的指标和指标体系。

目前，世界上不同国际组织机构、不同学者提出了很多可持续发展的指标体系及其定量评价模型。概括起来，建立的评价可持续发展的指标体系已形成四大学科主流方向，即生态学方向、经济学方向、社会政治学方向和系统学方向。从分类上讲，前两种属于单一指标评价法，后两种属于多指标加权评价法。它们分别从各自的角度提出了判定可持续发展程度的指标体系。

一、生态学方向的指标体系——生态足迹法

1. 生态足迹的概念

生态足迹（ecological footprint）评价法是 1992 年由加拿大生态经济学家威廉（William Rees）教授提出的一种度量可持续发展程度的方法，随后他和他的学生瓦克纳戈尔（Mathis Wackernagel）博士于 1996 年一起提出了具体的计算方法。生态足迹评价法是最具有代表性的基于土地面积定量测量可持续发展程度的量化指标。瓦克纳戈尔博士将生态足迹形象地比喻为"一只承载着人类与人类所创造的城市、工厂的巨脚踏在地球上留下的脚印"。具体地说，生态足迹就是指人类作为地球生态系统中的消费者，其生产活动及消费对

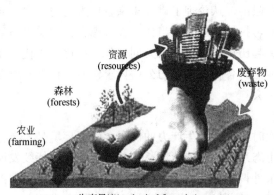

资源
(resources)

废弃物
(waste)

森林
(forests)

农业
(farming)

生态足迹(ecological footprint)

图 3-1 生态足迹示意图

（引自 Environment Waikato，2005）

地球形成的压力，每一个人都需要一定的地球表面来支持自身的生存，这就是人类的生态足迹。生态足迹这一形象化概念，既反映了人类对地球环境的影响，也包含了可持续性机制。也就是说，当地球所能提供的土地面积再也容纳不下这只巨足时，其上的城市、工厂就会失去平衡；如果巨足始终得不到一块允许其发展的立足之地，那么它所承载的人类文明终将坠落与崩溃。生态足迹是一只环境的大脚，生态足迹越大，环境破坏就越严重，见图 3-1。它的应用意义是：将生态足迹需求与自然生态系统的承载力（亦称生态足迹供给）进行比较，即可以定量地判断某一国家或地区目前可持续发展的状态，以便对未来人类生存和社会经济发展做出科学规划和建议。

2. 生态足迹的计算模型

生态足迹通过建立数学模型来计算在一定的人口与经济规模条件下，为资源消费和废物消纳所必需的生物生产面积（biologically productive area），包括陆地和水域，计算的尺度可以是某个个人、某个城市或某个国家。

生态足迹（生态足迹需求）模型为：

$$EF = N \times ef$$

$$ef = \sum_{i=1}^{n} \gamma_i \times A_i = \gamma_i \times c_i / Y_i$$

式中，EF 为计算中某一定数量人群的总生态足迹，ghm^2（全球公顷）；N 为总人口；ef 为人均生态足迹，ghm^2；i 为消费项目类型；γ_i 为均衡因子（某生态生产性土地面积的均衡因子等于全球该生态生产性土地面积的平均生产力除以全球所有生态生产性土地面积的平均生产力）；A_i 为第 i 种消费项目人均占有的生态生产性土地面积，hm^2；c_i 为第 i 种消费项目的人均消费量；Y_i 为生态生产性土地生产第 i 种消费项目的世界年平均生物生产单位面积产量。

3. 生态承载力

生态承载力（ecological capacity）是指"生态系统的自我维持、自我调节能力，资源与环境子系统的供容能力（资源持续供给能力、环境容纳废物能力）及其可维持养育的社会经济活动强度和具有一定生活水平的人口数量"。在不同区域、不同生态环境、不同社会经济状况下，其生态系统承载力是不同的。根据生态足迹的计算模型，通常将某个地区的生态承载力表征为该地区能够提供的所有生态生产性土地面积的总和。度量单位与生态足迹相同（ghm^2）。

总生态承载力为：

$$EC = \sum_{i=1}^{n} \gamma_i \times y_i \times a_i$$

式中，EC 为区域总生态承载力；γ_i 为均衡因子；y_i 为产量因子；a_i 为区域内第 i 种生态生产性土地面积。

4. 生态赤字与生态盈余

根据一个地区的生态承载力与生态足迹，可以计算生态盈余或生态赤字。当一个地区的生态承载力小于生态足迹时，则出现生态赤字；当生态承载力大于生态足迹时，则产生生态盈余。生态盈余（赤字）计算公式如下：

$$ER \ 或 \ ED = EC - EF$$

式中，ER、ED 分别为生态盈余和生态赤字。

生态足迹突出了以下与可持续发展紧密相关的主题。

① 人类消费的增加及其后果。

② 可持续发展所依赖的关键资源——陆地和海洋。

③ 可获得资源的分布状况。

④ 贸易对可持续发展的影响和在环境压力下区域资源的重新分配问题。

生态足迹测量了人类生存所需的真实的生物生产面积。将其同国家或区域范围内所能提供的生物生产面积相比较，就能够判断一个国家或区域的生产消费活动是否处于当地的生态系统承载力范围之内，若超出了当地最大的生态系统承载力，就会出现生态赤字。生态赤字可通过三条途径来减少：增加土地的产出率；提高资源的利用效率；改变人们的生活消费方式。

5. 生态足迹的应用

生态足迹法自提出以来，得到了世界范围的强烈反响，该方法迅速得到广泛的推广，并在实践中不断完善。其中最具有影响的是美国的可持续发展指标研究计划小组在其 www. redefiningprogess. org 网站上每年发布的全球生态足迹评价结果以及相关研究成果。图 3-2 所示的是该小组对世界上高、低收入国家按照土地类型分类的生态足迹构成的计算结果，除所列数据，还有生态盈余。结果清楚地表明，高收入国家比低收入国家消耗了多得多的化石燃料。

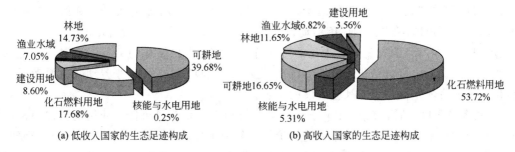

(a) 低收入国家的生态足迹构成　　(b) 高收入国家的生态足迹构成

图 3-2　按照土地类型分类的生态足迹构成

（引自 Ecological Footprint of Nations，2004）

此外，由中国环境与发展国际合作委员会和世界自然基金会共同合作，邀请中外专家就中国生态足迹进行了研究，于 2008 年发布了《中国生态足迹报告》。该报告运用生态足迹表述中国对生物承载力的需求现状，把中国定格在日益膨胀的世界环境中，见表 3-1。作为一种使生物承载力需求可视化、可以衡量、可以操作的资源核算工具，生态足迹能够使不同层次的决策者鉴别决策是否适合可持续发展。

二、经济学方向的指标体系

经济学家认为，可持续的经济是社会实现可持续发展的基础。在经济学方向上最具有代表性的指标是绿色 GDP（gross domestic product，国内生产总值）和真实储蓄率，它们为评价一个国家或地区的可持续发展能力的动态变化提供了有利的判据。这里仅介绍绿色 GDP。

表 3-1　中国不同年代处于生态赤字区的省（市、自治区）个数

赤 字 区	1980 年	1990 年	2000 年
生态赤字区	19	24	26
严重生态赤字区（ED＞2.0）	0	2	3
较严重生态赤字区（1.0＜ED≤2.0）	3	2	4
中度生态赤字区（0.5＜ED≤1.0）	3	8	12
轻度生态赤字区（0.1＜ED≤0.5）	13	12	7
生态盈余或持平区	12	7	2
生态基本持平区（−0.1＜ED≤0.1）	4	4	2
生态盈余区（ED≤−0.1）	8	3	3

注：本表引自中国环境与发展国际合作委员会，世界自然基金会，中国生态足迹报告，2008。

经济学家将绿色 GDP 称为环境调整后的国内生产净值（approx environmental adjusted net domestic product，AEANDP），AEANDP 是对扣除资源消耗和环境污染损失以后的修正核算。

1. 传统 GDP 的缺陷

GDP 的中文译名是国内生产总值，是指一个国家或者地区生产的全部产品与劳务的价值。传统 GDP 的缺陷表现在统计中忽视了非市场性的活动和遗漏了环境破坏活动对 GDP 的影响。具体包括以下几点。

① 不能反映经济运行的质量，GDP 计算的是经济活动的总量，不论质量好坏的产出都计算在国民财富中，许多自然灾害以及人为事故等对社会造成了严重的影响和破坏，而在 GDP 核算中，这些灾害事故都成为了经济的增长点。

② GDP 没有考虑社会生活的质量，不能反映人们的生活福利状况，譬如，如果为了 GDP 的增长，人们牺牲自己的休闲活动，那么可能人的生活福利并没有增加。

③ GDP 的核算，只是记录看得见的对其有贡献的可以价格化的劳务，而对于其他的对社会生活有意义的不可价格化的劳务却视而不见，如 GDP 忽略了家务劳动、自愿者活动等的价值，不能真实全面地反映社会发展的全貌。

④ 从环境角度来看，在 GDP 的核算中，自然资源被认为是可任意使用的自由财富，没有考虑资源的稀缺性，忽略了生态环境的价值，忽视了环境破坏带来的灾害以及环境修复的花费，甚至于把这种损害作为 GDP 的增加点，以至于现在许多地方 GDP 增长越快，对自然环境的破坏也越严重。正如美国经济学家罗伯特·里佩托（Robert Repetto）所指出的："一个国家可以耗尽它的矿产资源，砍伐它的森林，侵蚀它的土壤，污染它的地下水，杀尽它的野生动物，但是，可测量的国民收入却不会因这些自然资产的消失而受影响。"这段话是对评估经济发展具体方法的典型描述。

2. 绿色 GDP 的核算

绿色 GDP 可以从如下最简要的图式出发，它是将现行统计下的 GDP 扣除两大基本部分的"虚数"。表达为：

$$绿色\ GDP＝现行\ GDP－自然部分虚数－人文部分虚数$$

式中，自然部分的虚数，应从以下所列因素中扣除。

① 环境污染所造成的环境质量下降。

② 自然资源的退化与配比的不均衡。

③ 长期生态质量退化所造成的损失。

④ 自然灾害所引起的经济损失。

⑤ 资源稀缺性所引发的成本。

⑥ 物质、能量的不合理利用所导致的损失。

而人文部分的虚数，亦应从以下所列的因素中扣除。

① 由于疾病和公共卫生条件所导致的支出。

② 由于失业所造成的损失。

③ 由于犯罪所造成的损失。

④ 由于教育水平低下和文盲状况导致的损失。

⑤ 由于人口数量失控所导致的损失。

⑥ 由于管理不善（包括决策失误）所造成的损失。

绿色 GDP 比较合理地扣除了现实中的外部化成本，并从内部去反映可持续发展的质量和进程，因此它应逐渐地被认同，并且纳入国民经济核算体系之中。

目前，在我国 GDP 指标是各级党政干部考核的依据，所以它不单纯是一个技术性指标。由于片面追求 GDP 势必对环境与生态造成严重破坏，因此探索绿色 GDP 的评价方法，还具有可持续发展的制度保障意义。

3. 绿色 GDP 的应用

目前，绿色 GDP 的环境核算虽然困难，但发达国家还是取得了很大成绩，有些国家已经开始试行绿色 GDP，但迄今为止，全世界上还没有一套公认的核算模式。

原国家环境保护总局和国家统计局 2006 年 9 月 7 日向媒体联合发布了《中国绿色国民经济核算研究报告 2004》。这是中国第一份经环境污染调整的 GDP 核算研究报告，标志着中国的绿色国民经济核算研究取得了阶段性成果。研究结果表明，2004 年全国总环境污染退化成本为 5118.2 亿元，占当年 GDP 的 3.05％。虚拟治理成本为 2874 亿元，占当年 GDP 的 1.80％。

三、社会政治学方向的指标体系

社会政治学方向的指标体系最具有代表性的指标是人文发展指数（human development index，HDI），它是由反映人类生活质量的三大要素指标（即收入、寿命和教育）合成的一个复合指数。指数值在 0～1 区间，越大表明发展程度越高，通常用来衡量一个国家的进步程度。"收入"是指人均 GDP 的多少；"寿命"反映了营养和环境质量状况；"教育"是指公众受教育的程度，也就是可持续发展的潜力。收入通过估算实际人均国内生产总值的购买力来测算；寿命根据人口的平均预期寿命来测算；教育通过成人识字率（2/3 权数）和大、中、小学综合入学率（1/3 权数）的加权平均数来衡量。

虽然"人类发展"并不等同"可持续发展"，但该指数的提出仍有许多有益的启示。HDI 强调了国家发展应从传统的以物为中心转向以人为中心，强调了追求合理的生活水平而并非对物质的无限占有，向传统的消费观念提出了挑战。HDI 将收入与发展指标相结合。人类在健康、教育等方面的社会发展是对以收入衡量发展水平的重要补充，倡导各国更好地投资于民，关注人们生活质量的改善，这些都是与可持续发展原则相一致的。

联合国开发计划署（UNDP）发表的《2009 年人类发展报告》依据人文发展指数值的

高低，将纳入统计的182个国家和地区人文发展水平划分为四类，分别是：超高人文发展水平（HDI值为0.900及其以上），此类国家和地区有38个，其平均HDI值为0.955；高人文发展水平（HDI值为0.800~0.899），此类国家和地区有45个，其平均HDI值为0.833；中等人文发展水平（HDI值为0.500~0.799），此类国家和地区有75个，其平均HDI值为0.686；低人文发展水平（HDI值为0.500以下），此类国家和地区有24个，其平均HDI值为0.423。

报告显示，2007年世界人文发展指数平均值为0.753。人文发展指数居世界前三位的国家是：挪威以0.971居世界榜首，澳大利亚以0.970位居第二，冰岛以0.969位列第三。我国以0.772位居世界第92位，属于中等人文发展水平。

四、系统学方向的指标体系

1. 联合国可持续发展委员会（UNCSD）指标体系

1992年世界环境与发展大会以来，许多国家按大会要求，纷纷研究自己的可持续发展指标体系，目的是检验和评估国家的发展趋势是否可持续，并以此进一步促进可持续发展战略的实施。作为全球实施可持续发展战略的重大举措，联合国也成立了可持续发展委员会（United Nations Commission on Sustainable Development，UNCSD），其任务是审议各国执行《21世纪议程》的情况，并对联合国有关环境与发展的项目和计划在高层次进行协调。为了对各国在可持续发展方面的成绩与问题有一个较为客观的衡量标准，该委员会于1996年发布了《可持续发展指标体系和方法》以供世界各国作为参考，并建立适合本国国情的指标体系。联合国可持续发展指标体系由驱动力指标、状态指标、响应指标构成，将人类社会发展分为社会、经济、环境和制度四个方面，共包含130多项指标。主要目的是回答发生了什么、为什么发生、我们将如何做这三个问题。世界有20多个国家和地区参与了指标测试，但该体系在测试的国家中很少使用，只好放弃。后来UNCSD开始建立基于环境或可持续发展主题本身的可持续发展指标体系，最终在2001年发布了研究结果。该指标体系见表3-2。

表3-2 UNCSD关于创新项目的主要领域、主题和次主题指标体系

主要领域	主题	次主题
社会	平等 健康 教育 居住 安全 人口	贫困、性别等 营养状况、死亡率、卫生设施、饮用水、医疗保护 教育水平、识字率 居住条件 犯罪率 人口变化
环境	大气 土地 海洋和海岸带 淡水 生物多样性	气候变化、臭氧层耗竭、空气质量 农业、林业、荒漠化、城市化 海岸带、渔业 水量、水质 生态系统、物种
经济	经济结构 消费与生产模式	经济运行、贸易、财政状况 材料消耗、能源利用、废弃物产生与管理、交通运输
制度	制度框架 制度效能	可持续发展战略的实施、国际合作 信息准入、交通基础设施、科学与技术、灾害应对

注：马光. 环境与可持续发展导论. 第2版. 北京：科学出版社，2006。

2. 中国可持续发展能力评估指标体系

为了对可持续发展能力进行评估,中国科学院可持续发展战略研究组独立地开辟了可持续发展研究的系统学方向,依据此理论内涵,设计了一套"五级叠加,逐层收敛,规范权重,统一排序"的可持续发展指标体系,其基本框架如图 3-3 所示。该指标体系分为总体层、系统层、状态层、变量层和要素层五个等级。

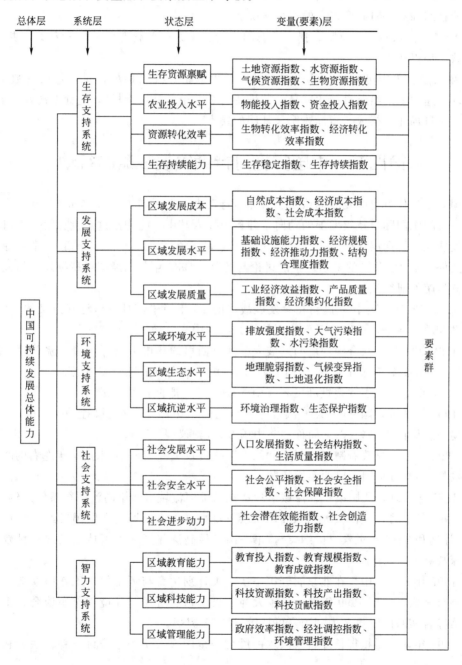

图 3-3　中国可持续发展能力评估指标体系基本框架

(引自中国科学院可持续发展战略研究组. 中国可持续发展战略报告. 北京:科学出版社,2013)

① 总体层。从总体上综合表达一个国家或地区的可持续发展能力,代表着一个国家或

地区可持续发展总体运行势态、演化轨迹和战略实施的总体效果。

② 系统层。将可持续发展总系统解析为内部具有逻辑关系的五大子系统，即生存支持系统、发展支持系统、环境支持系统、社会支持系统和智力支持系统，该层主要揭示各子系统的运行状态和发展趋势。

③ 状态层。反映决定各子系统行为的主要环节和关键组成成分的状态，包括某一时间断面上的状态和某一时间序列上的变化状况。

④ 变量层。从本质上反映、揭示状态的行为、关系、变化等的原因和动力，共采用 45 个"指数"加以代表。

⑤ 要素层。采用可测的、可比的、可以获得的指标及指标群，对变量层的数量表现、强度表现、速率表现给予直接的度量，共采用了 225 个"基层指标"，全面系统地对 45 个指数进行了定量描述，构成了指标体系最基层的要素。

第四节　中国实施可持续发展战略的行动

中国对于当代可持续发展的认识、研究与行动堪与世界同步。从 20 世纪 80 年代（1983 年）就一直跟踪国际可持续发展的动向，并积极投入其中，为中国这个世界第一人口大国的可持续发展注入了深层次的活力。1984 年，马世骏和牛文元参与了世界第一部可持续发展纲领性文件（《我们共同的未来》）的讨论与起草。1988 年，已经把可持续发展研究正式列为中国科学院的研究项目。

从 1992—2016 年中国实施可持续发展战略的 25 年当中，具有里程碑意义的重大转变、重要行动和政策演进，可以从下面所列的重大事件中充分地体现出来。

① 1992 年 6 月，联合国环境与发展大会在巴西里约热内卢召开，国务院总理李鹏代表中国政府在《里约宣言》上签字，在国内启动"国家社会发展综合实验区"。

② 1992 年 8 月，国务院批准发布《中国环境与发展的十大对策》。

③ 1994 年 3 月，国务院第 16 次常务会议通过《中国 21 世纪议程——中国 21 世纪人口、环境与发展白皮书》（以下简称"《中国 21 世纪议程》"）。

④ 1994 年，中央政府制定《国家"八七"扶贫攻坚计划》，要求用 7 年左右的时间，基本解决农村 8000 万贫困人口的温饱问题。

⑤ 1995 年 8 月，我国第一部流域治理法规《淮河流域水污染防治暂行条例》颁布实施。

⑥ 1996 年 3 月，全国人大第八届四次会议批准《中华人民共和国国民经济和社会发展"九五"计划和 2010 年远景目标纲要》，第一次以最高法律形式把可持续发展与科教兴国并列为国家战略。

⑦ 1997 年 3 月，中央在北京召开第一次中央计划生育与环境保护工作座谈会，以后每年 3 月举行一次，并于 1999 年进一步扩大为中央人口、资源、环境工作座谈会。将"国家社会发展综合实验区"更名为"国家可持续发展实验区"。

⑧ 1998 年，取得抵御长江特大洪水的胜利，全国人大常委会修订《森林法》和《土地管理法》。

⑨ 1998 年政府批准《全国生态环境建设规划》，接着又在 2001 年批准实施《全国生态环境保护纲要》。在这一年，中国科学院决定组织队伍集中开展中国可持续发展战略研究，并把每年系列编纂出版的《中国可持续发展战略报告》作为研究成果公布于世。

⑩ 1999 年 8 月，国务院总理朱镕基在陕西考察治理水土流失、改善生态环境和黄河防汛工作，提出退耕还草、还林的具体措施，落实"再造秀美山川"的号召。

⑪ 2000 年 10 月，国务院发布了关于实施西部大开发的若干政策措施，开工建设十大项目。

⑫ 2001 年 3 月，九届人大四次会议通过"十五"计划纲要，将实施可持续发展战略置于重要地位，完成了从确立到全面推进可持续发展战略的历史性进程。

⑬ 2002 年 9 月 3 日，国务院总理朱镕基代表中国政府出席联合国在南非约翰内斯堡召开的"里约 10 年"世界首脑大会。他在演讲中指出，实现可持续发展，是世界各国共同面临的重大和紧迫的任务，并阐明了中国政府促进可持续发展的五点主张。

⑭ 2002 年 10 月 28 日，第九届全国人民代表大会常务委员会通过《中华人民共和国环境影响评价法》。

⑮ 2003 年 1 月，国务院印发了《中国 21 世纪初可持续发展行动纲要》。

⑯ 2003 年以来，中央政府继"西部大开发"之后，又先后有序地部署"东北老工业基地振兴"和"中部崛起"等一系列区域发展战略，为中国发展的空间布局、区域经济一体化和宏观经济的调控提出了明确的方向。2003 年 6 月，国务院启动国家中长期科技发展规划的制定。2003 年 12 月，中国教育部制定《2003—2007 年教育振兴行动计划》和《国家西部地区"两基"攻坚计划》。

⑰ 2003 年 10 月，中共十六届三中全会提出"科学发展观"，并概括为：坚持以人为本，树立全面、协调、可持续的发展观，促进经济社会和人的全面发展，实施"五个统筹"。

⑱ 2004 年 3 月 10 日，国家主席胡锦涛在中央人口、资源、环境工作座谈会上指出，科学发展观总结了 20 多年来中国改革开放和现代化建设的成功经验，吸取了世界上其他国家在发展进程中的经验教训，揭示了经济社会发展的客观规律，反映了中国共产党对发展问题的新认识。

⑲ 2005 年 3 月 5 日，国务院总理温家宝在十届全国人大三次会议《政府工作报告》中宣示："明年将在全国全部免征农业税。原定五年取消农业税的目标，三年就可以实现。"农村税费改革是农村经济社会领域的一场深刻变革。全部免征农业税，取消农民各种负担，彻底改变 2000 多年来农民缴纳"皇粮国税"的历史。中国正在积极地推动工业支持农业、城市反哺农村，走上消除城乡过度差别、贫富过度差别、地区过度差别的社会和谐之路。

⑳ 2005 年 10 月 8 日至 11 日，中共十六届五中全会的决议将是中国发展历史上的一个里程碑。坚持以人为本，创新发展观念，转变增长模式，提高发展质量，提升自主创新能力，构建和谐社会，落实"五个统筹"，实现社会公平，切实把经济社会发展转入全面协调可持续发展的轨道。

㉑ 2006 年 1 月，国家主席胡锦涛在全国科技大会上宣布，到 2020 年中国建成创新型国家。

㉒ 2006 年 10 月，中共十六届六中全会通过构建和谐社会的决议。

㉓ 2007 年 3 月，全国人大通过国家"十一五"规划纲要，提出建设"资源节约型、环境友好型社会"，明确实现节能减排的约束性指标。

㉔ 2007 年 10 月，中共十七大召开。国家主席胡锦涛在十七大报告中指出，转变发展方式，加强能源资源节约和生态环境保护，增强可持续发展能力，建设生态文明。

㉕ 2008 年 8 月，国务院副总理李克强召开多部门会议，启动《中国资源环境统计指标

体系》工作。

㉖《循环经济促进法》在 2009 年 1 月 1 日正式施行，标志着循环经济发展步入法制化轨道。循环经济的核心是资源的循环利用和高效利用，理念是物尽其用、变废为宝、化害为利，目的是提高资源的利用效率和效益，统计指标是资源生产率。简单地说，循环经济是从资源利用效率的角度评价经济发展的资源成本。

㉗ 2009 年 9 月 22 日，国家主席胡锦涛出席联合国气候变化峰会开幕式，并发表了题为《携手应对气候变化挑战》的重要讲话。他强调中国高度重视和积极推动以人为本、全国协调可持续的科学发展，明确提出了建设生态文明的重大战略任务，强调要坚持节约资源和保护环境的基本国策，坚持走可持续发展道路，在加快建设资源节约型、环境友好型社会和建设创新型国家的进程中不断为应对气候变化做出贡献。

㉘ 2011 年 9 月 2 日，国务院总理温家宝在国土资源部考察时强调"以资源可持续利用促进经济社会可持续发展"。

㉙ 2012 年 11 月 8 日，国家主席胡锦涛在中国共产党第十八次代表大会上的报告《坚定不移沿着中国特色社会主义道路前进 为全国建设小康社会而奋斗》中指出，要"着力推进绿色发展，循环发展，低碳发展"。

㉚ 2013 年 5 月 24 日，国家主席习近平在中共中央政治局第六次集体学习时强调，"坚持节约资源和保护环境基本国策 努力走向社会主义生态文明新时代"。

㉛ 2013 年 11 月 12 日，国务院发布《全国资源型城市可持续发展规划》(2013—2020年)(国发〔2013〕45号)。

㉜ 2014 年 6 月 3 日，国家主席习近平在国际工程科技大会上发表主旨演讲时强调，"我们将继续实施可持续发展战略，优化国土空间开发格局，全面促进资源节约，加大自然生态系统和环境保护力度，着力解决雾霾等一系列问题，努力建设天蓝地绿水净的美丽中国"。

㉝ 2015 年 9 月 17 日，国家质量监督检验检疫总局、中华人民共和国国家发展和改革委员会为了规范节能低碳产品认证活动，促进节能低碳产业发展，发布《节能低碳产品认证管理办法》(第 168 号)，自 2015 年 11 月 1 日起施行。

㉞ 2016 年 11 月 24 日，国务院发布《"十三五"生态环境保护规划》(国发〔2016〕65号)。

㉟ 2016 年 12 月 3 日，国务院发布《中国落实 2030 年可持续发展议程创新示范区建设方案》(国发〔2016〕69号)。

思 考 题

1. 请根据你自己的体验，分析一个不能够持续发展的实例。

2. 可持续发展的理念对你有什么启示？

3. 如何看待可持续发展概念中环境、经济和社会三者的权衡问题。

4. 请比较绿色 GDP、生态足迹、人文发展指数和中国科学院可持续发展指标体系的优点与缺点。

第四章 循环经济和低碳经济

内容提要及重点要求：本章主要介绍清洁生产、循环经济和低碳经济的相关内容。本章要求了解清洁生产的发展历程，低碳经济的历史背景；掌握清洁生产的概念及实施途径；掌握循环经济的概念及三大原则；掌握低碳经济的概念、内涵及目标；了解低碳经济的实施途径。

第一节 清洁生产

一、清洁生产概述

1. 清洁生产的由来

20 世纪 60 年代以来，为了减轻发展给环境带来的压力，工业化国家通过各种方式和手段对生产过程末端的废物进行处理，这就是所谓的"末端治理"。这种方法可以减少工业废物向环境的排放量，但很少影响到核心工艺的变更，在工业发达国家中取得了广泛的应用。"末端治理"的思想和做法也已经渗透到环境管理和政府的政策法规中，但实践逐步表明"末端治理"并不是一个真正的解决方案。很多情况下，"末端治理"需要昂贵的建设投资和惊人的运行费用，末端处理过程本身要消耗资源、能源，并且也会产生二次污染，使污染在空间和时间上发生转移。因此，这种措施是不符合可持续发展战略的，是不能从根本上解决环境污染问题的。对于"末端治理"的分析批判导致了解决环境污染问题新策略的诞生。

2. 清洁生产的发展历程

20 世纪 70 年代，许多关于污染预防的概念和措施相继问世，如"少废无废工艺""无废生产""废料最少化""污染预防""减废技术""源头削减""零排放技术"和"环境友好技术"等，都可以认为是清洁生产的前身。

1989 年联合国环境规划署（UNEP）在总结发达国家污染预防理论和实践的基础上提出了清洁生产战略和推广计划。1990 年 9 月在英国坎特伯雷举办了"首届促进清洁生产高级研讨会"，会上提出了一系列建议，如支持世界不同地区发起和制定国家级的清洁生产计划，支持创办国家级的清洁生产中心，进一步与有关国际组织以及其他组织联结成网等。此后，这一高级研讨会每两年召开一次，以便定期评估进展，交流经验，发现问题，提出新的目标等。

1992 年 6 月联合国环境与发展大会在巴西的里约热内卢召开，大会通过了实施可持续发展战略的纲领性文件《21 世纪议程》。作为实施可持续发展战略的先决条件和关键对策措施，清洁生产正式写入《21 世纪议程》中。在联合国的大力推动下，清洁生产逐渐为各国企业和政府所认可，清洁生产进入了一个快速发展时期。各种国际组织也开始参与推行清洁生产。联合国工业发展组织和联合国环境规划署（UNIDO/UNEP）在首批 9 个国家（包括中国）资助建立了国家清洁生产中心。世界银行（WB）等国际金融组织也积极资助在发展中国家展开清洁生产的培训工作和建立示范工程。

2000 年 10 月在加拿大蒙特利尔市召开的第六届清洁生产国际高级研讨会对清洁生产进行了全面系统的总结，并将清洁生产形象地概括为技术革新的推动者、改善企业管理的催化剂、工业运行模式的革新者、连接工业化和可持续发展的桥梁。从这层意义上，可以认为清洁生产是可持续发展战略引导下的一场新的工业革命，是 21 世纪工业生产发展的主要方向。

二、清洁生产的概念

1. 清洁生产的定义

1996 年，联合国环境规划署将清洁生产定义为：清洁生产是一种新的创造性的思想。该思想将整体预防的环境战略持续应用于生产过程、产品和服务中，以增加生态效率和减少人类及环境的风险。对生产过程，要求节约原材料和能源，淘汰有毒原材料，减降所有废弃物的数量和毒性；对产品，要求减少从原材料提炼到产品最终处置的全生命周期的不利影响；对于服务，要求将环境因素纳入设计和所提供的服务中。

2002 年我国出台的《中华人民共和国清洁生产促进法》借鉴了上述定义，将清洁生产定义为：清洁生产是指不断采取改进设计、使用清洁的能源和原料、采用先进的工艺技术与设备、改善管理、综合利用等措施，从源头削减污染，提高资源利用效率，减少或者避免生产、服务和产品使用过程中污染物的产生和排放，以减轻或者消除对人类健康和环境的危害。

上述定义清晰地表达了清洁生产的战略性质、作用对象和目标。清洁生产强调战略措施的预防性、综合性和持续性。

预防性，即污染预防。清洁生产强调事前预防，要求以更为积极主动的态度和富有创造性的行动来避免或减少废物的产生，而不是等到废物产生以后再采取末端治理措施。后者往往只是污染物的跨介质转移，且带来生产的不经济性，是与传统的末端治理模式相对立的。

综合性，是指清洁生产以生产活动全部环节为对象。推行清洁生产在于实现两个全过程控制：在宏观层次上组织工业生产的全过程控制，包括资源和地域的评价、规划设计、组织、实施、运营管理、维护、改扩建、退役、处置以及效益评价等环节；在微观层次上进行物料转化生产全过程的控制，包括原料的采集、储运、预处理、加工、成形、包装、产品的储运、销售、消费以及废品处理等环节。

持续性，是指清洁生产是一个相对的概念，所谓清洁的工艺、清洁的产品以致清洁的能源是与现有的工艺、产品、能源相比较而言的。因此，推行清洁生产本身是个不断完善的过程，随着社会经济的发展和科学技术的进步，需要适时地提出更新的目标，争取达到更高的水平，是一个持续改进的过程。

清洁生产谋求达到两个目标：一个是通过资源的综合利用、短缺资源的代用、二次资源的利用以及节能、省料、节水，合理利用自然资源，减缓资源的耗竭；另一个是减少废料和污染物的生成和排放，促进工业产品在生产、消费过程中与环境相容，降低整个工业活动对人类和环境的风险。

2. 清洁生产的内容

清洁生产包括以下三个方面的内容。

（1）清洁的能源 包括常规能源的清洁利用、可再生能源的利用、新能源的开发、各种节能技术等。

（2）清洁的生产过程　包括尽量少用、不用有毒有害的原料；保证中间产品的无毒、无害；减少生产过程中的各种危险性因素，如高温、高压、低温、低压、易燃、易爆、强噪声、强振动等；采用少废、无废的工艺和高效的设备，进行物料再循环（厂内、厂外）；使用简便、可靠的操作和控制；完善管理等。

（3）清洁的产品　清洁产品是指节约原料和能源而少用昂贵和稀缺的原料的产品，利用二次资源作原料的产品，在使用过程中以及使用后不致危害人体健康和生态环境的产品，易于回收、复用和再生的产品，合理包装的产品，具有合理使用功能（以及具有节能、节水、降低噪声的功能）和合理使用寿命的产品，报废后易处置、易降解等产品。

三、清洁生产的实施途径

清洁生产的实施途径应包括企业的经营管理、政府的政策法规、技术创新、教育培训以及公众参与监督。其中，企业的经营管理是清洁生产的体现主体，而对于生产过程而言，清洁生产的实施途径包括以下几个方面。

1. 原材料及能源的有效利用和替代

原材料是工艺方案的出发点，它的合理选择是有效利用资源、减少废物产生的关键因素。从原材料使用环节实施清洁生产的内容可包括：以无毒、无害或少害原料替代有毒、有害原料；改变原料配比或降低其使用量；保证或提高原料的质量，进行原料的加工，减少对产品的无用成分；采用二次资源或废物作原料替代稀有短缺资源的使用等。

2. 改革工艺和设备

工艺是从原材料到产品实现物质转化的流程载体，设备是工艺流程的硬件单元。通过改革工艺与设备方面实施清洁生产的主要途径包括：利用最新科技成果，开发新工艺、新设备，如采用无氰电镀或金属热处理工艺、逆流漂洗技术等；简化流程、减少工序和所用设备；使工艺过程易于连续操作，减少开车、停车次数，保持生产过程的稳定性；提高单套设备的生产能力，装置大型化，强化生产过程；优化工艺条件，如温度、流量、压力、停留时间、搅拌强度以及必要的预处理、工序的顺序等。

3. 改进运行操作管理

除了技术、设备等物化因素外，生产活动离不开人的因素，这主要体现在运行操作和管理上。很多工业生产产生的废物污染，相当程度上是由于生产过程中管理不善造成的。实践证明，规范操作、强化管理，往往可以通过较少的费用而提高资源能源利用效率，削减相当比例的污染。因此，优化改进操作、加强管理经常是清洁生产审核中最优先考虑也是最容易实施的清洁生产手段。具体措施包括：合理安排生产计划，改进物料储存方法，加强物料管理，消除物料的跑冒滴漏，保证设备完好等。

4. 生产系统内部循环利用

生产系统内部循环利用是指一个企业生产过程中的废物循环回用。一般物料再循环是生产过程中常见的原则。物料的循环再利用的基本特征是不改变主体流程，仅将主体流程中的废物加以收集处理并再利用。这方面的内容通常包括：将废物、废热回收作为能量利用；将流失的原料、产品回收，返回主体流程之中使用；将回收的废物分解处理成原料或原料组分，复用于生产流程中；组织闭路用水循环或一水多用等。

第二节 循 环 经 济

循环经济是 1992 年联合国环境与发展大会提出可持续发展道路之后，在经济和环境法制发达国家出现的一种新型经济发展模式，这一模式在这些国家已取得了巨大的成效，并已成为国际社会推行可持续发展战略的一种有效模式。

一、循环经济的概念

《中华人民共和国循环经济促进法》给出的定义是：在生产、流通和消费等过程中进行的减量化、再利用、资源化活动的总称。

循环经济是对物质闭环流动性经济的简称，是在可持续发展的思想指导下，按照清洁生产的方式，对资源及其废弃物实行综合利用的生产过程。

在经济发展过程中要努力做到少投入、多产出、少污染或无污染，实现"资源—产品—再生资源—再生产品"的循环式的新型经济发展模式。

二、循环经济与传统经济的区别

从物质流动的方向看，传统工业社会的经济是一种单向流动的线性掠夺经济，即"资源—产品—废物"，而循环经济要求运用生态学规律把经济系统组成一个"资源—产品—再生资源"的反馈式流程，使物质和能量在整个经济活动中得到合理和持久的利用，最大限度地提高资源环境的配置效率，实现社会经济的生态化转向，见表 4-1。

表 4-1 循环经济与传统经济的区别

传 统 经 济	循 环 经 济
单向流动的线性经济,资源—产品—废物	循环流动的生态经济,资源—产品—再生资源
高消耗,高能耗,高污染	低开采,高利用,低排放
以牺牲环境为代价,求得经济数量型增长	与环境友好的经济质量型增长

循环经济的本质是以生态学规律为指导，通过生态经济综合规划，设计社会经济活动，使不同企业之间形成共享资源和互换副产品的产业共生组合，使上游生产过程产生的废弃物成为下游生产过程的原料，实现废物综合利用，达到产业之间资源的最优化配置，使区域的物质和能源在经济循环中得到永续利用，从而实现产品和资源可持续利用的环境和谐型经济模式。

三、循环经济的三大原则

循环经济系统的建立和实施依赖于"减量化（reduce）、再利用（reuse）、再循环（recycle）"的行为原则（称为 3R 原则），以实现对产品和服务的前端、过程和末端的资源消费的控制和优化。

减量化属于输入端，旨在减少进入生产和消费过程的物质的量，从源头节约资源和减少污染物的排放。

再利用属于过程中，提高产品和服务的利用效率，要求产品或包装以初始形式多次使用，减少一次污染。

再循环（资源化）属于输出端，是指物品完成使用的功能后，将其直接作为原料进行利用或者对废物进行再生处理，重新变成再生资源。

　　循环经济的根本目标是要求在经济流程中系统地避免和减少废物产生，而废物再生利用只是减少废物最终处置量的方式之一。因此循环经济的 3R 原则并非并列，在具体操作上有先后顺序，减量化应放在首位，全过程都必须做到无毒化、无害化，避免简单的产生—循环利用—最终处置。

　　循环经济 3R 原则的排列顺序，实际上反映了 20 世纪下半叶以来人们在环境与发展问题上思想进步走过的三个阶段：首先，以环境破坏为代价追求经济增长的理念终于被抛弃，人们的思想从排放废物提高到了要求净化废物（通过末端治理方式）；随后，由于环境污染的实质是资源浪费，因此要求进一步从净化废物升华到利用废物（通过再生和循环）；今后，人们认识到利用废物仍然只是一种辅助性手段，环境与发展协调的最高目标应该是实现从利用废物到减少废物的质的飞跃。3R 原则可以促进 3Z 目标的实现，即污染物零排放（zero emission）、物耗能耗零增长（zero increase）、废弃物零填埋（zero landfill）。

四、循环经济的三个层次

　　（1）组织循环（小循环）　包括企业内部物质循环、事业单位与家庭中的中水回用和垃圾回收再利用等。企业内部物质循环属于清洁生产的范畴，把污染预防的环境战略持续运用于生产过程的各个环节，通过革新工艺、更新设备及强化管理等手段，提高生产效率，加大循环力度，实现污染物的少排放甚至零排放。例如，污水回用工艺便为企业内部典型的循环实践。

　　（2）区域循环（中循环）　按照生态学理论和生态设计原则，通过合理布置生产组织和生活组织，使一种组织的"排泄物"成为另一组织的"食物"，按生态系统中的"食物链"机构形式完成物质循环和能量流动，如建立生态工业园、生态农业园、生态社区等。目前，世界上最成功的区域循环经济体系是卡伦堡共生体系。

　　（3）社会循环（大循环）　社会生产与社会消费及环境之间大系统相互循环。要想建立比较完美的社会循环体系，必须在产业结构调整、升级的基础上进行"生态结构重组"，即按"食物链"形式进行产业布局，形成相互交错、能量流动畅通、物质良性循环的"产业网"。这种大循环体系中既存在着社会生产之间的循环、社会生活之间的循环、生产与生活之间的循环，也存在着生产活动与环境之间的循环、生活活动与环境之间的循环。例如，污水原位再生技术、城市污泥在森林与园林绿地的利用及大气降水回用等技术的研究。

五、循环经济的成功实践

1. 国外成功实践

　　发达国家在逐步解决了工业污染和部分生活污染后，由后工业化或消费型社会结构产生的大量废弃物逐渐成为其环境保护和可持续发展的重要问题。在这一背景下，发达国家的循环经济首先是从解决消费领域的废弃物问题入手，发达国家通过制定法律、实施计划，已经取得了明显的效果。例如，德国于 1996 年提出了《循环经济与废弃物管理法》；日本国会于 2000 年通过了六项循环经济法案——《废弃物处理法》（修订）《建筑材料循环法》《资源有效利用法》（修订）《可循环食品资源循环法》《绿色采购法》《建立循环型社会基本法》等。其次，向生产领域延伸，最终旨在改变"大量生产、大量消费、大量废弃"的社会经济发展模式。发展清洁生产和建设生态工业园是发达国家促进工业可持续发展的重要做法。

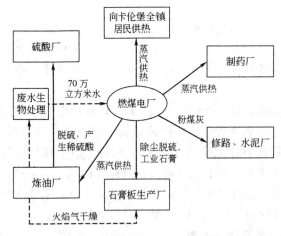

图 4-1 丹麦卡伦堡工业园区工业生态系统示意图

丹麦卡伦堡工业园区是目前世界上工业生态系统运行最为典型的例子,见图 4-1。这个工业园区的主体企业是电厂、炼油厂、制药厂和石膏板生产厂,以这四个企业为核心,通过贸易方式利用对方生产过程中产生的废弃物或副产品作为自己生产中的原料,不仅减少了废物产生量和处理费用,还产生了很好的经济效益,使经济发展和环境保护处于良性循环之中。其中的燃煤电厂位于这个工业生态系统的中心,对热能进行了多级使用,对副产品和废物进行了综合利用。电厂向炼油厂和制药厂供电过程中产生的蒸汽,使炼油厂和制药厂获得了生产所需的热能;通过地下管道向卡伦堡全镇居民供热,由此关闭了镇上3500 座燃烧油渣的炉子,减少了大量的烟尘排放;将除尘脱硫的副产品工业石膏,全部供应附近的一家石膏板生产厂作原料。同时,还将粉煤灰出售,以供修路和生产水泥之用。炼油厂和制药厂也进行了综合利用。炼油厂产生的火焰气通过管道供石膏厂用于石膏板生产的干燥,减少了火焰气的排空;一座车间进行酸气脱硫生产的稀硫酸供给附近的一家硫酸厂;炼油厂的脱硫气则供给电厂燃烧。卡伦堡生态工业园区还进行了水资源的循环使用。炼油厂的废水经过生物净化处理,通过管道每年输送给电厂 70 万立方米的冷却水。整个工业园区由于进行了水的循环使用,每年减少 25% 的需水量。

  2. 我国循环经济实践

  我国是在压缩工业化和城市化过程中,在较低发展阶段,为寻求综合性和根本性的战略措施来解决复合型生态环境问题的情况下,借鉴国际经验,发展了自己的循环经济理念与实践。从目前的实践看,中国特色循环经济的内涵可以概括为是对生产和消费活动中物质能量流动方式管理的经济。具体来讲,是通过实施减量化、再利用和再循环的 3R 原则,依靠技术和政策手段调控生产和消费过程中的资源能源流程,将传统经济发展中的"资源—产品—废物排放"这一线性物流模式改造为"资源—产品—再生资源"的物质循环模式;提高资源能源效率,拉长资源能源利用链条,减少废物排放,同时获得经济、环境和社会效益,实现"三赢"发展。在运行模式上,我国将国外的废物循环利用、建设生态工业园和循环型社会等做法消化吸收,从解决工业、农业污染问题和区域环境问题入手,将其归纳成"3+1"模式。即在小循环、中循环、大循环以及废物处置和再生产业四个层面全面推进循环经济。"3+1"模式可以说是中国特色的循环经济模式,现已在各地应用,在学术界也得到认可。

  目前,国内不同的行业有很多区域循环经济体系的示范园区,如广西贵港国家生态工业(制糖)示范园区、广东省南海生态工业园、新疆石河子市国家生态工业(造纸)示范园等。

  广西贵港国家生态工业(制糖)示范园区通过产业系统内部中间产品和废弃物的相互交换和有机衔接,形成了一个较为完整的闭合式生态工业网络,使系统资源得到最佳配置,废弃物得到有效利用,环境污染减少到最低程度。在蔗田系统、制糖系统、酒精系统、造纸系统、热电联产系统、环境综合处理系统之间,形成了甘蔗—制糖—蔗渣造纸生态链、制糖—废糖蜜制酒精—酒精废液制复合肥生态链和制糖—低聚果糖生态链三条主要的生态链。因为产业间的彼此耦合关系，资源性物流取代了废物性物流，各环节实现了充分的资源共享，将污染负效益转化成资源正效益，如图 4-2 所示。

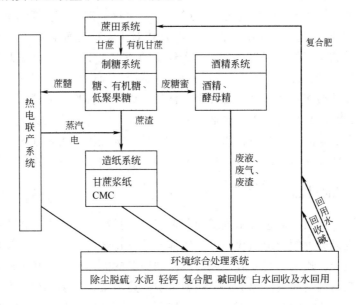

图 4-2　贵港国家生态工业（制糖）示范园区示意图

第三节　低 碳 经 济

一、低碳经济的历史背景

在人类大量消耗化石能源、大量排放 CO_2 等温室气体，从而引发全球能源市场动荡和全球气候变暖的大背景下，国际社会正逐步转向发展"低碳经济"，目的是在发达国家和发展中国家之间建立起相互理解的桥梁，以更低的能源强度和温室气体排放强度支撑社会经济高速发展，实现经济、社会和环境的协调统一。

低碳经济（low-carbon economy）的概念源于英国在 2003 年 2 月 24 日发表的《我们未来的能源——创建低碳经济》的能源白皮书。英国在其能源白皮书中指出，英国将在 2050 年将其温室气体排放量在 1990 年水平上减排 60%，从根本上把英国变成一个低碳经济的国家。英国是世界上最早实现工业化的国家，也是全球减排行动的主要推进力量。

二、低碳经济的内涵

所谓低碳经济，是指在可持续发展思想指导下，通过技术创新、制度创新、产业转型、新能源开发等多种手段，尽可能地减少煤炭、石油等高碳能源消耗，不断提高碳利用率和可再生能源比重，减少温室气体排放，逐步使经济发展摆脱对化石能源的依赖，最终实现经济社会发展与生态环境保护双赢的一种经济发展形态。

低碳经济中的"经济"一词，涵盖了整个国民经济和社会发展的方方面面。而所提及的"碳"，狭义上指造成当前全球气候变暖的 CO_2 气体，特别是由于化石能源燃烧所产生的 CO_2，广义上包括《京都议定书》（见附录二）中所提出的 6 种温室气体（二氧化碳、甲烷、氧化亚氮、氢氟碳化物、全氟碳化、六氟化硫）。低碳经济作为一种新的经济模式，包含三个方面的内容。首先，低碳经济是相对于高碳经济而言的，是相对于基于无约束的碳密集能源生产方式和能源消费方式的高碳经济而言的。因此，发展低碳经济的关键在于降低单位能源消费量的碳排放量（即碳强度），通过碳捕捉、碳封存、碳蓄积降低能源消费的碳强度，控制 CO_2 排放量的增长速度。其次，低碳经济是相对于新能源而言的，是相对于基于化石能源的经济发展模式而言的。因此，发展低碳经济的关键在于促进经济增长与由能源消费引发的碳排放"脱钩"，实现经济与碳排放错位增长（碳排放低增长、零增长乃至负增长），通过能源替代、发展低碳能源和无碳能源控制经济体的碳排放弹性，并最终实现经济增长的碳脱钩。再者，低碳经济是相对于人为碳通量而言的，是一种为解决人为碳通量增加引发的地球生态圈碳失衡而实施的人类自救行为。因此，发展低碳经济的关键在于改变人们的高碳消费倾向和碳偏好，减少化石能源的消费量，减缓碳足迹，实现低碳生存。

三、低碳经济的目标

发展低碳经济，实质是通过技术创新和制度安排来提高能源效率并逐步摆脱对化石燃料的依赖，最终实现以更少的能源消耗和温室气体排放支持经济社会可持续发展的目的。通过制定和实施工业生产、建筑和交通等领域的产品和服务的能效标准和相关政策措施，通过一系列制度框架和激励机制促进能源形式、能源来源、运输渠道的多元化，尤其是对替代能源和可再生能源等清洁能源的开发利用，实现低能源消耗、低碳排放以及促进经济产业发展的目标。

1. 保障能源安全

当前，全球油气资源不断趋紧、保障能源安全压力逐渐增大。21 世纪以来，全球油气供需状况已经出现了巨大的变化，石油的剩余生产能力已经比 20 世纪 80—90 年代大大减少，一个中等规模的石油输出国出现供应中断就可能导致国际市场上石油供应绝对量的短缺。在全球油气资源地理分布相对集中的大前提下，受到国际局势变化和重要地区政局动荡等地缘政治因素的影响，国际能源市场的不稳定因素不断增加，油气供给中断和价格波动的风险显著上升。此外，西方发达国家还利用政治外交和经济金融措施对石油市场的投资、生产、储运和定价进行控制，构建符合其自身利益的全球政治经济格局。所有这些因素导致全球油气供应的保障程度及其未来市场预期都有所降低，推动油气价格在剧烈的波动中不断上涨并一度达到每桶 147 美元。

低碳发展模式就是在上述能源背景下所发展起来的社会经济发展战略，以减少对传统化石燃料的依赖，从而保障能源安全。目前，世界各国经济社会都受到油气供应中断风险增加和当前油气价格剧烈波动的影响，主要发达国家对于国际能源市场的高度依赖更是面临着保障能源安全的挑战，低碳发展模式就是调整与能源相关的国家战略和政策措施的重要手段。

2. 应对气候变化

气候变化问题为能源体系的发展提出了更加深远的挑战。气候变化问题是有史以来全球人类面临的最大的"市场失灵"问题，扭曲的价格信号和制度安排导致了全球环境容量不合理的配置和利用，并最终形成了社会经济中大量社会效率低下且不可持续的生产和消费。应对全球气候变化的国际谈判和国际协议的发展，实质上是对经济社会发展所必需的温室气体排放容量进行重新配置，制定相关国际制度，实现经济发展目标与保护全球气候目标的统一。

低碳发展模式是在全球环境容量瓶颈凸现以及应对气候变化的国际机制不断发展的背景下所发展起来的，是应对气候变化的必然选择。在未来形成全球大气容量国际制度安排的前提下，发展低碳经济，将化石燃料开发利用的环境外部性内部化，并通过国际国内政策框架的制定来促进构建经济、高效且清洁的能源体系，从而实现《联合国气候变化框架公约》的最终目标，使得"大气中温室气体的浓度稳定在防止气候系统受到具有威胁性的人为干扰的水平上"。当前，全球各国都共同面临着减少化石燃料依赖并降低温室气体排放和稳定其大气中浓度的挑战，发达国家和发展中国家在未来将承担"共同但有区别的"温室气体减排责任，而低碳发展模式能够实现经济社会发展和保护全球环境的双重目标。

3. 促进经济发展

发展低碳经济，目的在于寻求实现经济社会发展和应对气候变化的协调统一。低碳并不意味着贫困，贫困不是低碳经济的目标，低碳经济是要保证低碳条件下的高增长。通过国际国内层面合理的制度构建，规制市场经济下技术和产业的发展动向，从而实现整个社会经济的低碳转型。发展低碳经济，不仅有助于实现应对气候变化的全球重大战略目标，并且也能够为整个社会经济带来新的经济增长点，同时还能创造新的就业岗位和国家的经济竞争力。

在20世纪几次石油危机的刺激下，西方发达国家走在了全球发展低碳经济的前列。英国、德国、丹麦等欧洲各国以及日本长期重视发展可再生能源和替代能源的战略，在当前具备了引领全球低碳技术和低碳产业的优势。在全球金融危机和经济放缓的背景之下，美国前总统奥巴马在当选后公布的经济刺激方案中，也将发展替代能源和可再生能源、创造绿领就业机会作为核心，实现国家的"绿色经济复兴计划"。目前，欧美发达国家都在通过制度构建和技术创新发展低碳技术和低碳产业，推动社会生产生活的低碳转型，以新的经济增长点和增长面推动整体社会繁荣。

四、低碳经济实现的途径

发展低碳经济，需要在能源效率、能源体系低碳化、吸碳和碳汇以及经济发展模式和社会价值观念等领域开展工作。大量研究表明，通过发展低碳经济，采取业已或者即将商业化的低碳经济技术，大规模发展低碳产业并推动社会低碳转型，能够控制温室气体排放，关键是成本问题及如何分摊这些成本。

1. 提高能效和减少能耗

低碳发展模式要求改善能源开发、生产、输送、转换和利用过程中的效率并减少能源消耗。面对各种因素所导致的能源供应趋紧，整个社会迫切需要在既定的能源供应条件下支持国民经济更好更快地发展，或者说在保障一定的经济发展速度的同时，减少对能源的需求并进而减少对能源结构中仍占主导地位的化石燃料的依赖。提高能源效率和节约能源涵盖了整个社会经济的方方面面，尤其作为重点用能部门的工业、建筑和交通部门更是迫切需要提高能效的领域，通过改善燃油经济性、减少对小汽车的过度依赖、提高建筑能效和提高电厂能效等措施，实现节能增效的低碳发展目标。

发展低碳经济，制定并实施一系列相互协调并互为补充的政策措施，包括：实行温室气体排放贸易体系，推广能源效率承诺，制定有关能源服务、建筑和交通方面的法规并发布相应的指南和信息，颁布税收和补贴等经济激励措施。这些政策措施的目的在于，通过合理的制度框架引导和发挥自由市场经济的效率与活力，从而从以长期稳定的调控信号和较低的成本引导重点用能部门向低能耗和高能效的方向转型。

2. 发展低碳能源并减少排放

能源保障是社会经济发展必不可少的重要支撑，低碳发展模式则是要降低能源中的碳含量及其开发利用产生的碳排放，从而实现全球大气环境中温室气体环境容量的高效合理利用。实现经济社会发展的"低碳化"，是为了在合理的制度安排之下推动 CO_2 排放所产生的环境负外部性内部化，从而实现从低效率的"高碳排放"转向大气环境容量得以优化配置和利用的"低碳经济"。通过恰当的政策法规和激励机制，推动低碳能源技术的发展以及相关产业的规模化，能够将其减缓气候变化的环境正外部性内部化，使得发展低碳经济更加具有竞争力。

降低能源中的碳含量和碳排放，主要涉及控制传统的化石燃料开发利用所产生的 CO_2，以及在资源条件和技术经济允许的情况下，通过以相对低碳的天然气代替高碳的煤炭作为能源，通过捕集各种化石燃料电厂以及氢能电厂和合成燃料电厂中的碳并加以地质封存，能够改善现有能源体系下的环境负外部性。此外，能源"低碳化"还包括开发利用新能源、替代能源和可再生能源等非常规能源，以更为"低碳"甚至"零碳"的能源体系来补充并一定程度上替代传统能源体系。风力发电、生物质能、光伏发电以及氢能等新型能源，在未来都有很大的发展潜力，特别是大量分散、不连续和低密度的可再生能源，能够很好地补充城乡统筹发展所必需的能源服务，并且新能源产业的发展也是提供就业岗位、促进能源公平的有力保障。

3. 发展吸碳经济并增加碳汇

低碳发展模式还意味着调整和改善全球大气环境中的碳循环，通过发展吸碳经济并增加自然碳汇，从而抵消或中和短期内无法避免的化石能源燃烧所排放的温室气体，最终有利于实现稳定大气中温室气体浓度的目标。减少毁林排放和增加植树造林，不仅可改变人类长期以来对森林、土地、林业产品、生物多样性等资源过度索取的状态，而且也是改善人与自然的关系、主动减缓人类活动对自然生态的影响以及打造生态文明的重要手段。

与自然碳汇相关的林业和土地资源对于不同发展阶段的国家具有不同的开发利用价值，尤其是当前在保障粮食安全、缓解贫困、发展可持续生计等方面具有重大的意义。应对气候变化国际体制在避免毁林等方面的发展，就是将相关资源在自然碳汇方面的价值转化成为具体的经济效益，与其在其他领域所具有的价值进行综合的权衡，从而引导各国的经济社会发展路径朝低碳方向转型。通过植树造林增加自然碳汇降低大气中的温室气体浓度，通过控制热带雨林焚毁减少向大气中排放温室气体，以及通过对农业土地进行保护性耕作从而防止土壤中碳的流失，对于全球各国尤其是众多发展中国家都具有重要意义。

4. 推行低碳价值理念

低碳发展模式还要求改变整个经济社会的发展理念和价值观念，引导实现全面的低碳转型。1992年联合国环境与发展大会通过了《21世纪议程》，指出"地球所面临的最严重的问题之一，就是不适当的消费和生产模式"。发展低碳经济就是在应对气候变化的背景之下，从社会经济增长和人类发展的角度，对不合理的生产消费模式做出重大变革。

发展低碳经济要求经济社会的发展理念从单纯依赖资源和环境的外延型、粗放型增长，转向更多依赖技术创新、制度构建和人力资本投入的科学发展理念。传统的基于化石燃料所提供的高能流、高强度能源而支撑起来的工业化和城市化进程，必须从未来能源供需、相应资源环境成本的内部化等方面进行制度和技术创新。发展低碳经济还要求全社会建立更加可持续的价值观念，不能因对资源和环境过度索取而使其遭受严重破坏，要建立符合中国环境资源特征和经济发展水平的价值观念和生活方式。人类依赖大量消耗能源、大量排放温室气体所支撑下的所谓现代化的体面生活必须尽早尽快调整，这将是对当前人类的过度消费、超前消费和奢侈性消费等消费观念的重大转变，进而转向可持续的社会价值观念。

五、低碳经济与循环经济的关系

循环经济和低碳经济在最终目标上，都是要实现人与自然和谐的可持续发展。但循环经济追求的是经济发展与资源能源节约和环境友好三位一体的三赢模式；低碳经济是有特定指向的经济形态，针对的是导致全球气候变化的二氧化碳等温室气体以及主要是化石燃料的碳基能源体系，旨在实现与碳相关的资源和环境的有效配置和利用。在实现的途径上，二者都强调通过提高效率和减少排放。但低碳经济更加强调通过改善能源结构、提高能源效率，减少温室气体的排放；而循环经济强调提高所有的资源能源的利用效率，减少所有废弃物的排放。

在实现低碳经济的具体途径中，减少能源消耗和提高能源效率都很好地体现了循环经济"减量化"的要求，而对二氧化碳等温室气体的捕捉封存，尤其是二氧化碳封存并提高原油采收率等措施，则很好地体现了循环经济"再利用"和"资源化"的原则。此外，开发应用不消耗臭氧层物质的非温室气体类替代品，则体现了循环经济在"再设计、再修复、再制造"等更广泛意义上的要求。因此，低碳经济与循环经济具有紧密的联系。

从循环经济在世界各国的实践来看，循环经济与低碳经济根本的不同是所对应的经济发展阶段不同。循环经济是适应工业化和城市化全过程的经济发展模式，而低碳经济是21世纪新阶段应对气候变化而催生的经济发展模式。因此也可以认为，低碳经济是循环经济理念在能源领域的延伸，循环经济是发展低碳经济的基础，循环经济发展的结果必然走向低碳经济。对于处于工业化、城市化过程中的发展中国家来说，循环经济是不可逾越的经济发展阶段。

低碳经济的关注点和重点领域在低碳能源和温室气体的减排上，聚焦在气候变化上，这是与发达国家经济发展阶段相对应的。发达国家经过两百多年的工业化发展，特别是近几十年来后工业化社会的发展，在产业结构、传统污染物（SO_2、COD、固体废物等）治理以及资源利用率方面，都取得了显著的成果，但在现有经济技术条件下，改善的空间不是太大。由于资源禀赋的条件限制和经济规模的扩张，温室气体的排放并没有减少，可是从 CO_2 排放量的构成看，还有较大的降低空间。因此对于发达国家来说，低碳经济追求的目标应该是绝对的低碳发展。

发展中国家的传统污染问题尚未得到解决，气候变化的问题又摆在面前，所以对发展中国家而言，目标应该是相对的低碳发展，重点在低碳，目的在发展。

思　考　题

1. 简述循环经济和低碳经济的异同。
2. 简述循环经济的三大原则。
3. 请选择一个行业，描绘出循环经济体系及其中的主要链条。
4. 简述低碳经济的实现途径。

第五章 资源环境保护

内容提要及重点要求：本章主要介绍了自然资源的分类及其特点，对水资源、土地资源、生物资源和矿产资源进行了概述，对这些自然资源的现状进行了说明，分析了自然资源不断减少的原因，阐述了自然资源在人类生存和发展的过程中所起的重要作用。本章要求明确资源保护是环境保护工作的重要组成部分，对不同类别的自然资源应采取不同的利用方式和态度；理解自然资源对人类的重要意义，了解如何合理开发利用和保护它们。

第一节 概 述

一、基本概念

自然资源保护是环境保护工作的重要组成部分。自然资源（natural resources）是人类生存的基本要素，是社会经济发展的物质基础。广义的自然资源是指在一定的时空条件下，能够产生经济价值、提高人类当前和未来福利的自然环境因素的总称（1972 年联合国环境规划署提出），通常包括水资源、土地资源、矿物资源、生物资源与气候资源等。狭义的自然资源是指自然界中可以直接被人类在生产和生活中利用的自然物，如地球上的空气、水、土地、矿物、动物、植物以及其他可被人类利用的物质，都属于自然资源。

二、自然资源的分类

自然资源可分为可更新资源、不可更新资源和恒定资源。

1. 可更新资源（renewable resources）

可更新资源又称可再生资源，是指那些被人类开发利用后，能够依靠生态系统自身在运行中的再生能力得到恢复或再生的资源，如水资源、生物资源等。人类应科学利用此类资源，并通过人类劳动有目的地扩展此类资源。

2. 不可更新资源（nonrenewable resources）

不可更新资源又称非再生资源，一般是指那些储量在人类开发利用后，会逐渐减少以致枯竭，而不能或难以再生的资源，如石油、矿产资源等。对此资源应采取限制开采、提高利用率。

3. 恒定资源（constant resources）

恒定资源是指那些被利用后，在可以预计的时间内不会导致其储量的减少，也不会导致其枯竭的资源，如太阳能、潮汐能、风能等。人类应努力提高科技水平，重点研究和开发利用此类资源的方法和手段，不断提高其利用率。

三、自然资源的特点

1. 有限性

有限性是指资源的数量，与人类社会不断增长的需求相矛盾，故必须强调资源的合理开发利用与保护。

2. 空间分布的不均匀性和严格的区域性

空间分布的不均匀性和严格的区域性是指资源分布的不平衡，存在数量或质量上的显著地域差异，并有其特殊分布规律。

3. 整体性

整体性是指每个地区的自然资源要素彼此有生态上的联系，形成一个整体，故必须强调综合研究与综合开发利用。

除了上述特点外，各类自然资源还有各自的特点，如生物资源的可再生性，水资源的可循环性和可流动性，土地资源有生产能力和位置的固定性，气候资源有明显的季节性，矿产资源有不可更新性和隐含性等。

第二节　水资源的利用与保护

水是否存在是判断一个星球是否具有生命的重要标志之一。地球是一个"水的星球"，生命的形成、演化、进行都依赖于水，人类的生存、生活也离不开水。水资源的利用是人类生存的保障，协调人与水之间的关系、合理利用水资源是实现可持续发展的必由之路。

一、水体

水体是海洋、河流、湖泊、沼泽、水库、地下水的总称，是由水及水中悬浮物、溶解物、水生生物和底泥组成的完整的生态系统。

1. 水的分布

地球上的海洋、河流、冰川、地下水、湖泊及土壤水、大气中的水和生物体内的水组成了一个紧密作用、相互交换的统一体，即水圈。全球水量约为 $13.9 \times 10^8 \, km^3$，而海洋占总水量的 97.41%。陆地水量约为 $0.36 \times 10^8 \, km^3$，包括湖泊、河流、冰川、地下水等。陆地水量中大部分为南北极冰盖、冰川，可被人类利用的淡水资源即地面河流、湖泊、地下水及生物、土壤含水等约占地球总水量的 0.6%。地球上水的分布见图 5-1。

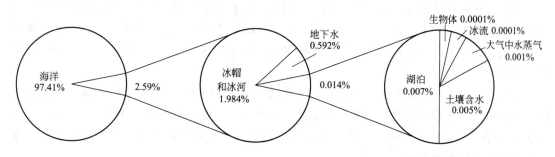

图 5-1　地球上水的分布

2. 水的循环

在太阳辐射能和地球引力的作用下，水分不断地蒸发，汽化为水蒸气，上升到空中形成云，在大气环流作用下运动到各处，再凝结而成降水到达地面或海面。降落下来的水分一部分渗入地面形成地下水，一部分蒸发进入大气，一部分在地面形成径流，最终流入海洋。这种循环往复的水的运动为自然界的水分循环，如图 5-2 所示。

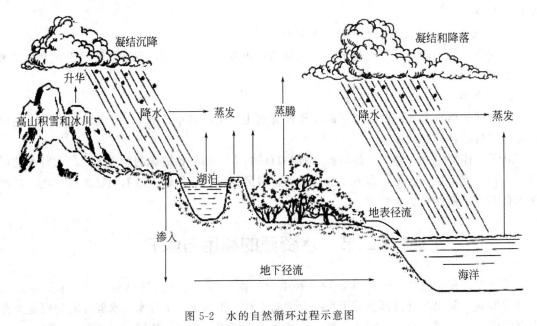

图 5-2 水的自然循环过程示意图

水循环（water cycle）可使地球上的水不断更新成为一种可再生资源。人类社会在发展过程中抽取自然水用于工业、农业和生活，部分水被消耗掉，使用后成为废水，通过排水系统进入水体。这种取之自然水体、还之自然水体的受人类社会活动作用的水循环为水的社会循环。水的社会循环改变了水体的流量，也改变了水的性质，在一定空间和时间尺度上影响着水的自然循环。

3. 水的社会功能

地球上有了水才有了生命，水是人类与其他生命体不可缺少的物质，也是社会经济发展的基础条件。水的社会功能体现在以下几个方面。

(1) 水是生命之源 水是构成人体的基本成分，又是新陈代谢的主要介质。每人每天为维持生命活动至少需要 $2\sim2.5L$ 水，一般每人每天用水量在 $40\sim350L$。

(2) 水是农业的命脉 农业生产用水主要包括农业灌溉用水、林业和物业灌溉用水及渔业用水。生产 1kg 小麦耗水 $0.8\sim1.25m^3$，生产 1kg 水稻耗水 $1.4\sim1.6m^3$。农业用水量占全球用水的比例最大，约占 2/3，农业灌溉用水占农业用水的 90%，其中 $75\%\sim80\%$ 是不能重复利用的消耗水。

(3) 水是工业的血液 工业用水约占全球总用水量的 22%。工业用水量与工业发展布局、产业结构、生产工艺水平等多因素相关。中国工业用水量由 1980 年的 $4.57\times10^{10} m^3$ 增至 2015 年的 $1.342\times10^{11} m^3$，随着工业结构的调整、工艺技术的进步、工业节水水平的提高，我国的工业用水量增长逐渐放缓。

(4) 水是城市发展繁荣的基本条件 随着城市的发展、人口的增加、生活水平的提高，生活用水量不断增长。同时，与之配套的环境景观用水、旅游用水、服务业用水不断增加。如果没有充足的水资源，城市发展就会受到制约。

(5) 水的生态保障作用 生态系统的维系需要有一定水量作为保障，以此保持生态平衡。例如，保持江河湖泊一定的流量，可以满足鱼类和水生生物的生长需要，并有利于冲刷泥沙，冲洗农田盐分入海，保持水体自净能力。同时，由于水具有较大的比热容，可调节气温、湿度，从而起到防止生态环境恶化的作用。

二、水资源

1. 水资源的含义

联合国教科文组织（UNESCO）和世界气象组织（WMO）共同制定的《水资源评价活动——国家评价手册》中定义水资源为"可以利用或有可能被利用的水源，具有足够数量和可用的质量，并能在某一地点为满足某种用途而被利用"。通常说的"水资源"是指陆地上可供生产、生活直接利用的江、河、湖、沼及部分储存在地下的淡水资源，亦即"可利用的水资源"。

水除了其固有的物理、化学性质外，作为一种自然资源，其具有独特性质。

（1）流动性与溶解性 水的流动性使水资源的各种价值得到充分的利用，同时也会造成洪涝灾害、泥石流、水土流失等灾害。由于水具有溶解性，可溶解、夹带各类物质，一方面可供生物体生活需求，另一方面也会使水质变坏，受到污染。

（2）再生性与有限性 由于存在水的循环使水体不断更新，水具有了再生性。水的再生循环量是一定的，因此水资源是有限的。再加上水污染使水资源的可利用量减少，水资源就更加有限了。

（3）时空分布的不均匀性 水资源的时空变化是由气候条件、地理条件等因素综合决定的。各地的地理纬度、大气环流和地形条件的变化决定了该地区的降水量，从而决定了该地区水资源量。降水量随时间分布也很不均匀。我国位于欧亚大陆东部，受太平洋季风气候影响，降水量由东南沿海向西北渐退，且夏秋多雨，而春冬降水量较少。

（4）社会性与商品性 水资源为人类提供生产生活资料，又为人类提供能源和交通运输，渗透到人类社会的各个领域，体现了水的社会性。同时，由于其使用价值而使其作为商品流通于市场，体现了其商品性。

2. 水资源危机

水资源具有再生性和重复利用性。长久以来，人们普遍认为水是取之不尽、用之不竭的廉价的资源，缺乏保护意识。但是，近年来人们越来越深刻地认识到水资源短缺和水环境污染造成的水资源危机制约了经济发展，并影响到人们的生活。水资源危机就是指一个地区的需水量大于水资源的供给能力而出现的缺水现象。

（1）全球的水资源危机 全世界约有1/3的人生活在中度和高度缺水地区，其主要是由于水资源时空分布的不均匀性造成的，加之城市与工业区的集中发展，使得人口趋向集中在占地球较小部分的城镇和城市中。目前，世界上城市居民约占世界人口的41.6%，而城市占地面积只占地球总面积的0.3%，并且城市周围建设了工业区，集中用水量增大，往往超出当地水资源的供水能力。

水体的污染也是加剧水资源危机的主要原因。据世界银行报告，由于水污染和缺少供水设施，全世界有10亿多人口无法得到安全的饮用水，每年全世界至少有1500万人死于水污染引起的各类疾病。污染水排入海洋，造成海洋污染，并引发赤潮，给沿海养殖业及生态环境带来毁灭性影响。

1993年1月18日，第47届联合国大会决定，自1993年起，每年的3月22日定为"世界水日"，用以宣传教育，提高公众对保护水资源的认识，解决日益严峻的缺水问题。我国水利部确定每年的3月22—28日为"中国水周"。

（2）我国的水资源危机　水资源短缺已成为我国突出的重大问题。2013年我国的水资源总量为 2.8×10^{12} m^3，居世界第五位。但由于我国人口众多，人均水资源占有量为2073m^3，世界排名第102位，仅为世界人均占有量（6055m^3）的1/3，全国110座城市严重缺水。联合国已将中国列为全球13个最缺水的国家之一。我国的水资源还存在着时空分布不均衡性，淮河以北拥有的水资源为全国水资源的19%，而耕地面积为全国的64%。如果用一条斜线将中国分为东南和西北两大区，占国土面积53%的东南沿海地区拥有全国水资源的93%，而西北地区的水资源非常紧张。

2003年原国家环境保护总局有关负责人指出，全国向水域排放的主要污染物的量已远远超过水环境容量。江河湖泊普遍遭受污染，75%的湖泊出现不同程度的富营养化。2015年，长江、黄河、珠江、松花江、淮河、海河和辽河七大水系总体为轻度污染。湖泊（水库）富营养化问题突出，达赉湖、滇池水质较差。同时，生态缺水直接加剧生态环境的恶化，制约着中国整体的可持续发展。

三、水资源的合理利用与保护

随着水资源危机日益严重，水资源的合理开发和保护也就越发重要。解决水资源危机，首先应扩大水资源供应量；其次是提高现有水资源的利用率，节约用水，合理分配；再次就是控制水污染，加强水资源的综合管理，使得水资源可持续利用，促进社会、经济、环境的和谐发展。

1. 扩大水资源的供应量

由于水资源存在时空上的分布不均匀性，可采取措施对水资源缺少的干旱、半干旱地区供水，扩大其水资源的供应量。

通过水利措施，引水资源较为丰富的地区的水到水资源匮乏地区。我国在部分大中城市采用了引附近河水入市的措施，使城市的水资源短缺得到了缓解，如天津采用引滦河水进津、西安采用引入黑河水等措施。为了缓解我国北方缺水现状，我国政府采用"南水北调"的工程措施等。通过海水淡化提供部分工业用水，主要作为火（核）电的冷却用水，2014年全国海水直接利用量为 7.14×10^{10} m^3。

在未开发自然环境下，90%的雨水都会自然渗透，但是在道路硬化、人工建设密集的地方，渗透力只有20%，因此，城市容易出现积水。海绵城市的提出，为城市较好地利用水资源提供了新思路。

海绵城市是指通过加强城市规划建设管理，充分发挥建筑、道路和绿地、水系等生态系统对雨水的吸纳、蓄渗和缓释作用，有效控制雨水径流，实现自然积存、自然渗透、自然净化的城市发展方式。2015年国务院办公厅提出了推进海绵城市建设的目标，综合采取"渗、滞、蓄、净、用、排"等措施，最大限度地减少城市开发建设对生态环境的影响，将70%的降雨就地消纳和利用。

2. 提高水资源利用率，节约用水

（1）水资源危机使人们的节水意识提高　节约用水、提高水资源的利用率，不但可以增加水资源，也可以减少污水排放量，减轻水体污染。提高水资源利用率应当从农业、工业和城市用水三个方面进行。

（2）提高农业用水利用率　全球用水的2/3为农业灌溉用水，我国2014年耕地实际灌溉亩均用水量为402m^3，农田灌溉水有效利用系数为0.530。节水高效的现代灌溉农业和现

代旱地农业的推广可大大提高水的利用率，同时也可使粮食增产。

（3）提高工业用水利用率　工业是城市中主要的用水部门。我国工业用水利用率不高，主要工业行业用水水平较低。许多发达国家已将加强工业节水作为解决城市用水困难的主要手段。工业节水的方法有调整产业结构和工业布局，开发和推广节水技术、工艺和设备，降低用水量，提高水的重复利用率。

（4）提高城市生活用水利用率　城市生活用水的节水潜力很大。我国多数城市自来水管网和用水管具的漏水损失高达20％以上，公共用水浪费惊人。城市节水应以创建节水型城市为目标，提高公众的节水意识，通过教育、管理、技术手段和经济杠杆，将城市生活用水、工业用水控制在城市水资源可承受的范围内。

3. 控制水污染，加强水资源的综合管理

水资源具有可再生性，但水质污染降低了水资源的利用率。控制水污染不仅可以保障水质质量，也是提高水资源可利用量、维持可持续发展的必由之路。我国城市污水处理率到2015年已达到91.97％，国内部分水体污染程度已得到了改善。2012—2014年全国废污水排放总量分别为7.85×10^{10} t、7.75×10^{10} t和7.71×10^{10} t（不包括火电直流冷却水排放量和矿坑排水量），呈下降趋势。

加强水资源的综合管理，要有完善的环境管理体制。我国正在按照《水污染防治行动计划》（"水十条"）的要求，切实加大水污染防治力度，保障国家水安全。

第三节　土地资源的利用与保护

土地是最基本的资源，它是矿物质的储存场所，它能保持土壤的肥沃，能生长草木和粮食，也是野生动物和家畜等的栖息场所，是人类赖以生存和发展的物质基础和环境条件，是重要的生命支持系统。总之，陆地上的一切可更新资源皆赖以存在或繁衍，因此，土地资源的合理利用就成了各种资源保护的中心。

一、土地资源概述

土地是一个综合性的科学概念，它是由地质、地貌、气候、植被、土壤、水文、生物以及人类活动等多种因素相互作用下形成的高度综合的自然经济复合生态系统。土地作为一种资源，有两个主要属性：面积和质量。质量属性中除了地理分布、肥力高低、水源远近等因素外，还有一个重要的因素，即"土地的通达性（accessibility）"，包括土地离现有居民点的远近以及道路和交通情况等因素，这些因素影响着劳动力与机械到达该土地所消耗的时间和能量。

土地的基本属性是位置固定、面积有限和不可代替。位置固定是指每块土地所处的经纬度都是固定的，不能移动，只能就地利用。面积有限是指非经漫长的地质过程，土地面积不会有明显的增减。不可代替是指土地无论作为人类生活的基地，还是作为生产资料或动植物的栖息地，一般都不能用其他物质来代替，当然随着科学技术的发展，不可代替这个概念会有所变化，例如无土栽培植物已经出现。

从农业生产的角度看，合理利用、因地制宜就能提高土地利用率。实行集约经营，不断提高土地质量，就可以改善土壤肥力，增加农作物产量。如果利用不当，甚至进行掠夺式经营，就会导致土地退化，生产力下降，甚至使环境恶化，影响人类和动植物的生存。

从土地资源合理利用的角度看，没有不能利用的土地。我们应该把每块土地利用好，让它充分发挥作用。不同的用途对土地有不同的要求，如新建工厂，它重视的是工程地质和水文地质条件及土地面积的大小，而试验原子弹则要求在荒无人烟的大沙漠上进行。

1. 我国土地资源的特点

（1）绝对数量较大，人均占有量小　我国内陆土地总面积约 960 万平方千米，居世界第三位，但人均占有土地面积不到世界人均水平的 1/3。

（2）土地类型多样，山地多于平地　全国山地占 33%，高原占 26%，丘陵地占 10%，三项合计占全国土地面积的 69%，山地资源丰富多样，开发潜力大。但是山地土层薄、坡度大，如利用不当，自然资源与生态环境易遭破坏。

（3）各类土地资源分布不平衡，土地生产力水平低　以耕地为例，我国大约有 20 亿亩❶的耕地，其中 90% 以上分布在东南部的湿润、半湿润地区。在全部耕地中，中低产耕地大约占耕地总面积的 2/3。

（4）宜开发为耕地的后备土地资源潜力不大　在大约 5 亿亩的宜农后备土地资源中，可开发为耕地的面积仅约为 1.2 亿亩。

2. 我国的耕地现状

截至 2014 年底，全国共有农用地 64574.11 万公顷，其中耕地 13505.73 万公顷，园地 1437.82 万公顷，林地 25307.13 万公顷，牧草地 21946.60 万公顷；建设用地 3811.42 万公顷，其中城镇村及工矿用地 3105.66 万公顷。2014 年，全国因建设占用、灾毁、生态退耕、农业结构调整等原因减少耕地面积 38.80 万公顷，通过土地整治、农业结构调整等增加耕地面积 28.07 万公顷，年内净减少耕地面积 10.73 万公顷。

2015 年，中央累计下达高标准农田建设和土地整治重大工程等资金 212.8 亿元。开展并验收土地整治项目 9535 个，土地整治总规模为 161.23 万公顷，通过土地整治新增耕地 15.68 万公顷。2010 年以来我国耕地面积变化情况见表 5-1。

表 5-1　2010 年以来我国耕地面积变化情况

耕地面积	2010 年	2011 年	2012 年	2013 年	2014 年
总面积/万公顷	13526.83	13523.86	13515.85	13516.34	13505.73
减少面积/万公顷	42.90	40.68	40.20	35.47	38.80
增加面积/万公顷	31.49	37.73	32.18	35.96	28.07

3. 耕地减少的原因

耕地减少的主要原因如下：一是非农业用地，主要是国家基建用地、乡村集体基建占地和农民建房用地；二是由于农业内部结构调整，用于退耕造林、改果、改渔、改牧等；三是灾害毁地面积。另外，土地沙漠化和水土流失也是我国耕地面积减少的重要原因。全国有 400 多万公顷的农田受到沙漠化威胁，因为水土流失每年损失耕地上百万亩。土地的污染问题也不容忽视。

二、土地资源的保护

我国人口众多，适于农耕的土地资源有限，又普遍存在着居住环境任意扩大和大量占用

---

❶　1 亩 $= \dfrac{1}{15}$ hm^2 $= 666.67$ m^2。

耕地的问题。因此，保护好土地资源是迫在眉睫的工作之一。

1. 坚持土地用途管制制度

土地用途管制制度是《土地管理法》确定的加强土地资源管理的基本制度。通过严格按照土地利用总体规划确定的用途和土地利用计划的安排使用土地，严格控制占用农用地特别是耕地，实现土地资源合理配置、合理利用，从而保证耕地数量稳定。

2. 强化耕地占补平衡管理

耕地占补平衡制度是保证耕地总量不减少的重要制度。推广实行建设占用耕地与补充耕地的项目挂钩制度，切实落实补充耕地的责任、任务和资金；加强按项目检查核实补充耕地情况，确保建设占用耕地真正做到占一补一；推进耕地储备制度的建立，逐步做到耕地的先补后占；强化耕地的占补平衡管理，这是耕地保护的最有效途径之一。

3. 严格耕地保护执法

为实现我国今后耕地保有量保持在 18 亿亩的"红线"，还需要不断健全和完善保护耕地的相关立法和法规体系，严格执法和监督，及时发现和纠正违反耕地保护法规的行为，情节严重的应坚决查处。

4. 严格执行城市用地规模审核制度

严格控制城镇用地规模，实行用地规模服从土地利用总体规划、城镇建设项目服从城镇总体规划的"双重"管理，充分挖掘现有建设用地潜力，逐步实现土地利用方式由外延发展向内涵挖潜转变，才能切实保护城郊结合部的耕地资源。

5. 建立有效的土地收益分配机制

建立有效的土地收益分配机制，关键是要认真执行和落实《土地管理法》有关规定，确保新增用地的有关费用按标准缴足到位，使新增用地特别是占用耕地的总费用较以往真正有大幅度的提高，从而抑制整个建设用地的扩张。因此，一是要严格执行《土地管理法》确定的征地费用标准和耕地开垦费标准；二是要执行好财政部与国土资源部联合发布的《新增建设用地土地有偿使用费收缴使用管理办法》，确保足额、及时收缴；三是要建立保护耕地利益奖惩和补偿制度。

6. 建立耕地保护动态监测系统

首先应着眼于地面人工监测系统，主要是：加强完善土地变更登记，及时汇总，及时输入，这是信息库更新的重要来源；建立合理的观察网，进行定期观察或定点固定观察；建立自上而下校核和自下而上反馈的传输体系，以便不断地获取和检验。同时，应充分应用现代遥感等高新技术，及时监测耕地变更状况，尤其是城市周围的耕地利用情况，为耕地保护决策和执法检查提供科学依据。

7. 引入耕地保护的社会监督机制

我国用占世界 7% 的耕地，解决了占世界 25% 的人口的吃饭问题，基本上满足了人民生活需要，这是一项了不起的成就。我国土地开发历史悠久，勤劳智慧的中华民族在长期生产实践中，在土地资源的开发、利用、保护和治理方面都积累了丰富的经验。新中国成立以来，在建设基本农田、兴修水利、改良土壤、植树造林、建设草原、设置自然保护区等方面做了大量的工作。但是目前农林牧地的生产力不高，粮食单产仅达世界平均水平，每公顷草原羊牛肉、奶、皮毛产量仅及澳大利亚的 30% 左右；林地、水面和建设用地利用率也不高，提高土地生产力和利用率还有很大潜力。

第四节 生物资源的利用与保护

生物资源是可更新资源，在开发利用生物资源时，一定要重视开发利用中产生的问题，采取措施保护生物资源，使之能不断增殖、繁衍，以满足人类对它永续利用的要求，保证经济、社会的可持续发展。

一、森林资源的利用与保护

（一）森林资源的概念及重要性

1. 概念

森林资源（forest resources）是林地及其所生长的森林有机体的总称。这里以林木资源为主，还包括林中和林下植物、野生动物、土壤微生物及其他自然环境因子等资源。森林是一种可再生的自然资源，具有经济效益、生态效益和社会效益。

2. 森林对人类生存和发展的重要性

森林资源是地球上最重要的资源之一，是生物多样性的基础，具有非常重要的生态功能和生态效益，是人类生产和生活活动的绿色屏障和绿色宝库。它不仅能够为生产和生活提供多种物品和原材料，而且具有以下功能。

（1）释放氧气，吸收二氧化碳，$1hm^2$ 阔叶林每年可吸收 $1000kg\ CO_2$，释放 $730kg\ O_2$。

（2）调节气候、涵养水源、防风固沙、保持水土。

（3）净化空气、吸污降噪、杀菌等。

森林吸收大气中的污染物、滞尘和杀菌作用分别见表 5-2～表 5-4。

表 5-2　不同树种每公顷吸收污染物的量

树种	HF 吸收量/kg	Cl_2 吸收量/kg
垂柳	3.5～3.9	2
刺槐	3.3～3.4	42
华山松	20	30
银桦	11.8	35

表 5-3　不同树种的叶片单位面积上的滞尘量

树种	滞尘量/(g/m²)	树种	滞尘量/(g/m²)
榆树	12.27	桑树	5.39
大叶黄杨	6.63	夹竹桃	5.28
刺槐	6.37	泡桐	3.53
臭椿	5.88	桂花	2.02

表 5-4　杀菌能力强的树种和杀死原生动物所需的时间

树种	时间/min	树种	时间/min
黑胡桃	0.08～0.25	柏木	7
桧柏	5	白皮松	8
柠檬	5	柳杉	8
茉莉	5	雪松	10

森林可以更新，属于可再生的自然资源，也是一种无形的环境资源和潜在的"绿色能源"。

3. 森林面积减少的原因

森林是保护人类的绿色屏障，但由于种种原因，全球平均每年损失森林面积达 $1.8 \times 10^7 \sim 2.0 \times 10^7 hm^2$。森林面积急剧减少的原因是多方面的，有火灾、虫灾、洪灾等自然原因，也有乱砍滥伐、毁林开荒等人为因素，主要表现在以下几个方面。

（1）毁林开荒。

（2）酸雨对森林的威胁。酸雨使土壤酸化，损害树木根部，导致生理失调，破坏叶面蜡质保护层，干扰叶面的水、气交换，导致叶子变黄或脱落。

（3）薪柴与木制产品的需求。世界上有 1/3 的人口用薪柴作为主要烧饭燃料，发展中国家的比例更高，依赖薪柴的人口达 2/3。

从全球看，生活水平的提高增加了对建筑木材、家具和其他木制品木材的需求，从而增大了树木的砍伐量。

（二）森林资源的保护

1. 强化森林管理

我国于 1984 年 9 月正式颁布了《中华人民共和国森林法》，国务院于 1986 年 4 月批准了《森林法实施细则》，这使得我国的林业建设、经营、管理和保护森林资源有法可依。

2. 改变林业经营思想

强化对森林的资源意识、生态意识，改变经营思想，发挥森林的多种功能、多种效益，经营、管理、利用好现有的森林资源；重视森林资源的生态效益；建立并实施森林资源实物量和价值量核算制度，实行有偿占用和有偿使用制度，在森林资源使用分配中引入市场机制，实行"使用者付费"经济原则，以促进用有益于环境的方式开发利用森林资源。

3. 加速造林、优化结构、调整林业生产布局

应以因地制宜、维护生态平衡为原则，调整林业生产布局；改善林木采伐方式，优化采伐的时空条件，控制采伐量，使采伐量不大于育林及生产量，达到生态效益与经济效益的统一。

4. 加强林区保护

主要是加强防火教育，建立监控预报系统，预防森林火灾；改善森林生态系统的结构，提高森林抗病虫的能力。同时，要提高灭火和防治病虫害的能力，减少林火、病虫害等造成的森林破坏和退化。

二、草地资源的利用与保护

（一）草地资源的概念及重要性

1. 概念

草地是草甸草原、干旱草原、荒漠草原、高寒草原、滩涂草地以及各类草山、草坡的总称。草地资源（grassland resources）按其可利用方式可分为天然草地、改良草地和人工草地。草地植被大多是以多年生或一年生草本植物组成的群落。从生态学的角度来看，草本植物群落与其生存环境在特定空间的组合就是各种草地生态系统。草地资源是可再生资源。

2. 保护草地资源的重要意义

全世界草地（草原）面积约为 30 亿公顷，占全球陆地面积的 22%。草地不仅具有巨大的生产力和经济价值，而且有重要的生态意义。草地是转换太阳能为化学能、生物能的绿色能源库，是为人类提供生活资料和生产资料的基地，同时也是丰富的基因库。它适应性强、覆盖面积大、更新速度快，具有维护生态平衡、保持水土、防风固沙等重要的生态功能。保护和合理开发利用草地资源，发展草地畜牧业，可以缓解人们对粮食的依赖，减轻人口对耕地的压力，提高人们的生活水平，对于经济社会发展来说，具有重要的战略意义。

3. 草原生态环境存在的主要问题

（1）草原退化严重　据 1987 年国际草地植被学术会议提供的资料，世界草地资源面积占陆地总面积的 38%。多年来由于人类过度放牧、开垦、占用、挖草为薪，加上环境污染，使草地面积不断缩小，草场质量日益退化。不少草地出现灌丛化、盐渍化，甚至正向荒漠化发展。前苏联中亚荒漠地区草地退化面积占该地区总面积的 27%；美国普列利草原退化率也为 27%；北非地中海沿岸及中东地区草原退化更为严重，草原退化甚至成为沙漠化原因之一。美国 20 世纪 30 年代与前苏联 20 世纪 50 年代均由于毁草开荒、过垦过牧，发生了多起震惊世界的黑风暴。

我国由于植被破坏、超载放牧、不合理开垦以及草原工作的低投入、轻管理等，使得 90% 的可利用天然草地不同程度地退化。目前全国草地"三化"（退化、沙化、盐碱化）的面积已达 1.35 亿公顷，并且每年还以 200 万公顷的速度增加，全国草地的退化使平均产草量下降了 30%～50%。

严重的鼠虫害也加重了草场的退化。由于草地的生态平衡被破坏，2000 年，在我国的新疆、内蒙古、青海、甘肃、四川、陕西、宁夏、河北、辽宁、吉林、黑龙江、山西十二省（或自治区）普遍发生了草地鼠害和虫害，受影响的草地总面积为 4266.7 万公顷。2001 年内蒙古地区的草地普遍遭受了严重的旱灾，使大面积草原失去植被而只剩下黄沙。

（2）动植物资源遭到严重破坏　由于草原土壤的营养成分锐减，滥垦过牧，重利用、轻建设，致使生物资源破坏的速度惊人，如塔里木盆地天然胡杨林、新疆红柳林现已减少大半。许多药材因乱挖滥采，数量越来越少，如名贵药材肉苁蓉、锁阳和"内蒙古黄芪"等现已很少见到，新疆山地的雪莲、贝母数量也锐减。

野生动物一方面由于乱捕滥猎，另一方面随着人类活动的加剧，使它们的栖息地日渐缩小，不少种类濒于灭绝。

（3）草地资源未能充分、有效地利用　目前，我国草地牧业基本上处于原始自然放牧利用阶段，草地资源的综合优势和潜在生产力未能有效发挥，牧区草原生产力仅为发达国家（如美国、澳大利亚等）的 5%～10%。

（二）我国草地资源的保护

1. 加强草地资源的管理

加强与《草原法》配套的法规建设和机构建设。严格按照《草原法》及相关法规，对乱垦、滥挖、滥搂、滥牧等掠夺式利用草原者给予批评、警告、罚款或赔偿经济损失等处罚，对构成刑事犯罪的追究刑事责任。

要以新技术和新方法检测草地资源的类型、结构、生产力和载畜能力的动态变化，为以草定畜、合理放牧提供科学依据。要解决好牧区人民生活用能源问题，杜绝搂草、挖草等破坏草地资源的行为。

大规模采药对草地破坏极大，应分清情况正确引导。制止乱挖、滥采，已严重退化的草地，绝对禁止采挖药材。

2. 重视和发展草地产业

要广泛宣传、开阔思路，真正认识开发草地资源的重要作用和巨大经济潜力，把开发草地资源、发展草地产业摆到与农林业同等重要的战略地位。要在先进科学技术和先进管理方法支持下，按照不同草地类型的区域优势进行草地资源的优化开发，提高其生产力。

在开发的同时，要运用经济手段保护草地资源，推行草地有偿使用制度，把开发过程中的环境代价计入草地产品成本，限制草地资源的过度利用和破坏。

3. 加快草地的治理和建设

加快"三化"草地的治理和重点牧区的建设。

4. 预防草原灾害

加强牧区用火管理，建立健全草原火灾预警预报系统。加强牧草病虫害、鼠害防治技术研究，控制病虫鼠害对草原的毁坏，保护草地生态系统。

三、湿地资源的利用与保护

湿地（wet land）是指天然或人工的、永久或暂时的沼泽地、泥炭地及水域地带，带有静止或流动的淡水、半咸水及咸水水体，包含低潮时水深不超过 6m 的海域，湿地包括河流、湖泊、沼泽、近海与海岸等自然湿地以及水库、稻田等人工湿地。

湿地具有很强的调节地下水的功能，它可以有效地蓄水、抵抗洪峰；它能够净化污水，调节区域小气候；湿地还是水生动物、两栖动物、鸟类和其他野生生物的重要栖息地。湿地与森林、海洋并称为全球三大生态系统，孕育和丰富了全球的生物多样性，被人们比喻为"地球之肾"。

然而，由于人们开垦湿地或改变其用途，使得生态环境遭到了严重的破坏，如造成洪涝灾害加剧、干旱化趋势明显、生物多样性急剧减少等。

为了保护湿地，18 个国家于 1971 年 2 月 2 日在伊朗的拉姆萨尔签署了一个重要的湿地公约——《关于特别是作为水禽栖息地的国际重要湿地公约》（简称《湿地公约》）。1996年 10 月《湿地公约》第 19 次常委会决定将每年 2 月 2 日定为世界湿地日，每年一个主题。

我国湿地资源的情况是：2014 年 1 月公布的调查结果显示，全国湿地总面积为 5360.26万公顷，湿地面积占国土面积的比率（即湿地率）为 5.58％。与第一次调查相比较，湿地面积减少了 339.63 万公顷。目前，划定的湿地保护红线是到 2020 年，我国湿地面积不少于 8 亿亩，这是遏制我国湿地资源面积减少、功能退化趋势的迫切需要，也是推进生态文明、建设美丽中国、实现可持续发展的迫切需要。

四、生物多样性保护

生物多样性是指植物、动物、微生物和生态系统的遗传多样性、物种多样性和生态系统多样性。保护生物多样性就是在基因、物种与环境三个水平上的保护。

1. 保护生物多样性的重要性

生物多样性（biodiversity）是人类社会赖以生存和发展的基础，它给人类提供了赖以生存的一切，我们的衣、食、住、行及物质文化生活的许多方面都与生物多样性的维持密切相关，只有注意保护它，才能使人类社会实现可持续发展。

（1）生物多样性为人类生存和发展提供了大量的生活资料（食物、烧柴、建筑材料等）和生产资料（木材、纤维、造纸原料、橡胶、树脂、松香、木柴和木炭等燃料、食品、布料和医药等）。维持生物多样性，会不断丰富我们的食物品种，也会提供各种工业生产中的必要原材料和新型能源。

（2）生物多样性可改善生态系统的调节能力，维护生态平衡。生物多样性在自然界维系能量的流动、净化环境、控制生物灾害、改良土壤、涵养水源及调节小气候等多方面发挥着重要的作用。丰富多彩的生物与它们的物理环境共同构成了人类所赖以生存的优良的环境。

（3）生物多样性保存了物种的遗传基因，为繁殖良种提供了遗传材料，以其为外源基因，可培养出更多、更有价值的生物新物种。

（4）生物多样性对现代科学技术的发展还具有特殊的贡献。人类有许多发明创造就是来自生物的启示。例如，仿生学即源于一些鸟、兽、昆虫等。一些物种引发了人们的灵感，或成为人工智能的仿制原型。例如，依据响尾蛇用红外线自动热定位来确定捕捉物位置的原理，成功设计了导弹引导系统；根据昆虫平衡棒具有保持航向不偏离作用的原理，制造了控制高速飞行器和导弹航向稳定作用的振动陀螺仪。此外，动物作为医学等科学研究的试验模型，也对科学技术发展起着极为重要的作用。

（5）千姿百态的生物给人以美的享受，也是艺术创造的源泉。生物多样性还为人们提供休闲娱乐和生态旅游、可更新能源、环境监测和预警等生态服务功能。而人类文化的多样性很大程度上起源于生物及其环境的多样性。

总之，生物多样性既是过去、现在，又是将来社会经济发展的基础，保护和合理开发利用生物多样性是当代社会及经济发展的必然趋势。

2. 生物多样性保护的措施

（1）加强生物多样性保护管理　要建立和完善生物多样性保护的法律体系；制定生物多样性保护的战略和计划；积极推行和完善各项管理制度，强化监督管理，逐步使生物多样性管理制度化、规范化和科学化。

（2）完善自然保护区及其他保护地网络　首先要采取措施加强现有自然保护区的功能；其次是要在生物多样、迫切需要保护的地区建立新的自然保护区。

（3）保护对生物多样性有重要意义的野生物种及作物与家畜的遗传资源　传统的保护生物多样性的方法强调通过建立保护区，禁止采猎濒危物种，以及在低温储存设施和种子库保存种子，将生态系统、物种和基因源与人类活动分离开。如今，科学家认为不可能将所有的基因、物种和生态系统都置于人类影响之外，相反保护措施必须把各种对策综合在一起，包括通过建立人工环境来拯救物种的规划。

（4）建立全国范围的生物多样性信息和监测网　必须加强现有保护区内的监测工作，不仅要监测目前的情况，尤其要监测采取某项保护行动后产生的结果。

（5）进一步加强生物多样性保护的国际合作　生物多样性保护关系到实施可持续发展战略、协调人与自然的关系、维护生态平衡、造福子孙后代的大事，需要世界各国协调一致，共同行动，加强合作。生物多样性保护的国际合作不仅包括科研、技术转让，还包括保护措施上的合作。例如，边境地区跨国自然保护区的建立，跨国迁徙动物的保护研究，以及野生动植物的贸易调查和有关的信息交流等。

五、自然保护区及其作用

（一）自然保护区的定义及意义

1. 自然保护区的定义和分类

（1）定义　自然保护区（natural preservation areas）是具有典型特征的自然生态系统或自然综合体（如珍稀动植物的集中栖息或分布区、重要的自然景观区、水源涵养区、具有特殊意义的自然地质构造、重要的自然遗产和人文古迹等）以及其他为了科研、监测、教育、文化娱乐目的而划分出的保护地域的总称。

（2）自然保护区的类型 1993 年国际自然和自然资源保护联盟（IUCN）形成了一个"保护区管理类型指南"。指南中将保护区类型按保护目标确定为 6 种：自然保护区/荒野区，国家公园，自然纪念地，生境/物种管理区，受保护的陆地景观/海洋景观，受管理的资源保护区。

根据我国的国家标准《自然保护区类型与级别划分原则》（GB/T 14529—1993）的规定，我国自然保护区共分三个类别、九个类型（表5-5）。

2. 建立自然保护区的意义

自然资源和生态环境是人类赖以生存和发展的基本条件，保护好自然资源和生态环境，保护好生物多样性，对人类的生存和发展具有极为重要的意义，主要表现在以下几个方面。

（1）保护自然本底 自然保护区保留了一定面积的各种类型的生态系统，可以为子孙后代留下天然的"本底"。这个天然的"本底"是今后在利用、改造自然时应遵循的途径，为人们提供评价标准以及预计人类活动将会引起的后果。

（2）储备物种 保护区是生物物种的储备地，又可以称为储备库。它也是拯救濒危生物物种的庇护所。

（3）开辟科研、教育基地 自然保护区是研究各类生态系统自然过程的基本规律、研究物种的生态特性的重要基地，也是环境保护工作中观察生态系统动态平衡、取得监测基准的地方。当然它也是教育试验的好场所。

（4）保留自然界的美学价值 自然界的美景能令人心旷神怡，而且良好的情绪可使人精神焕发，燃起生活和创造的热情。所以自然界的美景是人类健康、灵感和创作的源泉。

表 5-5 我国自然保护区的类型划分

类别及保护对象	类型	自然保护区举例
自然生态系统类（保护各类较为完整的自然生态系统及其生物、非生物资源）	森林生态系统、草原与草甸生态系统、荒漠生态系统、内陆湿地和水域生态系统、海洋和海岸生态系统类型	吉林长白山、福建武夷山、云南西双版纳、广东鼎湖山、吉林查干湖、陕西太白山、新疆喀纳斯保护区等
野生生物类（保护珍稀的野生动植物）	野生动物、野生植物类型	四川卧龙大熊猫保护区、黑龙江扎龙自然保护区（丹顶鹤）、广西上岳自然保护区（金花茶）、四川金佛山银杉保护区等
自然遗迹类（保护有科研、教育或旅游价值的化石和孢粉产地、火山口、岩溶地貌、地质剖面等）	地质遗迹、古生物遗迹类型	山东山旺自然保护区（生物化石产地）、湖南张家界森林公园（砂岩峰林）、黑龙江五大连池自然保护区（火山地质地貌）

（二）自然保护区的作用

1. 自然界的天然"本底"

自然保护区有效地保护了自然环境的自然资源，保护了自然界的本来面目，由于人类的活动，自然界中不受人类影响和干扰的区域越来越少，自然界的天然"本底"显得愈发宝贵、愈发重要，人类亟待通过建立自然保护区来保存自然界中的生态系统、珍稀濒危野生生物、自然历史遗迹。

2. 天然的物种基因库

自然保护区还保护了物种的多样性和遗传基因的多样性，因而是"天然的物种基因库"，有利于物种及其遗传资源的永续利用。

3. 科学研究的"天然实验室"

自然保护区是天然的、长期的、稳定的、完整的自然地域，有利于生态科学、生物科学、环境科学、地球科学进行长期的、系统的、连续的观测与研究。

4. 天然的"自然博物馆"

自然保护区保护了大批宝贵的自然历史遗产，保留了地球演化和生物进化所留下来的大量信息，可供有关专业的教师引导学生进行野外实习，是一座天然的"自然博物馆"。

5. 生态旅游的"天堂"

近年来，生态旅游异军突起，发展迅猛，自然保护区是开展生态旅游的最佳场所。

6. 维持生态环境的稳定性

自然保护区的功能往往是多方面的、综合性的，一般来讲，自然保护区可以改善环境、保护资源、涵养水源、保持水土、净化空气、调节气候、保护生物的多样化，所有这些功能都有利于维持生态环境的稳定性。

7. 自然资源的"宝库"

自然保护区保护各种自然资源，以使我们的后代子孙也可以永续利用，从这个意义上讲，自然保护区是各种珍贵自然资源的"宝库"。

8. 开展环境外交的重要阵地

我国列入联合国教科文组织"国际人与生物圈保护区网"的自然保护区（其中张家界、九寨沟和黄龙3处自然保护区被列为世界自然遗产地）是开展国际环境外交的重要场所。

(三) 我国自然保护区的保护方式

我国人口众多，自然植被少。保护区不能像有些国家采用原封不动、任其自然发展的纯保护方式，而应采取保护、科研教育、生产相结合的方式，而且在不影响保护区的自然环境和保护对象的前提下，还可以和旅游业相结合。因此，我国的自然保护区内部大多划分成核心区、缓冲区和试验区3个部分。

核心区是保护区内未经或很少经人为干扰过的自然生态系统的所在，或者是虽然遭受过破坏，但有希望逐步恢复成自然生态系统的地区。该区以保护种源为主，又是取得自然本底信息的所在地，而且还是为保护和监测环境提供评价的来源地。核心区内严禁一切干扰。

缓冲区是指环绕核心区的周围地区。只准进入从事科学研究观测活动。

试验区位于缓冲区周围，是一个多用途的地区。可以进入从事科学试验、教学实习、参观考察、旅游以及驯化、繁殖珍稀、濒危野生动植物等活动，还包括有一定范围的生产活动，还可有少量居民点和旅游设施。

上述保护区内分区的做法，不仅保护了生物资源，而且使保护区成为教育、科研、生产、旅游等多种目的相结合的、为社会创造财富的场所。

第五节　矿产资源的利用与保护

矿产资源是由地质成矿作用形成的有用矿物或有用元素的含量达到具有工业利用价值的，呈固态、液态或气态赋存于地壳内的自然资源。矿产资源是重要的自然资源，是经济建设和社会生产发展的重要物质基础。从石器时代到铁器时代，从木材燃料到化石燃料（煤、石油、天然气）和原子能的利用，人类社会每一个巨大进步都伴随着矿产资源利用水平的巨大飞跃。矿产资源是经过漫长的地质时代的作用才形成的，属于不可更新的资源。

一、矿产资源概述

矿产资源（mineral resources）是地壳在长期形成、发展与演变过程中的产物，是自然界矿物质在一定的地质条件下，经一定地质作用而聚集形成的。不同的地质作用可以形成不同类型的矿产，按其特点和用途，通常分为金属矿产（如铁、锰、铬等黑色金属，铜、铅、锌等有色金属，金、银、铂等贵金属，铀、镭等放射性金属，锂、铍、铌、钽等稀有、稀土金属）、非金属矿产（如磷、硫、盐、碱、金刚石、石棉、石灰石等）、能源矿产（如煤、石油、天然气、地热）和水气矿产四大类。

矿产资源的消耗是一个国家富裕水平的指标，矿产资源的利用与生活水平有关。当前各国对矿产资源的消耗存在巨大差别，美国主要矿物消耗量是世界其他国家平均消耗量的 2 倍，是不发达国家的十几倍。占世界人口 30％的发达国家消耗掉的各种矿物占世界总消耗量的 90％。随着经济的发展和人口的增长，今后世界对矿产资源的需求将大大增加，而其储量是有限的，大量消耗就必然使人类面临资源逐渐减少以至于枯竭的威胁，同时也带来一系列的环境污染问题。

二、中国主要矿产资源简况

中国疆域辽阔、成矿地质条件优越，是世界上矿产资源最丰富、矿种齐全配套的少数几个国家之一。

目前我国已发现的矿产有 171 种，可分为能源矿产、金属矿产、非金属矿产和水气矿产（如地下水、矿泉水、二氧化碳气）四大类。探明有一定数量的矿产有 153 种，其中，能源矿产 8 种，金属矿产 54 种，非金属矿产 88 种，水气矿产 3 种。最近发现我国的可燃冰储量全球领先，并于 2017 年 5 月时才成功试采。

1. 能源矿产资源

中国能源矿产资源比较丰富，已知探明储量的能源矿产有煤、石油、天然气、油页岩、铀、钍、地热等 8 种。与世界探明可采储量相比，中国煤炭储量位于世界前列，但我国的能源矿产资源结构不理想，煤炭资源比重偏大，石油、天然气资源相对较少。

2. 金属矿产资源

中国属于世界上金属矿产资源比较丰富的国家之一。世界上已经发现的金属矿产在中国基本上都有探明储量。其中，探明储量居世界第一位的有钨、锡、锑、稀土、钽、钛，居世界第二位的有钒、钼、铌、铍、锂，居世界第四位的有锌，居世界第五位的有铁、铅、金、银等。

3. 非金属矿产资源

中国是世界上非金属矿产品种比较齐全的少数国家之一，全国现有探明储量的非金属矿产产地 5000 多处。大多数非金属矿产资源探明储量丰富，其中菱镁矿、石墨、萤石、滑石、石棉、石膏、重晶石、硅灰石、明矾石、膨润土、岩盐等矿产的探明储量居世界前列；磷、高岭土、硫铁矿、芒硝、硅藻土、沸石、珍珠岩、水泥灰岩等矿产的探明储量在世界上占有重要地位；大理石、花岗石等天然石材，品质优良，蕴藏量丰富；钾盐、硼矿资源短缺。但是，一些非金属矿产分布不平衡，特别在沿海和经济发达地区，探明储量尚不能满足本地区经济发展和出口创汇对资源的需求。

三、矿产资源开发对环境的影响

人类开发矿产资源每年多达上百亿吨，矿产资源的开采、冶炼与加工，对环境造成的影响是多方面的，而且还会对人类自身直接造成危害。

1. 对土地资源的破坏

矿产的露天采掘和废石的大量堆积都要占用大量土地。开采建筑材料的采石场，例如对石灰岩、花岗岩、石膏、碎石、玻璃用砂的大量开采，会造成生态环境的严重破坏，而且大煞风景，破坏旅游资源。沙砾坑、黏土坑、磷石坑，以及挖掘或淘洗河床砾石，也会造成对植被和土地平整性的破坏。

2. 由采矿引起的岩石和顶板的块体运动

由矿坑和石油抽出而引起的崩塌、陷落和地面下沉，以及由采矿或废石堆积引起的滑坡、泥石流等，都会造成对土地资源的破坏和对人类安全的威胁。

3. 对地下水和地表水体的影响

由采矿造成的土壤、岩石裸露可能加速侵蚀，使泥沙入河，淤塞河道；由矿区和尾矿堆渗出的酸性废水或其他污水会造成对水体的污染等。

4. 对大气的污染

矿物冶炼排放的大量烟气、化石燃料的燃烧，特别是含硫多的燃料，是造成大气污染的主要原因。

5. 对海洋的污染

海上采油、运油、石油化工与有机高分子合成工业等都会造成对海洋的污染。

此外，还有与采矿和加工有关的疾病，以及辐射暴露对人体健康的危害等方面。

可见，人类对矿产资源的大量开发，虽然可以大大提高人类的物质生活水平，但同时也会造成对自然资源的破坏和对环境的污染。

四、矿产资源的合理开发利用与保护

1. 矿产资源可持续利用的总体目标

在继续合理开发国内矿产资源的同时，适当利用国外资源，提高资源的优化配置和合理利用资源的水平，最大限度地保证国民经济建设对矿产资源的需要，努力减少矿产资源开发所造成的环境代价，全面提高资源效益、环境效益和社会效益。

2. 具体措施

(1) 加强矿产资源管理 首先要提高保护矿产资源的自觉性，继而要加强法制管理。

首先，加强对矿产资源的国家所有权的保护。认真贯彻国家为矿产资源勘查开发规定的统一规划、合理布局、综合勘查、合理开采和综合利用的方针。其次，组织制定矿产资源开发战略、资源政策和资源规划。再次，建立集中统一领导、分级管理的矿产资源执法监督组织体系。最后，建立健全矿产资源核算制度、有偿占有开采制度和资源化管理制度。

(2) 建立健全矿产资源开发中的环境保护措施 制定矿山环境保护法规，依法保护矿山环境，执行"谁开发谁保护、谁闭坑谁复垦、谁破坏谁治理"的原则；制定适合矿产特点的环境影响评价和办法，进行矿山环境质量监测，实施矿山开发的全过程环境管理；监测矿山自然环境破坏状态，制定保护恢复计划；开展矿产资源综合利用和"三废"资源化活动，鼓励推广矿产资源开发废弃物最小量化和清洁生产技术；制定和实施矿产资源开发生态环境补偿收费、复垦保证金政策，减少矿产资源开发的环境代价。

（3）努力开展矿产综合利用的研究　　开展对采矿、选矿、冶炼等方面的科学研究。对分层赋存多种矿产的地区，研究综合开发利用的新工艺；对多组分矿物要研究对矿物中少量有用组分进行富集的新技术，提高各矿物组分的回收率；适当引进新技术，有计划地更新矿山设备，以尽量减少尾矿，最大限度地利用矿产资源。积极进行新矿床、新矿种、矿产新用途的探索研究工作，加强矿产资源和环境管理人员的培训工作。

（4）加强国际合作和交流　　如引进推广煤炭、石油、重金属、稀有金属等矿产的综合勘查和开发技术；在推进矿山"三废"资源化和矿产开采对周围环境影响的无害化方面加强国际合作，以更好地利用资源、保护环境。

思　考　题

1. 自然资源包括哪些？如何分类？
2. 试论保护生物资源对人类生存和发展的意义。
3. 无节制开矿对环境会造成哪些影响及危害？
4. 谈谈对水资源的认识。
5. 谈谈森林资源在生态环境中起的作用。
6. 何谓生物多样性？试论维护生物多样性的意义。

第六章　环境污染与人体健康

> **内容提要及重点要求**：概述了人与环境的辩证关系，说明人与环境是密不可分的，人类长期处于某种非正常环境会引起疾病；介绍了环境污染物的特征及其对人体健康造成的危害；介绍了室内污染的来源及其预防措施。本章要求明确人与环境辩证的关系，了解环境污染对人体健康的影响，熟悉污染物对人体作用的影响因素，掌握室内污染物的来源及预防措施。

第一节　人与环境的辩证关系

一、人与环境

生命是以蛋白质的方式生存着，并以新陈代谢的特殊形式运动着。人在生存过程中，无时无刻不在与环境进行着物质与能量的交换，因此，环境的污染与否会直接或间接影响着人体健康。人体通过新陈代谢和周围环境进行物质交换，而物质的基本单元是化学元素，通过对比人体血液中和地壳岩石中的 60 多种化学元素的含量可知，这些元素的含量有明显的相关性（图 6-1），即人体中各种化学元素平均含量与地壳中各种化学元素平均含量相适应，说明化学元素是把人和环境联系起来的基本因素。自然界是不断变化的，人体总是从内部调节自己的适应性来与不断变化的地壳物质保持平衡关系。

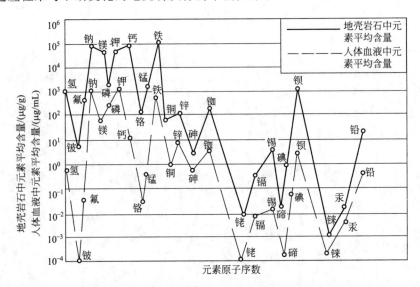

图 6-1　人体血液和地壳岩石中元素的相关性

环境污染使某些化学物质突然增加和出现了环境中本来没有的合成化学物质，破坏了人与环境的对立统一关系，因而引起机体疾病，甚至死亡。

在正常环境中，环境中的物质与人体之间保持动态平衡，使人类得以正常地生长、发育，从事生产活动，并能使人在活动之后迅速解除疲劳，激发人们的智慧和创造力。相反，环境中废气、废水、废渣和噪声等，常常使人中毒，或者感到厌烦，难以忍受，注意力不易集中，容易疲劳或激动，工作效率降低，患病率上升。

空气、水、土壤与食物是环境中的四大要素，也是人类和各种生物生存不可缺少的物质。环境污染首先影响到这些要素，并直接或间接地造成对人体健康的危害。

人体各系统和器官之间是密切联系着的统一体。人体各种生理功能在某种程度上对环境的变化是适应的，如解毒和代谢功能往往能使人体与环境达到统一。但是，这些功能有一定的限度，如果大量工业"三废"、农药等毒物进入环境，并通过各种途径进入人体，当超过了人体所能忍受的限度时，就会引起中毒，导致疾病和死亡。某些元素在自然界的含量过高或偏低，会造成一些地方病。有毒物质通过呼吸、饮水、食物等直接或间接地进入人体，会造成疾病，影响遗传，甚至危及生命。

由此可见，人和环境是不可分割的辩证统一体，在地球的长期历史发展进程中，形成了一种相互制约、相互作用的统一关系。

二、环境与疾病

地球表层各种环境要素均是由化学元素组成的。由于地质历史发展的原因或人为的原因，在地壳表面的局部地区出现各种元素分布不均匀的现象，某些化学元素相对过剩，某些化学元素相对不足，以致各种化学元素之间比例失调等，使人体从环境摄入的元素过多或过少，超出人体所能适应的变动范围，从而引起某些地方病，又称地球化学性疾病。

人类活动排放的各种污染物，使环境质量下降或恶化，影响人类正常的生活和健康，引起各种疾病或死亡，称为公害病，也称环境污染疾病。

1. 地方病（endemic disease）

发生在某一特定地区，同一定的自然环境有密切关系的疾病称为地方病。地方病多发生在经济不发达、同外地物资交流少以及保健条件不良的地区。我国最典型的地球化学性疾病有地方性甲状腺肿、克山病和地方性氟中毒等。

（1）地方性甲状腺肿（endemic goiter）　地方性甲状腺肿是世界上流行最广泛的一种地方病，俗称大粗脖，以甲状腺肿大为主要病症。甲状腺肿大主要是由缺碘引起的，多流行于离海较远的山区和内陆地区。我国各地也都有不同程度的流行，如西南、西北及东北等高原和丘陵地带。目前，随着人民生活水平和医疗水平的提高及碘盐的普及，地方性甲状腺肿发病率大幅度下降。但此病在贫穷落后地区仍是一种不容忽视的疾病。如果胎儿和婴儿在发育期缺碘，导致甲状腺素缺乏，会引起大脑、神经、骨骼和肌肉发育迟缓或停滞，称为呆小病，又称克汀病（endemic cretinism）。该病主要病症是呆小、聋哑、瘫痪，是甲状腺肿最严重的并发病。

采用碘盐可预防地方性甲状腺肿，但缺碘不是唯一的致病原因。研究发现，水中含钙、氟、镁过多也可致甲状腺肿大；一些与 I^- 类似的单价阴离子如 SCN^-、F^-、Br^- 等与碘竞争，使甲状腺浓集碘的能力下降，合成甲状腺素减少，刺激垂体分泌较多的促甲状腺激素（TSH），使甲状腺肿大。此外，在自然界含碘丰富的地区也有地方性甲状腺肿流行，主要是因为摄入碘过多，阻碍了甲状腺内碘的有机化过程，抑制 T4 的合成，促使反馈性 TSH 分泌增加而产生甲状腺肿大，称为高碘性地方性甲状腺肿。

（2）克山病（Keshan disease）　克山病是以心肌坏死为主要症状的地方病。因 1935 年最先在黑龙江省克山县发现而命名。患者病急，以损害心肌为特点，引起肌体血液循环障碍，心律失常，心力衰竭，死亡率较高。目前初步认为此病和缺硒有关。

（3）地方性氟中毒（fluorosis）　氟是人体所必需的微量元素之一。地方性氟中毒是由于当地岩石土壤中含氟过高而引起的，它的基本病症是氟斑牙和氟骨症。

氟骨症是患氟斑牙病者同时伴有骨关节痛。重度患者会出现关节畸形，造成残疾。

2．公害病（public nuisance disease）

因人类活动造成严重环境污染而引起的地区性疾病称为公害病，如与大气污染有关的慢性呼吸道疾病、由含汞废水引起的水俣病、由含镉废水引起的痛痛病、米糠油事件所致多氯联苯中毒等为公害病。公害病具有以下特征。

（1）它是由人类活动造成的环境污染所引起的疾病。

（2）损害健康的环境污染因素是很复杂的，它往往是多种因素联合作用的结果。

（3）公害病的流行，一般具有长期陆续发病的特征，还可以累及胎儿，危害后代，也可能出现急性爆发性的疾病，使大量人群在短期内发病。

（4）公害病是新病种。有些发病机制至今还不清楚，因而缺乏相应的治疗方法。

第二节　环境污染及其对人体的作用

一、环境污染物及其来源

人们在生产和生活过程中，排入大气、水、土壤中，并引起环境污染或导致环境破坏的物质，称为环境污染物（environmental pollutant）。当前主要的环境污染物及其来源有以下几个方面。

1．生产性污染物

工业生产所形成的"三废"，如果未经处理或处理不当即大量排放到环境中去，就可能造成污染。

农业生产中长期使用的农药（杀虫剂、杀菌剂、除草剂、植物生长调节剂等）造成了农作物、畜产品及野生生物中农药残留，空气、水、土壤也可能受到不同程度的污染。

2．生活性污染物

粪便、垃圾、污水等生活废物处理不当，也是污染空气、水、土壤及其滋生蚊蝇的重要原因。随着人口增长和消费水平的不断提高，生活垃圾的数量大幅度上升，垃圾的性质也发生了变化，如生活垃圾中增加了塑料及其他高分子化合物等成分，给无害化处理增加了很大困难。粪便可用作肥料，但如果无害化处理不当，也可造成某些疾病的传播。

3．放射性污染物

对环境造成放射性的人为污染源主要是核能工业排放的放射性废物，医用及工农业用放射源，以及核武器生产及试验所排放出来的废物和飘尘。目前，医用放射源占人为污染源的很大一部分，必须注意加以控制。放射性物质的污染波及空气、河流或海洋水域、土壤以及食品等，可通过各种途径进入人体，形成内照射源，医用放射源或工农业生产中应用的放射源还可使人体处于局部的或全身的外照射中。

二、环境污染物的特征

从影响人体健康的角度来看，环境污染一般具有以下一些特征。

1. 影响范围大

环境污染涉及的地区广、人口多，而且接触的污染对象，除从事工矿企业工作的健康的青壮年外，也包括老、弱、病、幼，甚至胎儿。

2. 作用时间长

接触者长时间不断地暴露在被污染的环境中，每天可达 24h。

3. 污染物浓度低，情况复杂

污染物进入环境后，受到大气、水体等的稀释，一般浓度往往很低。污染物浓度虽低，但由于环境中存在的污染物种类繁多，它们不但可通过生物或理化作用发生转化、代谢、降解和富集，从而改变其原有的性状和浓度，产生不同的危害作用，而且多种污染物可同时作用于人体，往往产生复杂的联合作用。如有的是相加作用，即两种污染物的毒性作用近似，作用于同一受体，而且其中一种污染物可按一定比例为另一种污染物所代替；有的是独立作用，即联合污染物中每一污染物对机体作用的途径、方式和部位均有不同，各自产生的生物学效应也互不相关，联合污染物的总效应不是各污染物的毒性相加，而仅是各污染物单独效应的累积；也有的是拮抗作用或协同作用，即两种污染物联合作用时，一种污染物能减弱或加强另一种污染物的毒性。

此外，还有污染容易、治理难的特点。环境一旦被污染，要想恢复原状，不但费力大、代价高，而且难以奏效，甚至还有重新污染的可能。有些污染物，如重金属和难以降解的有机氯农药，污染土壤后，能在土壤中长期残留，短期内很难消除，处理起来十分困难。

三、环境污染对健康的危害

环境污染物通过空气、水、食物等介质侵入人体，会直接或间接影响人体健康。如引起感官和生理功能的不适，产生亚临床和病理的变化，出现临床体征或存在潜在的遗传效应，发生急性中毒、慢性中毒或死亡。

（一）大气污染对健康的影响

由于大气中的烟尘、二氧化硫、碳氢化合物、臭氧、氮氧化物等污染物浓度高，加上地形、气候等因素的影响，在 20 世纪 30—70 年代，世界上发生过多次大气污染事件，造成当地居民急性中毒，甚至死亡数千人。长期生活在大气污染地区会使居民呼吸系统疾病（慢性鼻炎、慢性咽炎）等的发病率提高。

大气污染对健康的影响，取决于大气中有害物质的种类、性质、浓度和持续时间，也取决于个体的敏感性。例如，飘尘对人体的危害作用就取决于飘尘的粒径、硬度、溶解度和化学成分以及吸附在尘粒表面的各种有害气体和微生物等。有害气体在化学性质、毒性和水溶性等方面的差异，也会造成危害程度的差异。另外，呼吸道各部分的结构不同，对毒物的阻留和吸收也不尽相同。一般来说，进入越深，面积越大；停留时间越长，吸收量也越大。大气污染物主要通过呼吸道进入人体内，不经过肝脏的解毒作用，直接由血液运输到全身，所以，对人体健康的危害很大。

1. 有害化学物质对健康的危害

大气中有害的化学物质可以引起人的慢性中毒、急性中毒和致癌作用。

（1）慢性中毒 大气中化学性污染物的浓度一般比较低，对人体主要产生慢性毒害作用。科学研究表明，城市大气的化学性污染是慢性支气管炎、肺气肿和支气管哮喘等疾病的重要诱因。

（2）急性中毒　在工厂大量排放有害气体且无风、多雾时，大气中的化学性污染物不易散开，就会使人急性中毒。例如，1961 年日本四日市的三家石油化工企业，因为不断地大量排放二氧化硫等化学性污染物，再加上无风的天气，致使当地居民哮喘病大发生。后来，当地的这种大气污染得到了治理，哮喘病的发病率也随着降低了。

（3）致癌作用　大气中化学性污染物中具有致癌作用的有多环芳烃类和含 Pb 的化合物等，其中 3,4-苯并芘与肺癌有明显的相关性。燃烧的煤炭、行驶的汽车和点燃的香烟排出的烟雾中都含有很多的 3,4-苯并芘。大气中的化学性污染物还可以降落到水体和土壤中以及农作物上，被农作物吸收和富集后，进而危害人体健康。

此外，大气中一些有害化学物质对眼睛、皮肤也有刺激作用，有的有臭味还可以引起感官性状的不良反应。大气污染物还会降低能见度，减弱达到地面的太阳辐射强度，影响绿色植物的生长，腐蚀建筑物，恶化居民生活环境，间接影响人类健康。

除了大气化学性污染的影响外，大气的生物性污染和大气的放射性污染也不容忽视。大气的生物性污染物主要有病原菌、霉菌孢子和花粉，病原菌能使人患肺结核等传染病，霉菌孢子和花粉能使一些人产生过敏反应；大气的放射性污染物主要来自原子能工业的放射性废物和医用 X 射线源等，这些污染物容易使人患皮肤癌和白血病等。

2. 雾霾对健康的危害

霾的组成成分非常复杂，包括数百种大气化学颗粒物质，其中有害健康的主要是直径小于 $10\mu m$ 的气溶胶粒子，如矿物颗粒物、海盐、硫酸盐、硝酸盐、有机气溶胶粒子、燃料和汽车尾气等，这些污染物质共同作用于人体，对健康极其不利。

（1）对呼吸系统的影响　细颗粒物可直接进入并黏附在人体呼吸道和肺泡中，引起急性鼻炎和急性支气管炎等病症。对于支气管哮喘、慢性支气管炎、阻塞性肺气肿和慢性阻塞性肺疾病等慢性呼吸系统疾病，雾霾天气可使患者病情急性发作或急性加重。如果长期处于这种环境还会诱发肺癌。

雾霾使上呼吸道感染、哮喘、结膜炎、支气管炎、眼和喉部刺激、咳嗽、呼吸困难、鼻塞、流鼻涕、皮疹、心血管系统紊乱等疾病的症状加重，呼吸系统疾病发病率提高。

（2）对心脑血管系统的影响　雾霾天气对人体心脑血管的影响也很大，会阻碍正常的血液循环，导致心血管病、高血压、冠心病、脑出血，可能诱发心绞痛、心肌梗死、心力衰竭、肺源性心脏病等。研究显示，当 $PM_{2.5}$ 浓度每增加 $103\mu g/m^3$ 时，心脑血管疾病增加的超额死亡风险为 3.08%。

（3）对眼、鼻、咽喉的影响　雾霾会刺激眼、鼻、咽喉，使眼产生干、涩、痒、流泪、畏光等症状，发生结膜炎；出现流涕、喷嚏，发生过敏性鼻炎；出现咽干、咽痒、咽痛等症状。

（4）影响心理健康　持续大雾天气会给人造成沉闷、压抑的感受，会刺激或者加剧心理抑郁的状态。此外，由于雾天光线较弱及导致的低气压，有些人在雾天会产生精神懒散、情绪低落的现象。

（5）不利于儿童成长　雾霾天气还可导致近地层紫外线的减弱，由于雾天日照减少，儿童紫外线照射不足，体内维生素 D 生成不足，对钙的吸收大大减少，严重的会引起婴儿佝偻病、生长减慢等。

（6）雾霾天气比香烟更易致癌　雾霾可能会导致癌症发病率增加，有可能比香烟更致癌。

另外，对于过敏体质的人，雾霾天气时可出现皮肤瘙痒、红疹、丘疹，发生过敏性皮炎；长期暴露于高浓度污染的空气中的人群，其精子在体外受精时的成功率可能会降低。

（二）水污染对健康的影响

未经处理或处理不当的工业废水或生活污水排入水体，数量超过水体的自净能力，就会造成水体污染，直接或间接危害人体的健康。水污染对健康的影响主要有以下几个方面。

1. 引起急性中毒和慢性中毒

水体受化学有毒物质污染后，通过饮水或食物链可引起中毒，如甲基汞中毒（水俣病）、镉中毒（骨痛病）、砷中毒、铬中毒、氰化物中毒、农药中毒、多氯联苯中毒等。这些污染物所引起的急性中毒和慢性中毒是水污染对人体健康危害的主要方面。

2. 致癌、致畸、致突变作用

某些有致癌、致畸、致突变作用的化学物质如砷、铬、镍、铍、苯胺、苯并［a］芘和其他多环芳烃、卤代烃等污染水体后，可以在悬浮物、底泥和水生生物体内蓄积，长期饮用这些水就可能诱发癌症，引起胎儿畸形或行为异常。

3. 发生以水为媒介的传染病

人畜粪便等生物性污染物污染水体后，可能引起细菌性肠道传染病，如伤寒、痢疾、肠炎、霍乱等。肠道内常见的病毒有脊髓灰质炎病毒、柯萨奇病毒、人肠细胞病变孤儿病毒、腺病毒、甲型肝炎病毒等，皆可通过水污染引起传染病。以水为媒介还传播各种寄生虫病。

4. 间接影响

水体污染后，常引起水的感官性状恶化。某些污染物虽对人体无直接危害，但可使水发生异臭、异味、异色，呈现泡沫和油膜，妨碍水体正常利用。铜、锌、镍等物质在一定浓度下能抑制微生物的生长和繁殖，从而影响水中有机物的分解和生物氧化，使水体的天然自净能力受到抑制，影响水体的卫生状况。

（三）土壤污染对健康的影响

土壤是人类环境的主要因素之一，也是生态系统物质交换和物质循环的中心环节。它是各种废物的天然收容和净化处理场所，当污染物进入土壤并积累到一定程度，影响或超过了土壤的自净能力，从而在卫生学上和流行病学上产生了有害的影响。

被病原体污染的土壤能传播伤寒、副伤寒、痢疾、病毒性肝炎等传染病。这些传染病的病原体随病人和带菌者的粪便以及他们的衣物、器皿的洗涤污水污染土壤。通过雨水的冲刷和渗透，病原体又被带入地面或地下水，进而引起这些疾病的流行。因土壤污染而传播的寄生虫病有蛔虫病和钩虫病等。人与土壤直接接触，或生吃被污染的蔬菜、瓜果，就容易感染这些寄生虫病。由于蛔虫卵一定要在土壤中发育成熟、钩虫卵一定要在土壤中孵出钩蚴才有感染性，所以土壤对传播寄生虫病有特殊的作用。

有些人畜共患的传染病或与动物有关的疾病，也可以通过土壤传染给人。例如，患钩端螺旋体病的牛、羊、猪、马等可通过粪尿中的病原体污染土壤，并在土壤中存活几个星期，通过黏膜、伤口或被浸软的皮肤侵入人体，使人致病。炭疽杆菌芽孢在土壤中能存活几年甚至几十年。破伤风杆菌、气性坏疽杆菌、肉毒杆菌等病原体也能形成芽孢，长期在土壤中生存。人们受伤后，伤口受泥土污染，很容易感染破伤风或气性坏疽病。此外，被有机废物污染的土壤是蚊蝇滋生和鼠类繁殖的场所，而蚊蝇、鼠类又是许多传染病的媒介。

土壤被有毒化学物质污染后，对人体的影响大多是间接的。主要是通过农作物、地面水或地下水对人体产生影响。任意堆放的含毒废渣以及被农药等有毒化学物质污染的土壤，通过雨水冲刷、携带和下渗会污染水源，人、畜通过饮用水和食物可引起中毒。

（四） 生物性污染对健康的影响

生物性污染主要是由有害微生物及其毒素、寄生虫及其虫卵和昆虫等引起的。肉、鱼、蛋、奶等动物性食品易被致病菌污染，导致使用者发生细菌性食物中毒和人畜共患的传染病。粮食、蔬菜、瓜果等植物性食物易被农药等化学物质及霉菌等污染，导致食用者发生农药中毒或霉菌素中毒等。

固体废物和噪声污染对健康的影响分别参见第十章第一节和第十一章第一节。

四、人体对环境致病因素的反应

人类所处环境的任何异常变化，都会不同程度地影响到人体的正常生理功能，但是，人类具有调节自己的生理功能来适应不断变化着的环境的能力。这种适应环境变化的正常生理调节功能，是人类长期发展过程中形成的，如果环境的异常变化不超过一定限度，人体是可以适应的。如人体可以通过体温调节来适应环境中气象条件的变化；通过红细胞数和血红蛋白含量的增加，在一定程度上适应高山缺氧环境等。如果环境的异常变化超出人类正常生理调节的限度，则可能引起人体某些功能和结构发生异常，甚至造成病理性的变化。这种能使人体发生病理变化的环境因素，称为环境致病因素。人类的疾病，多数是由生物的、物理的和化学的致病因素所引起。造成环境污染的物质，如有毒气体、重金属、农药、化肥以及其他有机及无机的化合物，这些都是化学性因素；还有的是生物性因素，如细菌、病菌、虫卵等；也有的是物理性因素，如噪声和振动、放射性物质的辐射作用、冷却水造成的热污染等。这些因素和反应达到一定程度，都可以成为致病因素。在环境致病因素中环境污染又占最重要的位置。仅以人类肿瘤为例，根据大量资料统计分析，人类肿瘤病因大部分与环境污染直接有关，有人甚至估计与环境化学污染物有关的肿瘤占 90％以上。

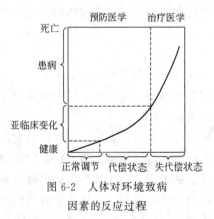

图 6-2   人体对环境致病因素的反应过程

疾病是机体在致病因素作用下，功能、代谢及形态上发生病理变化的一个过程，这些变化达到一定程度才表现出疾病的特殊临床症状和体征。人体对环境致病因素的反应过程可用图 6-2 概括表示。

疾病的发生发展一般可分为潜伏期（无临床表现）、前驱期（有轻微的一般不适）、临床症状明显期（出现某疾病的典型症状）、转归期（恢复健康或恶化死亡）。在急性中毒的情况下，疾病的前两期可以很短，会很快出现明显的临床症状和体征。在致病因素（如某些化学物质）的微量长期作用下，疾病的前两期可以相当长，病人没有明显的临床症状和体征，看上去是健康的。但是在致病因素继续作用下终将出现明显的临床症状和体征，而且这种人对其他的致病因素（如细菌、病毒等）的抵抗能力减弱，其实这种人是处于潜伏期或处于代偿状态。因此，从预防医学的观点来看，不能以人体是否出现疾病的临床症状和体征来评价有无环境污染及其严重程度，而应当观察多种环境因素对人体正常生理及生化功能的作用，及早地发现临床前期的变化。所以，在评价环境污染对人体健康的影响时，必须从以下几个方面来考虑：是否引起急性中毒；是否引起慢性中毒；有无致癌、致畸及致突变作用；是否引起寿命的缩短；是否引起生理、生化的变化。

五、环境化学污染物在人体内的转归

环境污染对人体健康的影响是极其复杂的。以环境污染中最常见的化学污染物而言，其在人体内的转归（图 6-3）大致可概括如下。

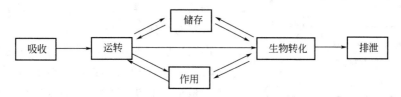

图 6-3　环境化学污染物在人体内的转归

1. 毒物的侵入和吸收

毒物主要经呼吸道和消化道侵入人体，也可经皮肤或其他途径侵入。

空气中的气态毒物或悬浮的颗粒物质，经呼吸道进入人体。从鼻咽腔至肺泡，整个呼吸道各部分，由于结构不同，对毒物的吸收也不同。越入深部，面积越大，停留时间越长，吸收量越大。毒物由肺部吸收速度极快，仅次于静脉注射，环境毒物能否随空气进入肺泡，这和它的颗粒大小及水溶性有关。能到达肺泡的颗粒物质，其直径一般不超过 $3\mu m$。水溶性较大的气态毒物，如氯气、二氧化硫，为上呼吸道黏膜所溶解而刺激上呼吸道，极少进入肺泡。而水溶性较小的气态毒物，如二氧化氮，则绝大部分能到达肺泡。

水和土壤中的有毒物质，主要是通过饮用水和食物经消化道被人体吸收。整个消化道都有吸收作用，但以小肠更为重要。

2. 毒物的分布和蓄积

毒物经上述途径吸收后，由血液分布到人体各组织，不同的毒物在人体各组织的分布情况不同。毒物长期隐藏在组织内，其量又可逐渐积累，这种现象称为蓄积。如铅蓄积在骨内，DDT 蓄积在脂肪组织内。

除很少一部分水溶性强、分子量极小的毒物可以原形被排出外，绝大部分毒物都要经过某些酶的代谢（或转化），从而改变其毒性，增强其水溶性而易于排泄。毒物在体内的这种代谢转化过程，称为生物转化作用。肝脏、肾脏、胃肠等器官对各种毒物都有生物转化功能，其中以肝脏最为重要。毒物在体内的代谢过程可分为两步：第一步是氧化还原和水解，这一代谢过程主要与混合功能氧化酶系有关，它具有多种外源性物质（包括化学致癌物、药物、杀虫剂）和内源性物质（激素、脂肪酸）的催化作用，能使这些物质羟化、去甲基化、脱氨基化、氧化等，所以又称非特异性药物代谢酶系；第二步是结合反应，一般通过一步或两步反应，原属活性的物质就可能转化为惰性物质而起解毒作用，但也有惰性物质转化为活性物质而增加其毒性的，如农药 1605 在体内氧化成 1600，其毒性就增大了。

3. 毒物的排泄

各种毒物在体内经生物转化后排出体外。排泄途径主要有肾脏、消化道和呼吸道。少量可随汗液、乳汁、唾液等各种分泌液排出。也有的在皮肤的新陈代谢过程中到达毛发而离开机体。能够通过胎盘进入胎儿血液的毒物，可以影响胎儿的发育和产生先天性中毒及畸胎。毒物在排出过程中，可在排出的器官造成继发性损害，成为中毒表现的一部分。

机体除了通过上述蓄积、代谢和排泄的三种方式来改变毒物的毒性外，还有一系列的适应和耐受机制。一般来说，机体对毒物的反应大致有四个阶段：机能失调的初期阶段；生理

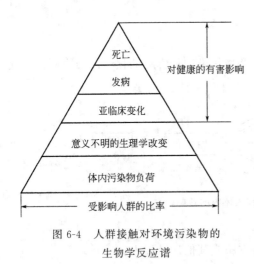

图 6-4　人群接触对环境污染物的
生物学反应谱

性适应阶段；有代偿机能的亚临床变化阶段；丧失代偿机能的病态阶段。如在接触高浓度有机磷农药时，当血液胆碱酯酶活性稍低于机体的代偿功能时，可能不出现症状；当血液胆碱酯酶活性下降到均值（在一般情况下，以健康人胆碱酯酶活性均值作为100%）时，常可很快出现轻度中毒症状，下降到均值的30%～40%时，症状就相当严重，甚至引起死亡。而长期少量接触有机磷农药所引起的慢性中毒，使体内胆碱酯酶活性下降的程度与中毒症状之间往往不成比例，有时胆碱酯酶活性虽仅为均值的5%，但却无任何症状。而且，当某毒物污染环境作用于人群时，并不是所有的人都同样地出现毒性反应、发病或者死亡，而是出现一种"金字塔"式的分布（图6-4），这主要与个体对有害因素的敏感性不同有关。作为环境医学的一项重要任务，就是及早发现亚临床期生理、生化的变化和保护敏感人群。

六、影响污染物对人体作用的因素

环境污染对人体的危害性质和程度，主要取决于以下一些因素。

1. 剂量

环境污染物能否对人体产生危害及其危害的程度，主要取决于污染物进入人体的"剂量"。以化学性污染为例，剂量和反应的关系有以下几种情况。

（1）人体非必需元素　由环境污染而进入人体的剂量达到一定程度，即可引起异常反应，甚至进一步发展成疾病。对于这一类元素主要是研究制定其最高容许限量的问题（环境中的最高容许浓度、人体的最高容许负荷量等）。

（2）人体必需的元素　人体必需的元素其剂量与反应的关系则较为复杂。一方面，环境中这种必需元素的含量过少，不能满足人体的生理需要时，会使人体的某些功能发生障碍，形成一系列病理变化；另一方面，如果由于某种原因，使环境中这类元素的含量增加过多，也会作用于人体，引起程度不同的中毒性病变。现以氟为例说明这种关系：饮水中含氟量如在2mg/L以上，则斑釉齿的发病率升高；如含氟量达8mg/L，则可造成地方性氟病（慢性氟中毒）的流行；但如饮水中含氟量在0.5mg/L以下，则龋齿的发病率显著升高（图6-5）。因此，对这类元素不仅要研究环境中最高容许浓度，而且还要研究最低供应量的问题。

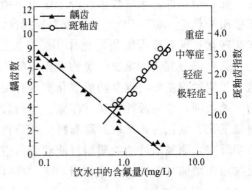

图 6-5　饮水中含氟量与龋齿数、
斑釉齿指数的关系

2. 作用时间

很多环境污染物具有蓄积性，只有在体内蓄积达到中毒阈值时，才会产生危害。因此，随着作用时间的延长，毒物的蓄积量将加大。污染物在体内的蓄积是受摄入量、污染物的生物半衰期和作用时间三个因素影响的。

3. 多种因素的联合作用

环境污染物常常不是单一的，而是经常与其他物理、化学因素同时作用于人体的，因此，必须考虑这些因素的联合作用和综合影响。如锌能拮抗铅对 δ-氨基乙酰丙酸脱氢酶（ALA-D）的抑制作用，拮抗镉对肾小管的损害；而一氧化碳与硫化氢则可相互促进中毒的发展。因此，我们应当认真考察多种因素同时存在时对人体的综合影响。

人的健康状况、生理状态、遗传因素等，均可影响人体对环境异常变化的反应强度和性质。人体的健康状态、是否患有其他疾病等因素，对机体的反应也有直接影响。如 1952 年伦敦烟雾事件的一周内比前一年同期多死亡的 4000 人中，80％是原来就患有心肺疾患的人。其他如不同性别、年龄等因素的影响也不容忽视。

第三节　室内环境与人体健康

室内环境是指采用天然材料或人工材料围隔而成的小空间，是与外界大环境相对分隔而成的小环境，主要指居室环境，从广义上讲，也包括教室、会议室、办公室、候车（机、船）大厅、医院、旅馆、影剧院、商店、图书馆等各种非生产性室内场所的环境。人的一生有 70％～90％的时间是在室内度过的。因此，在一定意义上，室内环境对人们的生活和工作质量以及公众的身体健康影响远远超过室外环境。

舒适的室内环境有利于人们良好地工作、学习、生活和休息。合理的室高、清洁的空气、适宜的温度和良好的采光，可以使人有舒适感。从卫生学和建筑学等各种因素来看，人均居住容积应在 $2\sim25m^3$。室内容积过小会使空气中污染物浓度增高，直接影响人体健康。我国早期的室内空气污染物以厨房燃烧烟气、油烟、香烟烟雾以及人体呼出的二氧化碳、携带的微尘、微生物、细菌等为主。近年来，随着社会经济的高速发展，越来越多的现代化办公设备和家用电器进驻室内，使得室内成分更加复杂，室内甲醛、苯系物、氨气、臭氧和氡气等污染物浓度水平远远高于室外，由此引起"病态建筑综合征"的患者越来越多。由于室内空气污染的危害性及普遍性，有专家认为继"煤烟型污染"和"光化学烟雾型污染"之后，人们已经进入以"室内空气污染"为标志的第三污染时期。也正是在这样的背景下，人们对室内空气质量的重要性有了更加深刻的认识，并且从国家层次开始着手室内空气污染的控制。

一、室内污染源

1. 生活燃料产生的有害物质

我国人口众多，住房紧张，厨房面积通常较小，而且通风条件差，因而厨房是室内空气污染物的主要来源之一。我国的烹调方式以炒、油炸、煎、蒸和煮为主，在烹调过程中，由于热分解作用产生大量有害物质，已经测出的物质包括醛、酮、烃、脂肪酸、醇、芳香族化合物、酯、内酯、杂环化合物等共计 220 多种。随着人居基础设施水平的提高，城乡生活燃料气化率也有较大提高，由燃料产生的有害物质相对减少了。但是燃料燃烧产生的一氧化碳、二氧化碳、二氧化硫还会聚集在不通风或通风不良的厨房中。一般来说，烧煤的污染比烧液化气和煤气更重，据抽样监测表明，厨房内一氧化碳、二氧化碳、二氧化硫、苯并

[a] 芘的浓度大大高于室外大气中的最高浓度值，使用石油液化气为能源的厨房更为严重。因此，在厨房安装排油烟设备是必要的。部分农村地区使用生物燃料取暖、做饭，而且灶具原始，大多为开放式燃烧，缺乏必要的通风设施，不但热能利用率低（10%～15%），而且燃烧过程产生大量的颗粒物及气相污染物直接逸入室内，造成室内污染。在我国云南某市进行的一项研究表明，烧柴农户室内颗粒物浓度平均为 $257\mu g/m^3$，一氧化碳浓度均值为 $105.5mg/m^3$。

2. 装修材料产生的有害物质

居室装修中使用各种涂料、板材、壁纸、胶黏剂等，它们大多含有对人体有害的有机化合物，如甲醛、三氯乙烯、苯、二甲苯、酯类、醚类等。当这些有毒物质经呼吸道和皮肤侵入机体及血液循环中时，便会引发气管炎、哮喘、眼结膜炎、鼻炎、皮肤过敏等。所以，房屋装修后要通风一段时间再住。另外，这些有毒物质在很长时间内仍能释放出来，经常注意开窗通风是非常必要的。

3. 吸烟产生的有害物质

吸烟是一种特殊的空气污染，害己又害人。据有关资料介绍，全世界每年死于与吸烟有关疾病的人数达 300 万，吸烟已成为世界上严重的公害。据卫生部发布的《2010 年中国控制吸烟报告》披露：中国的吸烟人数已超过 3 亿，每年有 100 多万人死于与烟草相关的疾病，超过因获得性免疫缺陷综合征（艾滋病）、结核、交通事故和自杀死亡人数的总和。中国遭受被动吸烟危害的人数高达 5.4 亿，每年死于被动吸烟的人数超过 10 万人。

烟草的化学成分十分复杂，吸烟时，烟叶在不完全燃烧过程中发生了一系列化学反应，所以在吸烟过程中产生的物质多达 4000 余种，其中有毒物质和致癌物质如尼古丁、烟焦油、一氧化碳、3,4-苯并芘、氰化物、酚醛、亚硝胺、铅、铬等对人体健康危害极大。

每吸一支香烟，吸烟者约能吸入有害物质的 1/3，其余随烟雾飘逸到空气中，强迫别人被动吸入烟草中的有害物质。吸烟已被医学界列为导致肺癌的肯定因素之一，长期吸烟者肺癌发病率比不吸烟者高 10～20 倍，喉癌、鼻咽癌、口腔癌、食管癌发病率也高出 3～5 倍。

4. 家用电器和建筑材料的辐射

（1）电磁波和射线 随着越来越多的现代化设备、家用电器被使用，在室内除产生空气污染、噪声污染外，电磁波及静电干扰以及射线辐射等给人们的身体健康带来不可忽视的影响。

长期受低度的电磁波辐射，不仅中枢神经系统会受到影响，产生许多不良生理反应，如头晕、嗜睡、无力、记忆力衰退，还可能对心血管系统造成损害。电视屏幕和电脑显示器可发出 X 射线，长时间大剂量的 X 射线可使细胞核内的染色体受到损害，可能引起孕妇流产、早产，可能导致胎儿中枢神经系统、眼睛、骨骼等畸形。

（2）放射性辐射 主要是来自氡。它是一种天然放射性气体，无色、无臭、无味，很不稳定，容易衰变为人体能吸收的同位素。氡能在呼吸系统滞留和沉积，破坏肺组织，从而诱发肺癌。

据统计，水泥、瓷砖、大理石等可使室内氡的浓度高达室外的 2～20 倍。

5. 其他污染物放出的有害气体

杀虫剂、各种蚊香、灭害灵等的主要成分是除虫菊酯类，其毒害较小。但也有的含有有机氯、有机磷或氨基甲酸酯类农药，毒性较大，长期吸入会损害健康，并干扰人体的激素分泌。室内家具包括常规木制家具和布艺沙发等，会释放出甲醛等污染物，它们主要来源于胶黏剂。

6. 人体自身的新陈代谢

人体自身通过呼吸道、皮肤、汗腺、粪便向外界排出大量空气污染物，包括 CO_2、氨类化合物、硫化氢等内源性化学污染物，呼出气体中包括苯、甲苯、苯乙烯、氯仿等外源性污染物。此外，人体感染的各种致病微生物如流感病毒、结核杆菌、链环菌等也会通过咳嗽、打喷嚏等排出。

7. 生物性污染源

室内空气生物性污染因子来源具有多样性，主要来源于患有呼吸道疾病的病人、动物（啮齿动物、鸟、家畜等）。此外，环境生物污染源也包括床褥、地毯中滋生的尘螨，厨房的餐具、厨具以及卫生间的浴缸、面盆和便具等都是细菌和真菌的滋生地。

目前，国内对室内空气化学性污染物已做了大量监测，但室内空气生物性污染物的监测相对较少。原北京市东城区卫生防疫站曾于 2000—2001 年冬夏两季在北京市东城区的民居和办公室进行了微生物污染物调查。结果表明，室内空气中细菌总数超标率达 22.4%；霉菌、链球菌检出率为 100%；居室尘螨检出率为 92.8%。此外，在居室加湿器、鱼缸水及写字楼中央空调冷凝水中还检出了嗜肺军团菌。该研究表明，室内生物性污染呈现多元化特征，不同季节、不同房型的污染状况有所不同。

生物性污染源因环境而异，医院室内空气生物性污染源主要是呼吸道感染病人，其他公共场所和居住环境主要是环境和动物等。

8. 室外来源

室外来源包括通过门窗、墙缝等开口进入的室外污染物和人为因素从室外带至室内的室外污染物。工业废气和汽车尾气造成室外大气环境污染，在自然通风或机械通风作用下，这些污染物被输送至室内。

人体毛发、皮肤以及衣物皆会吸附（黏附）空气污染物，当人自室外进入室内时，也自然地将室外的空气污染物带入室内。此外，将干洗后的衣服带回家，会释放出四氯乙烯等挥发性有机化合物；将工作服带回家，可把工作环境中的污染物带入室内。

二、居室污染的预防

居室环境与人体健康息息相关。防止室内污染，一是要控制污染源，减少污染物的排放，如装修时选用环保材料；二是经常通风换气，保持室内空气新鲜。应特别指出，使用空调的房间由于封闭，会使二氧化碳浓度增高，使血液中的 pH 降低。在这样的环境中长时间逗留，人们就会感到胸闷、心慌、头晕、头痛等。同时，空调器内有水分滞留，再加上适当的温度，一些致病的微生物如绿脓杆菌、葡萄球菌、军团菌等会繁殖蔓延，空调器也就成了疾病传播的媒介。因此，最好定时清洁空调器，还要注意适当通风。

三、室内空气质量标准

室内空气质量（IAQ）的概念是在 20 世纪 70 年代后期在一些西方发达国家出现的，我国第一部《室内环境空气质量标准》于 2003 年 3 月 1 日正式实施（表 6-1）。该标准有几大特点：一是国际性，我国制定的这个标准引入了国外关于室内空气质量的概念，并借鉴了有关标准；二是综合性，室内环境污染的控制项目不仅有化学性污染，还有物理性、生物性和放射性污染。化学性污染物质中不仅有人们熟知的甲醛、苯、氨、氡等污染物质，还有可吸入颗粒物、二氧化碳、二氧化硫等污染物质。

表 6-1 《室内环境空气质量标准》（GB 18883—2002）

序号	参数类别	参数	单位	标准值	备注
1	物理性	温度	℃	22~28	夏季空调
				16~24	冬季采暖
2		相对湿度	%	40~80	夏季空调
				30~60	冬季采暖
3		空气流速	m/s	0.3	夏季空调
				0.2	冬季采暖
4		新风量	$m^3/(h \cdot 人)$	30	
5	化学性	SO_2	mg/m^3	0.05	1h 均值
6		NO_2	mg/m^3	0.24	1h 均值
7		CO	mg/m^3	10	1h 均值
8		CO_2	%	0.10	日平均值
9		NH_3	mg/m^3	0.20	1h 均值
10		O_3	mg/m^3	0.16	1h 均值
11		甲醛(HCHO)	mg/m^3	0.10	1h 均值
12		苯	mg/m^3	0.11	1h 均值
13		甲苯	mg/m^3	0.20	1h 均值
14		二甲苯	mg/m^3	0.20	1h 均值
15		苯并[a]芘	mg/m^3	1.0	日平均值
16		可吸入颗粒物	mg/m^3	0.15	日平均值
17		总挥发性有机物	mg/m^3	0.60	8h 均值
18	生物性	菌落总数	CFU/m^3	2500	依据仪器定
19	放射性	氡(^{222}Rh)	Bq/m^3	400	年平均值

思 考 题

1. 从卫生学角度阐述环境与人的关系。

2. 简述环境污染物的来源及其特征。

3. 造成室内污染的因素有哪些？

第二部分　环境污染及控制对策

第七章 水污染及其防治

内容提要及重点要求： 水污染治理是环境保护工作的重点，也是缓解水资源危机的主要措施。本章主要讲解水污染、水污染分类、水环境标准、水污染的防治及治理方法、海洋污染及防治和水的资源化等内容。本章要求了解水污染源的类型、水污染治理的方法、海洋污染的防治措施和城市污水的处理流程，熟悉水资源化的措施，掌握主要水质指标及水污染综合防治措施。

第一节 概　述

一、水污染与污染源

水是自然界的基本要素，是生命得以生存、繁衍的基本物质条件之一，也是工农业生产和城市发展的不可或缺的重要资源。人们以往把水看成是取之不尽用之不竭的最廉价的自然资源，但随着人口的膨胀和经济的发展，水资源短缺的现象正在很多地区相继出现，水污染及其带来的危害更加剧了水资源的紧张，并对人类的身体健康造成了威胁。防治水污染、保护水资源已成了当今我们的迫切任务。

水污染（water pollution）是指水体因某种物质的介入，而导致其化学性、物理性、生物性或者放射性等方面特性的改变，从而影响水的有效利用，危害人体健康或者破坏生态环境，造成水质恶化的现象。水污染加剧了全球的水资源短缺，危及人体健康，严重制约了人类社会、经济与环境的可持续发展。

根据水污染物质及其形成污染的性质，可以将水污染分成化学性污染、物理性污染和生物性污染三类。

1. 化学性污染

（1）酸碱盐污染　酸碱盐污染物包括酸、碱和一些无机盐等无机化学物质。酸碱盐污染使水体 pH 变化、提高水的硬度、增加水的渗透压、改变生物生长环境、抑制微生物的生长、影响水体的自净作用和破坏生态平衡。此外，腐蚀船舶和水中构筑物，影响渔业，使得水体不适合生活及工农业使用。酸污染来源于矿山、钢铁厂及染料工业废水。碱污染主要来源于造纸、炼油、制碱等行业。盐污染主要来源于制药、化工和石油化工等行业。

（2）重金属污染　重金属污染是指由重金属及其化合物造成的环境污染，其中汞、镉、铅、铬（六价）及类金属砷（三价）危害性较大。排放重金属污染废水的行业有电镀工业、冶金工业、化学工业等。有毒重金属在自然界中可通过食物链而积累、富集，以致会直接作用于人体而引起严重的疾病或慢性病。闻名于世的日本水俣病就是由于汞污染造成的，骨痛病是由镉污染导致。

（3）有机有毒物质污染　污染水体的有机有毒物质主要是各种酚类化合物、有机农药、多环芳烃、多氯联苯等。其中有的化学性质稳定，难被生物降解，具有生物累积、可长距离迁移等特性，称为持久性有机污染物（POPs），如 DDT、多氯联苯等。其中一部分化合物在十分低的剂量下即具有致癌、致畸、致突变作用，对人类及动物的健康构成极大的威胁，如 DDT、苯并［a］芘等。有机毒物主要来自焦化、燃料、农药、塑料合成等工业废水，农业排水含有机农药。

（4）需氧物质污染　废水中含有的糖类、蛋白质、油脂、氨基酸、脂肪酸、酯类等有机物，在微生物作用下氧化分解为简单的无机物，并消耗大量水中溶解氧，称为需氧物质。此类有机物过多，造成水中溶解氧缺乏，影响水中其他生物的生长。水中溶解氧耗尽后，有机物进行厌氧分解而产生大量硫化氢、氨、硫醇等物质，使水质变黑发臭，造成环境质量恶化，称为黑臭水体，同时也造成水中的鱼类和其他水生生物死亡。生活污水和许多工业废水如食品工业、石油化工工业、制革工业、焦化工业等废水中都含有这类有机物。

（5）植物营养物质污染　生活污水、农田排水及某些工业废水中含有一定量的氮、磷等植物营养物质，排入水体后，使水体中氮、磷含量升高，在湖泊、水库、海湾等水流缓慢水域富积，使藻类等浮游生物大量繁殖，此为"水体的富营养化"。藻类死亡分解后，增加水中营养物质含量，使藻类加剧繁殖，水体呈现藻类颜色（红色或绿色），阻断水面气体交换，造成水中溶解氧下降，水质恶化，鱼类死亡，严重时可使水草丛生，湖泊退化。

（6）油类物质污染　油类物质污染是指排入水体的油脂造成水质恶化，生态破坏，危及人体健康。随着石油工业的发展，油类物质对水体的污染日益增多。炼油、石油化工、海底石油开采、油轮压舱水的排放都可使水体遭受严重的油类物质污染。海洋采油和油轮事故造成的污染更严重。

2. 物理性污染

（1）悬浮物污染　悬浮物是指悬浮于水中的不溶于水的固体或胶体物质。造成水体浑浊度提高，妨碍水生植物的光合作用，不利于水生生物的生长。主要是由生活污水、垃圾和采矿、建筑、冶金、化肥、造纸等工业废水引起的。悬浮物质影响水体外观，妨碍水生植物的生长。悬浮物颗粒容易吸附营养物、有机毒物、重金属等有毒物质，使污染物富集，危害加大。

（2）热污染　由热电厂、工矿企业排放高温废水引起水体的局部温度升高，称为热污染。水温升高，溶解氧含量降低，微生物活动增强，某些有毒物质的毒性作用增加，改变了水生生物的生存条件，破坏了生态平衡条件，不利于鱼类及其他水生生物的生长（详见第十一章）。

（3）放射性污染　放射性污染来自于原子能工业和使用放射性物质的民用部门。放射性物质可通过废水进入食物链，对人体产生辐射，长期作用可导致肿瘤、白血病和遗传障碍等。

3. 生物性污染

带有病原微生物的废水（如医院废水）进入水体后，随水流传播，对人类健康造成极大的威胁。主要是消化道传染疾病，如伤寒、霍乱、痢疾、肠炎、病毒性肝炎、脊髓灰质炎（小儿麻痹症）等。

在实际的水环境中，各类污染物是同时并存的，各类污染物也是相互作用的。往往有机物含量较高的废水中，同时存在病原微生物，对水体产生共同污染。

二、主要废水的成分和性质

引起水体污染的主要污染源有工业废水、农业排水和生活污水等，这些废水通过排水管道集中排出，成为点污染源。农田排水及地表径流是分散成片排入水体，其中往往含有化肥、农药等污染物，形成了面污染源。工业废水、农业排水和生活污水在成分及性质上有较大的区别。

1. 工业废水（industrial wastewater）

工业废水是指各种工业企业在生产过程中排出的废水，包括工艺过程用水、机械设备冷却水、烟气洗涤水、设备和场地清洗水及生产废液等。废水中含有生产原料、成品、副产品和生产过程生成物等。

工业企业种类繁多，工业废水中污染物成分复杂，含量变化较大。同一种工业类型同时排出不同性质的废水，而一种废水又可含有不同的污染物和产生不同的污染效应。工业废水具有以下四个特点。

（1）污染量大　工业行业用水量大，其中70％以上转变为工业废水排入环境，废水中污染物浓度较高。例如，医药和焦化等行业的工业废水，有机物含量高，COD含量一般在2000mg/L以上，有时甚至达上万毫克每升。

（2）成分复杂　工业污染物成分复杂、形态多样，包括有机物、无机物、重金属、放射性物质等有毒有害物质。特别是随着化学工业的发展，合成出大量的世界上未曾有过的有机物质，在生产过程中难免有部分随工艺水进入废水中。污染物质的多样性极大地增加了工业废水的处理难度。

（3）感官不佳　工业废水常常带有令人不悦的味道和颜色。如造纸废水的黑液，呈黑褐色，产生大量泡沫，并伴有强烈的刺激性气味。

（4）水质水量多变　工业废水的水质水量随着生产工艺、生产方式、设备状况、管理水平和生产时段等的不同而有很大差异，因此给废水处理带来很大的困难。

不同的行业废水有其独特的污染物，表现出不同的水质特点。按照工业企业的行业性质可以将废水分为造纸废水、石化废水、农药废水、印染废水、制革废水、电镀废水等，其废水特点见表 7-1。

表 7-1　工业废水的水质特点

工业部门	工业企业性质	废水特点
化工工业	化肥、纤维、橡胶、燃料、塑料、农药、涂料、洗涤剂、树脂	有机物含量高,pH 变化大,含盐量高,成分复杂,难生物降解,毒性强
石油化工工业	炼油、蒸馏、裂解、催化、合成	有机物含量高,成分复杂,水量大,毒性较强
冶金工业	选矿、采矿、烧结、炼焦、冶炼、电解、精炼、淬灭	有机物含量高,酸性强,水量大,有放射性,有毒性
纺织工业	棉毛加工、漂洗、纺织印染	有颜色,pH 变化大,有毒性
制革工业	洗皮、鞣革、人造革	有机物含量高,含盐量高,水量大,有恶臭
造纸工业	制浆、造纸	碱性强,有机物含量高,水量大,有恶臭
食品工业	屠宰、肉类加工、油品加工、乳制品加工、水果加工、蔬菜加工	有机物含量高,致病菌多,水量大,有恶臭
动力工业	火力发电、核电	高温,酸性,悬浮物多,水量大,有放射性

注：引自左玉辉主编《环境学》。

2. 农业排水（agricultural waste）

农作物种植栽培、牲畜饲养、食品加工等过程中排出的污水为农业排水。农业生产用水量大，重复利用率小。

在农业生产中，喷洒农药和施用化肥，只有少量（10％～20％）起到功效，其余绝大部分残留在土壤和植物表面，通过降雨、沉降和地表水的溶解，进入水体，造成污染。

农药是农业污染的主要方面。各类农药的不合理施用，使其在土壤、水体、大气、农作物和水生物体内富集，达到一定阈值对生物产生毒害作用。

滥施化肥是造成农田附近水体严重污染的原因之一。各类蔬菜和大田作物的生产过程中，氮肥的施用不断增加，加之畜牧业的集约化，大型饲养场的增加，各种废弃物的排放，使其附近接纳水体污染。磷肥在农业生产中普遍使用，在土壤中通过地表径流进入水体，造成水体的富营养化。

农业排水中含有微生物、悬浮物、化肥、农药和盐分等各种污染物。农业排水覆盖面广、分散，对地表水和地下水污染影响大。

3. 生活污水（municipal sewage、municipal wastewater）

生活污水是人们日常生活中产生的各种污水的混合水，包括厕所冲洗水、厨房排水、洗涤排水、沐浴排水等。除家庭生活污水外，还有各种集体单位和公共事业单位排出的污水。城市污水是指排入城市污水管网的各种污水的总和，有生活污水，也有一定量的各种工业废水，还有地面的降水、融雪水，并夹杂各种垃圾、废物、污泥等。

不同城市的生活污水组成有一定的差异，其组成中99％以上是水，只有不到1％的杂质。悬浮杂质有泥沙、矿物废料和各种有机物（人与牲畜的排泄物、食物和蔬菜残渣等）、胶体和高分子物质（淀粉、糖类、纤维素、脂肪、蛋白质、油类、肥皂和洗涤剂等）；溶解物质有各种含氮、磷、硫的无机盐和有机盐；产生臭味的硫化物、硫化氢和硫醇等物质，还含有多种致病菌、病毒和寄生虫卵等。生活污水的水质比较稳定、浑浊、深色，具有恶臭，一般呈弱碱性，pH为7.2～7.8，悬浮物含量为200～400mg/L，BOD_5为100～700mg/L。随着城市的发展和生活水平的提高，生活污水量及污染物总量都在不断增加，部分污染物指标（如BOD_5）甚至超过工业废水成为水污染的主要来源。

随着环境治理力度的加大，我国废水治理状况有所改善。2015年，全国废水排放总量为770亿吨。其中，工业废水排放量为238亿吨，占废水排放总量的31％，城镇污水占69％，城镇污水已经成为主要的污染源。工业废水排放达标率为92.4％，工业用水重复利用率为83.8％，城市污水处理率为91.97％，比上年均有所提高。

三、水体自净和水环境容量

1. 水体自净作用（self-purification of water body）

水体自净能力是指水体通过流动和物理、化学、生物作用，使污染程度降低或使污染物分解、转化，经过一段时间逐渐恢复到清洁状态的功能，包括稀释、扩散、沉淀、氧化还原、生物降解（有机物质通过生物代谢作用而分解的现象）、微生物降解（微生物把有机物质转化为简单无机物的现象）等。通过水体的自净，可以使进入水体的污染物质迁移、转化，使水体水质得到改善。

（1）水体的物理自净　水体的物理自净过程是指由于稀释、扩散、沉淀和混合等作用而使污染物在水中的浓度降低的过程。稀释作用的实质是污染物质在水体中因扩散而降低浓度，稀释并不能改变也不能去除污染物质。污染物质进入水体后，存在两种运动形式：一是由于水流的推动而产生的沿着水流前进方向的运动，称为推流或平流；二是由于污染物质在水中浓度的差异而形成的污染物从高浓度处向低浓度处的迁移，称为扩散。

（2）水体的化学自净　水体的化学和物理化学自净过程是指由于氧化还原、分解、化合、凝聚、中和、吸附等反应而引起的水中污染物浓度降低的过程。其中氧化还原是水体化学自净的主要作用。水体中的溶解氧可与某些污染物产生氧化反应，如铁、锰等重金属离子可被氧化成难溶性的氢氧化铁、氢氧化锰而沉淀，硫离子可被氧化成硫酸根随水流迁移。还原反应则多在微生物的作用下进行，如硝酸盐在水体缺氧条件下，由于反硝化菌的作用还原成氮（N_2）而被去除。

（3）水体的生化自净　有机污染物进入水体后在微生物作用下氧化分解为无机物的过程，可以使有机污染物的浓度大大减小，这就是水体的生化自净作用。

生化自净作用需要消耗氧，所消耗的氧如得不到及时补充，生化自净过程就要停止，水体水质就要恶化。因此，生化自净过程实际上包括了氧的消耗和氧的补充（恢复）两方面的作用。氧的消耗过程主要取决于排入水体的有机污染物的数量，也要考虑排入水体中氨氮的数量，以及废水中无机性还原物质（如二氧化硫）的数量。氧的补充和恢复一般有以下两个途径：一是大气中的氧向含量不足的水体扩散，使水体中的溶解氧增加；二是水生植物在阳光照射下进行光合作用释放氧气。

2. 水环境容量（water environment capacity）

水体所具有的自净能力就是水环境接纳一定量污染物的能力。一定水体所能容纳污染物的最大负荷称为水环境容量。正确认识和利用水环境容量对水污染物控制有重要的意义。

水环境容量的大小与下列因素有关。

（1）水体的用途和功能　我国地表水环境质量标准中按照水体的用途和功能将水体分为五类，每类水体规定有不同的水质标准。显然，水体的功能越强，对其要求的水质目标也越高，其水环境容量就会小一些。

（2）水体的特征　水体本身的特性，如河宽、河深、流量、流速以及其天然水质等，对水环境容量的影响很大。

（3）水污染的特性　污染物的特性包括扩散性、降解性等，都影响水环境容量。一般污染物的物理、化学性质越稳定，其环境容量越小；可降解有机物的水环境容量比难降解有机物的水环境容量大得多；而重金属污染物的水环境容量则甚微。

水体对某种污染物的水环境容量可用下式表示：

$$W = V(C_s - C_i) + C$$

式中，W 为某地面水体对某污染物的水环境容量，kg；V 为该地面水体的体积，m^3；C_s 为地面水中某污染物的环境标准（水质指标），g/L；C_i 为地面水中某污染物的环境背景值，g/L；C 为地面水对该污染物的自净能力，kg。

水环境容量既反映了满足特定功能条件下水体的水质目标，也反映了水体对污染的自净能力。如果污染物的实际排放量超过了水环境容量，就必须削减排放量。

四、水污染现状

目前，全世界每年约有 4200 多亿立方米的污水排入江河湖海，污染 5.5 万亿立方米的淡水，这相当于全球径流总量的 14% 以上。全世界每天约有数百万吨垃圾被倒进河流、湖泊和小溪，每升废水会污染 8L 淡水；所有流经亚洲城市的河流均被污染；美国 40% 的水资源流域被加工食品废料、金属、肥料和杀虫剂污染；欧洲 55 条河流中仅有 5 条水质勉强达标。发展中国家约有 10 亿人喝不清洁的水，每天约有 2.5 万人死于饮用不洁水。据世界卫生组织统计，每年有 300 万～400 万人死于和水污染有关的疾病；全球 80% 的疾病和 50% 的儿童死亡都与饮用水被污染有关。

经过多年的建设，我国水污染防治工作取得了显著的成绩，但水污染形势仍然十分严峻。根据国家环保部发布的 2015 年《中国环境状况公报》，全国七大水系中，珠江、长江水质良好，松花江为轻度污染，黄河、淮河为中度污染，海河、辽河为重度污染。地表水检测断面中，有 27.9% 的河段不适宜作为饮用水水源，较 2008 年的 59% 减少一半。与河流相比，湖泊、水库的污染较为严重。62 个国控重点湖泊及水库中，5 个湖泊（水库）水质为 I 类，13 个为 II 类，25 个为 III 类，10 个为 IV 类，4 个为 V 类，5 个为劣 V 类。主要污染指标为总磷、化学需氧量和高锰酸盐指数。较 2008 年水质大有改观。2008 年全国有 25% 的地下水体遭到污染，35% 的地下水源不合格，平原地区约有 54% 的地下水不符合生活用水水质标准。据全国 118 个城市浅层地下水调查，城市地下水受到不同程度污染，一半以上的城市市区地下水严重污染，说明地下水的污染应当引起重视。预计全国 3.6 亿民众缺乏安全饮用水，我国农村约有 1.9 亿人的饮用水有害物质含量超标，许多城市存在水质型缺水问题。2015 年，全国 338 个地级以上城市的集中式饮用水水源地取水总量为 355.43 亿吨，服务人口 3.32 亿人。其中，达标取水量为 345.06 亿吨，占取水总量的 97.1%。其中，地表饮用水水源地 557 个，达标水源地占 92.6%，主要超标指标为总磷、溶解氧和五日生化需氧量；地下饮用水水源地 358 个，达标水源地占 86.6%。随着污染的治理，水体的污染状况有所改善。

2001—2004 年，全国共发生水污染事故 3988 起，平均每年近 1000 起。2004—2014 年，水污染突发事件增加，年均 1700 起，我国水体污染状况仍然不容乐观。

第二节 水质指标与水质标准

一、水质和水质指标

（一）水质

水质（water quality）就是水的品质，是指水与其中所含杂质共同表现出的物理学、化学、微生物学方面的综合性质。

（二）水质指标

水质指标（water quality objectives）是指水中所含杂质的种类、成分和数量，是判断水质是否符合要求的具体衡量标准。水质指标可概括地分为物理性指标、化学性指标、生物学指标和放射性指标。

1. 物理性水质指标

物理性水质指标包括水温、外观（包括漂浮物）、颜色、臭和味、浑浊度、透明度、悬浮固体含量、电导率和氧化还原电位。

悬浮固体含量（suspended solids，SS）是指把水样经滤纸过滤后，被滤纸截留的残渣在 103～105℃烘干后固体物质的量。

2. 化学性水质指标

一般化学性水质指标包括 pH、碱度、硬度、各种阳离子、各种阴离子、总含盐量、一般有机物质等。

有毒化学性水质指标包括各种重金属、氰化物、多环芳烃、各种农药等。

氧平衡指标包括溶解氧、化学需氧量、生化需氧量、总需氧量等。

（1）pH　反映水体的酸碱性质。天然水体的 pH 一般在 6～9，饮用水的适宜 pH 在 6.5～8.5。

（2）溶解氧（dissolved oxygen，DO）　是指溶解在水中氧气的浓度。由于水中有机物通常要氧化分解，消耗水中氧气，导致水体溶解氧降低，因此溶解氧值是间接反映水体受有机物污染程度的指标。溶解氧值越高，说明水中总有机物浓度越低，水体受有机物污染程度越低。

（3）生化需氧量（biochemical oxygen demand，BOD）　是指在 20℃水温下，微生物氧化有机物所消耗的氧量。水中各种有机物被微生物完全氧化分解大约需要 100 天，为了缩短检测时间，一般生化需氧量以被检验的水样在 20℃下五天内的耗氧量为代表，称为五日生化需氧量，简称 BOD_5。对生活污水来说，五日生化需氧量约等于完全氧化分解耗氧量的 70%。生化需氧量的测定条件与有机物进入天然水体后被微生物氧化分解的情况相似，因此能够直接反映水中能被微生物氧化分解的有机物量，较准确地体现有机物对水质的影响。

（4）化学需氧量（chemical oxygen demand，COD）　是指在一定条件下，水中各种有机物在强氧化剂作用下，将有机物氧化成二氧化碳和水所消耗的氧化剂量。常采用的氧化剂是重铬酸钾（$K_2Cr_2O_7$），在强酸性条件下，与定量水样混合并加热回流 2h，水中绝大部分的有机物被氧化，因此化学需氧量可以较精确地表示污水中有机物的总含量，测定时间短，不受水质限制，应用较为广泛。

（5）高锰酸盐指数（permanganate index，COD_{Mn}）　是指在一定条件下，以高锰酸钾（$KMnO_4$）为氧化剂，处理水样时所消耗的氧化剂的量。此法也被称为化学需氧量的高锰酸钾法。高锰酸盐指数仅限于测定地表水、饮用水和生活污水，不适用于工业废水。

（6）总有机碳（total organic carbon，TOC）　是指水体中溶解性和悬浮性有机物含碳的总量，是评价水体需氧有机物的一个综合指标。

（7）总需氧量（total oxygen demand，TOD）　是指水中能被氧化的物质，主要是有机物质在燃烧中变成稳定的氧化物时所需要的氧量。TOD 值能反映全部有机物质经燃烧后转变为 CO_2、H_2O、NO、SO_2 等无机物所需要的氧量。它比 COD 和高锰酸盐指数更接近于理论需氧量值。它们之间没有固定的相关关系。

3. 生物学水质指标

生物学水质指标包括细菌总数、总大肠菌群数、各种病原细菌、病毒等。

大肠菌群数是每升水样中含有大肠菌群的数目，作为卫生指标，可用来判断水体是否受到粪便污染，判断水体是否存在病原菌。

病毒是表明水体中是否存在病毒及其他病原菌的指标。

4. 放射性指标

放射性指标包括总 α 放射性、总 β 放射性、^{226}Ra（镭 226）和 ^{228}Ra（镭 228）等。

二、水质标准

水的用途不同，对水质的要求也不同，因此应当建立起相应的物理、化学和生物学的质量标准，对水中的杂质加以限制。此外，为了保护环境、保护水体的正常用途，也需要对排入水体的生活污水和工农业废水提出一定的限制和要求。这就是水质标准（water quality standards）。水质标准是环境标准的一种。下面介绍我国 3 种常用水质标准。

1. 地表水环境质量标准（GB 3838—2002）

保护地表水体不受污染是环境保护工作的重要任务之一，它直接影响水资源的合理开发和有效利用。这就要求一方面要制定水体的环境质量标准和废水的排放标准，另一方面要对必须排放的废水进行必要而适当的处理。

2002 年原国家环保总局颁布了修订后的《地表水环境质量标准》（GB 3838—2002）。该标准依据地表水水域使用目的和保护目标，将我国地表水按功能划分为五类。

（1）Ⅰ类主要适用于源头水、国家自然保护区。

（2）Ⅱ类主要适用于集中式生活饮用水地表水源地一级保护区、珍稀水生生物栖息地、鱼虾产卵场、仔稚幼鱼的索饵场等。

（3）Ⅲ类主要适用于集中式生活饮用水地表水源地二级保护区、鱼虾类越冬场、洄游通道、水产养殖区等渔业水域及游泳区。

（4）Ⅳ类主要适用于一般工业用水区及人体非直接接触的娱乐用水区。

（5）Ⅴ类主要适用于农业用水区及一般景观要求水域。

不同功能的水域执行不同标准值。同一水域兼有多类功能的执行最高功能类别对应的标准值。如附录三列出了各类水域的水质基本项目标准限值。

2. 生活饮用水卫生标准（GB 5749—2006）

饮用水直接关系到人们日常生活和身体健康，因此供给居民足量的优质饮用水是最基本的卫生条件之一。表 7-2 是我国卫生部 2006 年颁布的《生活饮用水卫生标准》中生活饮用水水质常规检验项目及限值，标准自 2007 年 7 月 1 日起实施。

生活饮用水水质标准制定的主要原则如下。

（1）卫生上安全可靠，饮用水中不应含有各种病原微生物和寄生虫卵。

（2）化学成分对人体无害，不应对人体健康产生不良影响或对人体感官产生不良刺激。

（3）使用时不致造成其他不良影响，如过高的硬度导致水垢的形成等。

3. 污水综合排放标准（GB 8978—1996）

只对地表水体中有害物质规定容许的标准限值，不能完全控制各种工农业废物对水体的污染。为了进一步保护水环境质量，必须从控制污染源着手，制定相应的污染物排放标准。1996 年原国家环保总局颁布的《污水综合排放标准》（GB 8978—1996）就是其中之一。

该标准按照污水排放去向，规定了水污染物的最高允许排放浓度。对排入 GB 3838 标准中Ⅲ类地表水域的污水执行一级标准；排入 GB 3838 中Ⅳ、Ⅴ类地表水域的污水执行二级标准；排入设置二级污水处理厂的城镇排水系统的污水执行三级标准。将排放的污染物按其性质及控制方式分为两类；第一类污染物是指能在环境和动物体内蓄积，对人类健康产生长远不良影响者，如汞、镉、铬、铅、砷、苯并［a］芘等，监测时必须在车间或车间处理设施排放口采样，表 7-3 所列为第一类污染物最高允许排放浓度；第二类污染物是指长远影响小于第一类污染物者，监测时须在排污单位排放口采样。

生活污水和工业废水在排入水体或城市下水道之前，需经过一定程度的处理，使其水质符合相应的标准，不得任意排放。

表 7-2 生活饮用水水质常规检验项目及限值

项 目	限 值	项 目	限 值
感官性状和一般化学指标		毒理学指标	
色	色度不超过 15 度,并不得呈现其他异色	砷	0.05mg/L
		镉	0.005(mg/L)
浑浊度	不超过 1 度(NTU)①,特殊情况下不超过 5 度(NTU)	铬(六价)	0.05mg/L
		氰化物	0.05mg/L
臭和味	不得有异臭、异味	氟化物	1.0mg/L
肉眼可见物	不得含有	铅	0.01mg/L
pH	6.5~8.5	汞	0.001mg/L
总硬度(以 $CaCO_3$ 计)	450mg/L	硝酸盐(以 N 计)	20mg/L
铝	0.2mg/L	硒	0.01mg/L
铁	0.3mg/L	四氯化碳	0.002mg/L
锰	0.1mg/L	氯仿	0.06mg/L
铜	1.0mg/L	细菌学指标	
锌	1.0mg/L	细菌总数	100CFU/mL③
挥发酚类(以苯酚计)	0.002mg/L	总大肠菌群	每 100mL 水样中不得检出
阴离子合成洗涤剂	0.3mg/L	粪大肠菌群	每 100mL 水样中不得检出
硫酸盐	250mg/L	游离余氯	与水接触 30min 后应不低于 0.3mg/L,管网末梢水不应低于 0.05mg/L(适用于加氯消毒)
氯化物	250mg/L		
溶解性总固体	1000mg/L	放射性指标④	
耗氧量(以 O_2 计)	3mg/L,特殊情况下不超过 5mg/L②	总 α 放射性	0.5Bq/L
		总 β 放射性	1Bq/L

① 表中 NTU 为散射浊度单位。
② 特殊情况包括水源限制等情况。
③ CFU 为菌落形成单位。
④ 放射性指标规定数值不是限值,而是参考水平。放射性指标超过表中所规定的数值时,必须进行核素分析和评价,以决定能否饮用。

表 7-3 第一类污染物最高允许排放浓度

序号	污染物	最高允许排放浓度/(mg/L)	序号	污染物	最高允许排放浓度/(mg/L)
1	总汞	0.05	8	总镍	1.0
2	烷基汞	不得检出	9	苯并[a]芘	0.00003
3	总镉	0.1	10	总铍	0.005
4	总铬	1.5	11	总银	0.5
5	六价铬	0.5	12	总 α 放射性	1Bq/L
6	总砷	0.5	13	总 β 放射性	10Bq/L
7	总铅	1.0			

第三节 水污染控制与处理技术

一、水污染控制

一方面,水污染是当今世界各国面临的共同问题,随着经济的发展、人口的增长和城市化进程的加快，全球水污染日益加重。另一方面，由于人们生活水平的提高，对水环境质量的要求也日益提高，形成了矛盾。因此，进行水污染控制（water pollution control），保证水环境的可持续利用，已成为世界各国特别是发展中国家最紧迫的任务之一。

水污染控制应分别从污染预防、污染治理和污染管理三个方面共同控制以达到控制目的。

1. 污染预防

主要是利用法律、管理、经济、技术和宣传教育等手段，对生活污水、工业废水和农村面源等进行综合控制，防止污染发生、削减污染排放。控制污染源的重点是工业污染源和农村面源。对于工业污染源，推行清洁生产的控制方法。清洁生产是指采用能源利用率最高、污染物排放量最小的生产工艺。清洁生产的方法有以无毒无害的原料和产品代替有毒有害的原料和产品，改革生产工艺，减少对原料、水及能源的消耗；采用循环用水系统，减少废水排放量；回收废水中有用成分，降低废水浓度等。

对于农业污染源，提倡科学施肥和农药的合理使用，尽量减少化肥、农药的残留，进而减少农田径流中氮、磷和农药的含量。

2. 污染治理

对产生的污水进行合理处理，确保在排入水体前达到国家或地方规定的排放标准。对于含酸、碱、有毒有害物质、重金属或其他污染物的工业废水，应先进行厂内处理，满足受纳水体要求的标准，方可排出。在城市重点建设城市污水处理厂，使污水集中大规模进行处理。同时，重视城市污水管网的规划建设，实现雨污分流。

3. 污染管理

对污染源、水体及处理设施进行综合整体规划管理。包括对污染源和受纳水体断面常规的监测和管理、对污水处理厂的监测和管理以及对水体卫生特征的监测和管理。

二、废水处理常见方法及流程

（一）废水处理基本方法

废水处理的目的就是将废水中的污染物以某种方法分离出来，或者将其分解转化为无害的稳定物质，从而使污水得到净化。一般要达到防止毒害和病菌的传染，避免有异味的目的，以满足不同用途的需求。

废水处理方法的选择，应当根据废水中污染物的性质、组成、状态及水量、排放接纳水体的类别或水的用途而定。同时还要考虑废水处理过程中所产生的污泥、残渣的处理利用和可能出现的二次污染问题。

一般废水的处理方法可分为物理法、化学法和生物法三类。

1. 物理法

利用物理作用处理、分离和回收废水中的污染物。应用筛滤法除去水中较大的漂浮物；应用沉淀法除去水中相对密度大于 1 的悬浮颗粒的同时回收这些颗粒物；应用浮选法（或气浮法）可以除去乳状油滴或相对密度小于 1 的悬浮物；应用过滤法可除去水中的悬浮颗粒；蒸发法用于浓缩废水中不挥发性的可溶物质等。

2. 化学法

利用化学反应或物理化学作用处理和回收可溶性物质或胶状物质。例如，中和法用于中和酸性或碱性废水；萃取法利用可溶性废物在两相中溶解度的不同回收酚类、重金属等；氧化还原法用来除去废水中还原性或氧化性污染物，杀灭天然水体中的致病细菌等。

3. 生物法

利用微生物的生化作用处理废水中的有机污染物。例如，生物滤池法和活性污泥法用来处理生活污水或有机工业废水，使有机物转化降解成无机物，达到净化水质的目的。

以上方法各有其适用范围，必须取长补短、互为补充，往往使用一种处理方法很难达到良好的效果。一种废水究竟采用哪种或哪几种方法处理，要根据废水的水质、水量、受纳方对水质的要求、废物回收的价值、处理方法的特点等，通过调查研究、科学试验，并按照废水排放的指标、地区的情况和技术的可行性确定。

（二）城市污水的处理

城市污水成分中固体物质仅占 $0.03\% \sim 0.06\%$，生化需氧量（BOD_5）一般在 $75 \sim 300mg/L$。根据对污水的不同净化要求，废水处理的各种步骤可划分为一级处理、二级处理和三级处理（图 7-1）。

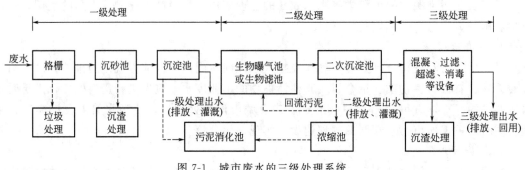

图 7-1 城市废水的三级处理系统

1. 一级处理

一级处理由筛滤、重力沉淀和浮选等方法串联组成，去除水中粒径大于 $100\mu m$ 的颗粒物。筛滤可以去除较大物质；重力沉淀可去除无机颗粒物和相对密度大于 1 的有凝聚性的有机颗粒物；浮选可以去除相对密度小于 1 的颗粒物（如油脂），往往采取压力气浮的方法，在高压下溶解气体，随后在常压下，产生小气泡附着于颗粒物表面，使之浮于水面而去除。废水经过一级处理后，一般达不到排放标准。

2. 二级处理

二级处理常用生物法和絮凝法。生物法主要是去除一级处理后废水中的有机物；絮凝法主要是去除一级处理后废水中的无机悬浮物和胶体颗粒物或低浓度的有机物。

（1）絮凝法 是通过投加絮凝剂破坏胶体的稳定性，使胶体粒子发生凝聚，产生絮凝颗粒，由于吸附作用，吸附废水中污染物，经沉降（或上浮）与水分离去除。常用的絮凝剂有硫酸铁、明矾、三氯化铁、聚合氯化铝、聚合硫酸铁等无机絮凝剂和有机聚合物絮凝剂。有机聚合物絮凝剂按其分子链上活性基团在水溶液中呈现的电荷性质，分为非离子型、阳离子型和阴离子型三类。絮凝剂的选择和用量要根据不同废水的性质、浓度、pH、温度等具体条件而定。选择的原则是去除率高、用量少、易获得、价格便宜、形成的絮体密实、沉降快、易于从水中分离。

（2）生物法 是利用微生物处理废水的方法。通过构筑物中微生物的作用，把废水中可生化的有机物分解为无机物，以达到净化水质的目的。同时，微生物又利用废水中的有机物发展繁衍，使其净化作用持续进行。生物法分为好氧生物处理法和厌氧生物处理法两大类。

好氧生物处理是在有氧的条件下，由好氧或兼氧微生物进行的。目前生产上主要用好氧生物处理法，包括生物滤池法和活性污泥法两类。生物滤池中的滤料表面有发达的微生物膜，活性污泥中有大量微生物存在于自身构成的絮状活性污泥颗粒上。处理时，废水中的有机物先吸附到生物膜或活性污泥颗粒表面，通过微生物的代谢把有机物氧化分解或同化为微生物细胞质，最后经过沉淀与水分离，得到净水。好氧生物处理时废水中的有机物氧化分解的最终产物是 CO_2、H_2O、NO_3^-、NH_3 等。

经过二级处理后的水，一般可以达到农田灌溉水标准和废水排放标准。但是水中还存留有一定量的悬浮物、没有被生物降解的溶解性有机物、溶解性无机物和氮、磷等富营养物，并含有病毒和细菌。在一定条件下，仍然可能造成天然水体的污染。

图 7-1 为活性污泥法的污水处理厂的流程示意图。当污水进入处理厂后，首先通过格栅，去除悬浮杂质，防止大颗粒物损坏水泵或堵塞管道。有时使用磨碎机，将较大的杂物破碎成较小的颗粒，使其可以随水流流动，在后续的沉降池中沉降去除。

污水经过格栅的筛滤后进入沉砂池，大粒粗砂、石块、碎屑等大颗粒都沉降下来。污水进入沉淀池，在沉淀池中，水流速度减缓，大多数的悬浮物由于重力作用沉降。经沉淀池底部的刮泥板收集排除。废水在沉淀池中的停留时间为 $90 \sim 150 min$，可去除 $50\% \sim 65\%$ 的悬浮物和 $25\% \sim 40\%$ 的 BOD_5。到此为废水的一级处理。对于一级污水处理厂，污水再经氯化消毒后排入水体。

曝气池是二级处理的主要设备，污水与活性污泥在充分搅拌下，与连续鼓入的空气接触，好氧微生物氧化降解有机物为 NO_3^-、SO_4^{2-} 和 CO_2 等无机盐，同时得到自身需要的能量。曝气 6h，可去除大部分的 BOD_5。污水再流经二次沉淀池（二沉池），固体物质（主要是微生物絮体）因重力沉降作用分离出来，成为活性污泥。二沉池出水经氯气消毒后排入自然水体，或作为中水或景观用水再利用。

活性污泥一部分返回曝气池参与有机物的氧化分解，另一部分与沉淀池收集的泥渣经浓缩池浓缩后在污泥消化池中进行厌氧分解，释放出甲烷和二氧化碳，收集后可作燃料使用。剩余的固体废渣经过干燥可作为肥料使用。

3. 三级处理

在一级处理、二级处理后，进一步处理难降解的有机物、磷和氮等能够导致水体富营养化的可溶性无机物。采用的技术有生物脱磷除氮法、混凝沉淀法、砂滤法、活性炭吸附法、离子交换法和电渗析法等。三级处理通常是以污水回收、再生为目的，在一级处理、二级处理后增加的处理工艺。所需处理费用较高，必须因地制宜，视具体情况确定。

综上所述，近代水质污染控制的重点，初期着眼于预防传染性疾病的流行，进而转移到需氧污染物的控制，目前又发展到防治水体富营养化的处理及废水净化回收重复利用方面，做到废水资源化。对于工业废水按要求进行单项治理，如含酚废水、含油废水及各种有毒重金属废水等，以防止对天然水体造成污染。

三、污泥处理技术

污泥是污水处理的副产品，也是必然产物。在城市污水和工业废水处理过程中，产生很多沉淀物与漂浮物。有的是从污水中直接分离出来的，如沉砂池中的沉渣、初沉池中的沉淀物、隔油池和浮选池中的沉渣等；有的是在处理过程中产生的，如化学沉淀污泥；有的是生物化学法产生的活性污泥或生物膜。一座二级污水处理厂，产生的污泥量约占处理污水量的

0.3%～5%（含水率以97%计）。如进行深度处理，污泥量还可增加0.5～1.0倍。污泥的成分非常复杂，不仅含有很多有毒物质，如病原微生物、寄生虫卵及重金属离子等，也可能含有可利用的物质，如植物营养素、氮、磷、钾、有机物等。这些污泥若不加以妥善处理，就会造成二次污染。所以污泥在排入环境前必须进行处理，使有毒物质得到及时处理，有用物质得到充分利用，所以对污泥的处理必须给予充分的重视。一般污泥处理的费用约占全污水处理厂运行费用的20%～50%。污泥处理的流程如图7-2所示。

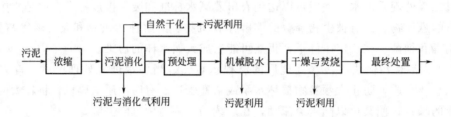

图 7-2　污泥处理的流程

1. 污泥的脱水与干化

从二次沉淀池排出的剩余污泥含水率高达99%～99.5%，污泥体积大，不便于堆放及输送，所以污泥的脱水、干化是当前污泥处理的主要方法。

二次沉淀池排出的剩余污泥一般先在浓缩池中静置处理，使泥水分离。污泥在浓缩池内静置停留12～24h，可使含水率从99%降至97%，体积缩小为原污泥体积的1/3。

污泥进行自然干化（或称晒泥）是借助于渗透、蒸发与人工撇除等过程而脱水的。一般污泥含水率可降至75%左右，使污泥体积缩小许多。污泥机械脱水是以滤膜两面的压力差作为推动力，污泥中的水分通过滤膜称为滤液，固体颗粒被截留下来称为滤饼，从而达到脱水的目的。常采用的脱水机械有真空过滤脱水机（真空转鼓机、真空吸滤机）、压滤脱水机（板框压滤机、滚压带式过滤机）、离心脱水机等。一般采用机械法脱水，污泥的含水率可降至70%～80%。

2. 污泥消化

（1）污泥的厌氧消化　将污泥置于密闭的消化池中，利用厌氧微生物的作用，使有机物分解，这种有机物厌氧分解的过程称为发酵。由于发酵的最终产物是沼气，污泥消化池又称沼气池。在30～50℃下，$1m^3$ 污泥可产生沼气10～15m^3，其中甲烷含量约为50%。沼气可用作燃料和化工原料。

（2）污泥的好氧消化　利用好氧和兼氧菌，在污泥处理系统中曝气供氧，微生物分解可降解有机物（污泥）及细胞原生质，并从中取得能量。

近年来人们通过实践发现，污泥厌氧消化工艺的运行管理要求高，比较复杂，而且处理构筑物要求封闭、容积大、数量多且复杂，所以污泥厌氧消化法适用于大型污水处理厂污泥量大、回收沼气量多的情况。污泥好氧消化法设备简单、运行管理比较方便，但运行能耗及费用较高些，它适用于小型污水处理厂污泥量不大、回收沼气量少的场合。而且当污泥受到工业废水影响，进行厌氧消化有困难时，也可采用好氧消化法。

（3）污泥的最终处理　对主要含有机物的污泥，经过脱水及消化处理后，可用作农田肥料。

脱水后的污泥，如需要进一步降低其含水率时，可进行干燥处理或加以焚烧。经过干燥处理，污泥含水率可降至20％左右，便于运输，可作为肥料使用。当污泥中含有有毒物质不宜用作肥料时，应采用焚烧法将污泥烧成灰烬，做彻底的无害化处理，可用于填地或充作筑路材料使用。

第四节　水资源化

随着人口的增长，城市化、工业化以及灌溉对水需求的日益增加，水资源短缺问题日益严重。在可供淡水有限的情况下，应积极采取措施保护宝贵的水资源，一般采取以下几种措施。

一、提高水资源利用率

提高水资源利用率不但可以增加水资源，而且可以减少污水排放量，减轻水体污染。主要措施如下。

1. 降低工业用水量，提高水的重复利用率

采用清洁生产工艺提高工业用水重复利用率，争取少用水。通过发展建设，我国工业用水重复使用率已有了较大的发展，但与发达国家相比，还有较大差距。进一步加强工业节水，提高用水效率，是缓解我国水资源供需矛盾，实现社会与经济可持续发展的必由之路。

2. 减少农业用水，实施科学灌溉

全世界用水的70％为农业的灌溉用水，而只有37％的灌溉用水用于作物生长，其余63％被浪费。因此，改进灌溉方法是提高用水效率的最大潜力所在。改变传统的灌溉方式，采用喷灌、滴灌和微灌技术，可大量减少农业用水。

3. 提高城市生活用水利用率，回收利用城市污水

我国城市自来水管网的跑、冒、滴、漏损失至少达城市生活用水总量的15％，家庭用水浪费现象普遍。通过节水措施可以减少无效或低效耗水。对于现代城市家庭，厕所冲洗水和洗浴水一般占家庭生活用水总量的2/3。厕所冲洗节水方式有两种：一种是中水回用系统，利用再生水冲洗；另一种是选用节水型抽水马桶，比传统型抽水马桶节省用水2倍左右。采用节水型淋浴头，可以节约大量洗浴用水。

二、调节水源量以增加可靠供水

人们通过调节水源量，开发新水源方式，缓解水资源紧张局面。可采取的措施如下。

1. 建造水库，调节流量

建造水库，调节流量，可以丰水期补充枯水期不足的水量，还可以有防洪、发电、发展水产等多种用途，但必须注意建库对流域和水库周围生态系统的影响。

2. 跨流域调水

跨流域调水是一项耗资巨大的供水工程，即从丰水流域向缺水流域调水。是解决缺水地区水资源需求的一种重要措施。

3. 地下蓄水

地下蓄水即是人工补充地下水，解决枯水季节的供水问题。已有20多个国家在积极筹划，在美国加利福尼亚州每年就有25亿立方米水储存于地下，荷兰每年增加含水层储量

200万～300万立方米。

4. 海水淡化

海水淡化可以解决海滨城市淡水紧缺问题。截止到2015年底，全球约有18000家海水淡化工厂，总生产能力为 $8.655×10^7 m^3/d$。其中，中东和北非地区的生产能力大约占到了 44%（$3.732×10^7 m^3/d$），我国已建成海水淡化装置的总产水量也已达到 890.3kt/d。

5. 恢复河水、湖水水质

采用系统分析的方法，研究水体自净、污水处理规模、污水处理效率与水质目标及其费用之间的相互关系，应用水质模拟预测及评价技术，寻求优化治理方案，制定水污染控制规划，恢复河水、湖水水质，增加淡水供应。

三、加强水资源管理

通过水资源管理机构，制定合理利用水资源和防止污染的法规；采用经济杠杆，降低水浪费，提高水利用率。强化水资源的统一管理，实现水资源的可持续利用，建立节水防污型社会，促进资源与社会经济、生态环境协调发展。

第五节　海洋污染

海洋是地球上最大的水体，占地球面积的70.8%。海洋从太阳吸收热量，又将热量释放到大气中，彼此作用，调节全球气候。同时海洋为人类提供食物，海底蕴藏着丰富的资源和能源。海洋不仅为人类提供廉价的航运，海水还是取之不尽的动力资源。

由于人类的活动直接或间接地将物质或能量排入海洋环境，改变了海洋的原来状态，以致损害海洋生物资源、危害人类健康、妨碍海洋渔业、破坏海水正常使用或降低海洋环境优美程度的现象，就是海洋污染（marine pollution）。海洋污染的污染源有：城市生活和生产排水及废弃物，农药及农业废物，船舶、飞机及海上设施，原子能的产生和应用，军事活动等。首先污染海洋的污染物各种各样，这些物质进入海洋，轻则破坏沿海环境，损害生物资源，重则危及人类健康。其次是某些不合理的海岸工程建设，给海洋环境带来的严重影响。再有是对水产资源的过量利用，如对红树林、珊瑚礁的乱伐乱采，危及生态平衡。上述问题的存在已对人类生产和生活均构成了严重威胁。

一、海洋污染的种类及危害

海洋的污染主要是发生在靠近大陆的海湾。由于密集的人口和工业，大量的废水和固体废物被倾入海水，加上海岸曲折造成水流交换不畅，使得海水的温度、pH、含盐量、透明度、生物种类和数量等性状发生改变，对海洋的生态平衡构成危害。目前，海洋污染突出表现为石油污染、赤潮、重金属和有毒物质污染、塑料制品和核污染等几个方面。

1. 石油污染

石油化工、石油运输、海洋采油及石油储存均会对海洋产生石油污染。我国每年排入海的油量约10万吨，当发生事故时污染更加严重。2010年美国墨西哥湾采油泄漏，490万桶原油排入墨西哥湾，造成大面积水域污染。

石油污染不但丧失了宝贵的石油，给海洋生物也带来了严重的后果。石油污染后的海区，要经过5～7年才能使生物重新繁殖。据估计，1L石油在海面上的扩散面积达100～2000m²，1L石油完全氧化需消耗40万升海水中的溶解氧，致使海域缺氧，造成生物资源的破坏；石油在海生动物体内蓄积、使海鸟沾油污死亡，同时对污染海域的人类的生产、生活及旅游产生深远影响。1991年的海湾战争造成的输油管溢油，使200多万只海鸥死亡，许多鱼类和其他动植物也在劫难逃，一些珍贵的鱼种已经灭绝，美丽丰饶的波斯湾变成了一片死海，海洋石油污染对海洋生态系统的破坏是难以挽回的。

2. 赤潮

由于大量营养物质排入海洋，使入海河口、海湾和沿岸水域富营养化，致使浮游生物大量繁殖，形成赤潮。仅2003年我国沿海就发生赤潮119次，2012年东南沿海发生赤潮造成直接经济损失超过20亿元。

赤潮的危害有：导致水体缺氧，使海洋生物大量死亡；浮游植物堵塞海洋鱼类的呼吸器官，导致鱼类死亡；含毒素的浮游生物使鱼贝死亡，且危害人体健康。

3. 重金属和有毒物质污染

化工污水占入海总污水量的32.1%。化工污水含大量有毒物质，如重金属、难降解有毒有机物等，对海洋造成严重污染。

重金属和有机有毒难降解有机物在海洋生物体内富集进入食物链，影响到人类健康。破坏海滨旅游景区的环境质量，使其失去应有价值。

4. 塑料制品

全世界每年进入海洋的塑料垃圾达660万吨。每天约有64万个塑料容器被抛入大海，塑料袋和薄膜被海洋动物当作食品吞食，致使动物死亡甚至种群灭绝，造成海洋生态破坏。

5. 放射性污染

由于核能源的开发、军事活动、海底核废物处置等造成大量放射性物质进入海洋，部分放射性同位素在动物体内的含量已达到可检出程度。

另外，人类生产造成海洋的热污染可改变海洋生态系统及海洋洋流运动，进而影响全球气候。

目前，全球海洋污染较严重的地区主要集中在发达地区的近海海域，如波罗的海、地中海北部、美国东北部沿海海域和日本的濑户内海。我国近海海域的污染状况也相当严重，虽然汞、镉、铅的浓度总体上尚在标准允许范围之内，但已有局部的超标区；石油和COD在各海域中有超标现象。其中污染最严重的渤海，由于污染已造成渔场外迁、鱼群死亡、赤潮泛滥、有些滩涂养殖场荒废、一些珍贵的海生资源正在丧失。

二、海洋污染的特征

海洋是地球上最大的水体，具有巨大的自净能力，但其对污染物的消纳能力并不是无限的。海洋污染的特征主要表现为以下几个方面。

1. 污染源多而复杂

海洋的污染源极其复杂，除了船舶和海上油井排出的有毒有害物质外，沿海地区产生的污染物直接排入海洋，内陆地区的污染物也部分通过河流最终流入海洋。大气污染物通过气流及降水作用进入海洋。因此，海洋有"世界垃圾桶"之称。

2. 污染持续性强

海洋是地球各地污染物的最终归宿。与其他水体污染不同，海洋环境中的污染物很难再转移出去。因此随着时间的推移，一些不能溶解和不易分解的污染物（如重金属和难降解有机氯等）在海洋中积聚。

3. 污染扩散范围大

海洋中的污染物可通过洋流、潮汐、重力流等作用与海水进行充分混合，将污染物带到其他海域。例如，在北冰洋和南极洲捕获的鲸鱼体内分别检测到 0.2mg/kg 和 0.5mg/kg（干重）的多氯联苯，可见海洋污染的扩散范围之大。

4. 防治难、危害大

海洋污染有很长的积累过程，不易及时发现，一旦形成污染，需要长期治理才能消除影响，且治理费用高，造成的危害会影响到各方面，特别是对人体产生的毒害，更是难以彻底清除干净。

三、海洋污染的控制

由于海洋污染具有以上的特点，因此在海洋污染的控制上应从污染源上加强管理，给予控制。

1. 石油污染控制

为防止溢油污染海洋，应当建立监测体系，开发配备相应的围油栅、撇油器、收油袋等防污设备，绘制海洋环境石油敏感图，建立溢油漂移数值模型、数据库和溢油漂移软件，一旦发生溢油事件，可使有关人员在很短的时间内了解溢油海域的污染情况及溢油的运行轨迹，及时采取措施，减少石油污染。对于产生的石油污染，应首先利用油障包围石油，然后回收油障内石油，用吸油材料和油处理剂处理剩余石油。对于难进行回收操作的海面石油，可用焚烧方法，减少污染，即点燃海上石油使之燃烧后减少。如果石油冲上海岸和沙滩，可将被石油污染的沙砾挖沟深埋。

2. 塑料垃圾的防治

通过采取用可降解塑料代替现用塑料、颁布法律法规制止向海洋排放塑料垃圾等措施减少塑料对海洋的污染。

3. 赤潮问题的管理对策

严格规范沿海排污制度，在沿海地区禁用含磷洗涤用品。对赤潮采用预报、监控措施，降低赤潮影响。

海洋环境保护是在调查研究的基础上，针对海洋环境方面存在的问题，依据海洋生态平衡的要求制定有关法规，并运用科学的方法和手段来调整海洋开发和环境生态之间的关系，以达到对海洋资源持续利用的目的。海洋环境是人类赖以生存和发展的自然环境的重要组成部分，包括海洋水体、海底和海面上空的大气以及同海洋密切相关并受到海洋影响的沿岸和河口区域。海洋环境问题的产生，主要是人们在开发利用海洋的过程中，没有考虑海洋环境的承受能力，低估了自然界的反作用，使海洋环境受到不同程度的损害。海洋环境保护问题已成为当今全球关注的热点之一。

要成功地保护海洋，人类必须遵守以下原则。

（1）禁止向海洋倾倒任何有毒有害废料。

（2）所有的工业和生活污水必须处理后才能排放入海。

（3）加强在陆地上对垃圾的管理、处理和资源化，不把海洋作为垃圾倾倒场。

（4）保护水产资源，规范渔业和海水养殖业，保护水生生态系统，维护生态平衡。

思　考　题

1. 《地表水环境质量标准》中水体分为哪几类？

2. 需氧型水质指标有哪些？各代表什么意义？

3. 水污染控制的方法可分为哪几种类型？

4. 怎样进行水资源化？

第八章 大气污染及其防治

内容提要及重点要求：从污染源排出的污染物，经历大气中一系列的迁移转化，最终落到地面，对人体造成危害，从而引发重点大气污染物的控制问题。本章以此为主线，讲述了大气污染发生机制、典型大气污染、大气污染的危害、污染物在大气中的扩散稀释以及污染控制问题。本章要求了解大气的扩散稀释作用，熟悉大气污染的来源及危害，掌握大气污染物的分类及典型大气污染物的控制。

第一节 概 述

一、大气与大气污染

1. 大气的组成

大气（atmosphere）是多种气体的混合物。其组成包括恒定组分、可变组分和不定组分。

（1）大气的恒定组分 是指大气中含有的氮气、氧气、氩气及微量的氖气、氦气、氪气、氙气等稀有气体。其中氮气、氧气、氩气三种组分占大气总量的 99.96%。在近地层大气中，这些气体组分的含量几乎可认为是不变的。

（2）大气的可变组分 主要是指大气中的二氧化碳、水蒸气等，这些气体的含量由于受地区、季节、气象以及人们生产和生活活动等因素的影响而有所变化。在正常状态下，水蒸气的含量为 0~4%，二氧化碳的含量近年来已达到 0.033%。

由恒定组分及正常状态下的可变组分所组成的大气，称为洁净大气。

（3）大气的不定组分 是指尘埃、硫、硫化氢、硫氧化物、氮氧化物、盐类及恶臭气体等。一般来说，这些不定组分进入大气中，可造成局部和暂时性的大气污染。当大气中不定组分达到一定浓度时，就会对人、动植物造成危害，这是环境保护工作者应当研究的主要对象。

2. 大气污染及分类

大气污染（air pollution）是指由于人类活动或自然过程，使得某些物质进入大气中，呈现出足够的浓度，并持续足够的时间，因此而危害了人体的舒适、健康和福利，甚至危害了生态环境。所谓人类活动不仅包括生产活动，而且也包括生活活动，如做饭、取暖、交通等。一般来说，由于自然环境所具有的物理、化学和自净作用，会使自然过程造成的大气污染经过一段时间后自动消除，所以可以说，大气污染主要是人类活动造成的。

按照污染范围，大气污染大致可分为以下几种。

（1）局部地区污染 局限于小范围的大气污染，如烟囱排气。

（2）地区性污染 涉及一个地区的大气污染，如工业区及其附近地区受到污染或整个城市受到污染。

（3）广域污染　涉及比一个地区或大城市更广泛地区的大气污染。

（4）全球性污染　涉及全球范围的大气污染，目前主要表现在温室效应、酸雨和臭氧层破坏三个方面（详见第一章第二节）。

二、大气污染物及来源

（一）大气污染物分类

大气污染物（air pollutant）是指由于人类活动或自然过程排入大气并对人和环境产生有害影响的那些物质。按照其存在状态，可分为两大类：颗粒污染物和气态污染物。

1. 颗粒污染物

颗粒污染物是指大气中的液体、固体状物质。按照来源和物理性质，颗粒污染物可分为粉尘（dust）、烟（fume）、飞灰（fly ash）、黑烟（smoke）和雾（fog），在泛指小固体颗粒时，通称粉尘。我国环境空气质量标准中，根据粉尘颗粒的大小，将其分为以下几种。

（1）总悬浮颗粒物（TSP）　是指环境空气中空气动力学直径小于等于 $100\mu m$ 的颗粒物。

（2）粒径小于等于 $10\mu m$ 颗粒物（PM_{10}）　是指环境空气中空气动力学直径小于等于 $10\mu m$ 的颗粒物，也称可吸入颗粒物。

（3）粒径小于等于 $2.5\mu m$ 颗粒物（$PM_{2.5}$）　是指环境空气中空气动力学直径小于等于 $2.5\mu m$ 的颗粒物，也称细颗粒物。

$PM_{2.5}$ 和 PM_{10} 也是很多城市大气的首要污染物和引发雾霾的重要原因。此外，可吸入颗粒物（PM_{10}）在环境空气中持续的时间很长，被人吸入后，会累积在呼吸系统中，引发许多疾病，对于老人、儿童和已患心肺病者等敏感人群，风险是较大的（危害详见第六章第二节）。

2. 气态污染物

气体状态污染物是指在常态、常压下以分子状态存在的污染物，简称气态污染物。气态污染物主要包括以二氧化硫为主的含硫化合物、以氧化氮与二氧化氮为主的含氮化合物、碳氧化物、有机化合物和卤素化合物等。

气态污染物可分为一次污染物和二次污染物。一次污染物是指直接从污染源排到大气中的原始污染物；二次污染物是指由于一次污染物与大气中已有组分或几种一次污染物之间经过一系列化学或光化学反应而生成的与一次污染物性质不同的新污染物。受到普遍重视的一次污染物主要有硫氧化物（SO_x）、氮氧化物 NO_x、碳氧化物（CO、CO_2）及有机污染物（$C_1\sim C_{10}$化合物）等；二次污染物主要有硫酸烟雾（sulfurous smog）和光化学烟雾（photochemical smog）。

（二）主要大气污染物及来源

1. 大气污染源

大气污染源可分为自然污染源和人为污染源两类。自然污染源是指由于自然原因向环境释放的污染物，如火山喷发、森林火灾、飓风、海啸、土壤和岩石风化以及生物腐烂等自然现象形成的污染源。人为污染源是指人类活动和生产活动形成的污染源。

人为污染源可分为工业污染源、生活污染源、交通运输污染源和农业污染源。工业污染源是大气污染的一个重要来源，工业排放到大气中的污染物种类繁多，有烟尘、硫氧化物、氮氧化物、有机化合物、卤化物、碳化合物等。生活污染源主要由民用生活炉灶和采暖锅炉产生，产生的污染物有灰尘、二氧化硫、一氧化碳等有害物质。交通运输污染源来自于汽车、火车、飞机、轮船等运输工具，特别是城市中的汽车，量大而集中，对城市的空气污染很严重，成为大城市空气的主要污染源之一，汽车排放的废气主要有一氧化碳、二氧化硫、氮氧化物和碳氢化合物等。农业污染源主要来源于农药及化肥的使用。田间施用农药时，一部分农药会以粉尘等颗粒物形式散逸到大气中，残留在作物上或黏附在作物表面的仍可挥发到大气中。进入大气的农药可以被悬浮的颗粒物吸收并随气流向各地输送，造成大气农药污染。

为便于分析污染物在大气中的运动，按照污染源性状特点可分为固定式污染源和移动式污染源。固定式污染源是指污染物从固定地点排出，如各种工业生产及家庭炉灶排放源排出的污染物，其位置是固定不变的。移动式污染源是指各种交通工具，如汽车、轮船、飞机等是在运行中排放废气，向周围大气环境散发出的各种有害物质。此外，按照排放污染物的空间分布方式可分为：点污染源，即集中在一点或一个可当作一点的小范围排放污染物；面污染源（国外称为非点源污染，nonpoint source pollution），即在一个大面积范围排放污染物。

2. 大气中几种主要气态污染物

(1) 硫氧化物 SO_x（sulfur oxide） 是硫的氧化物的总称，包括二氧化硫、三氧化硫、三氧化二硫、一氧化硫等。其中 SO_2 是目前大气污染物中数量较大、影响范围也较广的一类气态污染物，几乎所有工业企业都可能产生，它主要来源于化石燃料的燃烧过程以及硫化物矿石的焙烧、冶炼等热过程。硫氧化物和氮氧化物是形成酸雨或酸沉降的主要前体物。

(2) 氮氧化物 NO_x（nitrogen oxide） 是氮的氧化物的总称，包括氧化亚氮、一氧化氮、二氧化氮、三氧化二氮等，其中污染大气的主要是 NO 和 NO_2。NO 毒性不大，但进入大气后会缓慢氧化成 NO_2，NO_2 的毒性约为 NO 的 5 倍，当 NO_2 参与大气中的光化学反应，形成光化学烟雾后，其毒性更强。人类活动产生的 NO_x，主要来自各种炉窑、机动车和柴油机排气，其次是硝酸生产、硝化过程、炸药生产及金属表面处理等。其中由燃料燃烧产生的 NO_x 约占 83%。

(3) 碳氧化物 CO_x（carbon oxide） 主要是一氧化碳和二氧化碳。大气中的碳氧化物主要来自煤炭和石油的燃烧，在空气不充足的情况下燃烧，就会产生一氧化碳。CO 是一种窒息性气体，1t 锅炉工业用煤燃烧约产生 1.4kg 一氧化碳；1t 居民取暖用煤燃烧约产生 20kg 以上一氧化碳；一辆行驶中的汽车，每小时约产生 1～1.5kg 一氧化碳。二氧化碳虽然不是有毒物质，但大气中含量过高就会造成温室效应，有可能导致全球性灾难。

(4) 碳氢化合物 HC（hydrocarbon） 属于有机化合物中最简单的一类，仅由碳、氢两种元素组成，又称烃。碳氢化合物中包含多种烃类化合物，进入人体后会使人体产生慢性中毒，有些化合物会直接刺激人的眼、鼻黏膜，使其功能减弱，更重要的是碳氢化合物和氮氧化物在阳光照射下，会产生光化学反应，生成对人及生物有严重危害的光化学烟雾。其主要来源为汽车尾气、工业废气。

(5) 硫酸烟雾（sulfurous smog） 是指大气中的 SO_2 等硫氧化物，在相对湿度比较高、气温比较低并有颗粒气溶胶存在时发生一系列化学或光化学反应而生成的硫酸雾或硫酸盐气溶胶。硫酸烟雾引起的刺激作用和生理反应等危害要比 SO_2 气体大得多。

(6) 光化学烟雾（photochemical smog） 是在阳光照射下，大气中的氮氧化物、碳氢化合物和氧化剂之间发生一系列光化学反应而生成的蓝色烟雾（有时带些紫色或黄褐色），其主要成分有臭氧、过氧乙酰硝酸酯（PAN）、酮类和醛类等。其危害比一次污染物大得多。光化学烟雾发生时，大气能见度降低，眼和喉黏膜有刺激感，呼吸困难，橡胶制品开裂，植物叶片受损、变黄甚至枯萎。

（三）典型大气污染

1. 煤烟型污染

由煤炭燃烧排放出的烟尘、二氧化硫等一次污染物以及再由这些污染物发生化学反应而生成二次污染物所构成的污染称为煤烟型污染。此污染类型多发生在以燃煤为主要能源的国家与地区，历史上早期的大气污染多属于此种类型。

我国的大气污染以煤烟型污染为主，主要的污染物是烟尘和二氧化硫，此外，还有氮氧化物和一氧化碳等。这些污染物主要通过呼吸道进入人体内，不经过肝脏的解毒作用，直接由血液运输到全身。

2. 石油型污染

石油型污染的污染物来自石油化工产品，如汽车尾气、油田及石油化工厂的排放物。这些污染物在阳光照射下发生光化学反应，并形成光化学烟雾。石油型污染的一次污染物是烯烃、二氧化氮以及烷、醇、羰基化合物等，二次污染物主要是臭氧、氢氧基、过氧氢基等自由基以及醛、酮和过氧乙酰硝酸酯。

此类污染多发生在油田及石油化工企业和汽车较多的大城市。近代的大气污染，尤其在发达国家和地区，一般属于此种类型。我国部分城市随着汽车数量的增多，也有出现"石油型污染"的趋势。

3. 复合型污染

复合型污染是指以煤炭为主，还包括以石油为燃料的污染源排放出的污染物体系。此种污染类型是由煤炭型向石油型过渡的阶段，它取决于一个国家的能源发展结构和经济发展速度。

4. 特殊型污染

特殊型污染是指某些工矿企业排放的特殊气体所造成的污染，如氯气、金属蒸气或硫化氢、氟化氢等气体。

前三种污染类型造成的污染范围较大，而第四种污染所涉及的范围较小，主要发生在污染源附近的局部地区。

三、大气污染现状

2019 年 5 月 29 日，中华人民共和国生态环境部发布的 2018 年《中国生态环境状况公报》显示：338 个地级及以上城市平均优良天数比例为 79.3%，同比上升 1.3 个百分点；细颗粒物浓度为 $39\mu g/m^3$，同比下降 9.3%。PM_{10} 年平均浓度为 $71\mu g/m^3$，同比下降 5.3%。京津冀及周边地区 "2+26" 个城市平均优良天数比例为 50.5%，同比上升 1.2 个百分点；$PM_{2.5}$ 浓度为 $60\mu g/m^3$，同比下降 11.8%。北京优良天数比例为 62.2%，同比上升 0.3 个百分点；$PM_{2.5}$ 浓度为 $51\mu g/m^3$，同比下降 12.1%。长三角地区 41 个城市平均优良天数比例为 74.1%，同比上升 2.5 个百分点；$PM_{2.5}$ 浓度为 $44\mu g/m^3$，同比下降 10.2%。汾渭平原 11 个城市平均优良天数比例为 54.3%，同比上升 2.2 个百分点；$PM_{2.5}$ 浓度为 $58\mu g/m^3$，同比下降 10.8%。全国酸雨区面积约 53 万平方千米，占国土面积的 5.5%，同比下降 0.9 个百分点；酸雨污染主要分布在长江以南到云贵高原以东地区，总体仍为硫酸型。

四、大气污染的危害及影响

大气污染对人体健康、植物、器物和材料、大气能见度和气候都有重要影响。

1. 对人体健康的危害

大气污染物入侵人体主要有三条途径：表面接触、摄入含污染物的食物和水、吸入被污染的空气。大气污染对人体健康的危害主要表现为引起呼吸道疾病。在突发高浓度污染物作用下，可造成急性中毒，甚至在短时间内死亡。长期接触低浓度污染物，会引起支气管炎、支气管哮喘、肺气肿和肺癌等病症。

2. 对植物的危害

大气污染对植物的伤害通常发生在叶子上，最常遇到的毒害植物的气体是二氧化硫、臭氧、过氧乙酰硝酸酯、氟化氢、乙烯、氯化物、氯气、硫化氢和氨气。

3. 对器物和材料的危害

大气污染物对金属制品、涂料、皮革制品、纺织品、橡胶制品和建筑物等的损害也是严重的。这种损害包括沾污性损害和化学性损害两个方面。沾污性损害主要是粉尘、烟等颗粒物落在器物上面造成的，化学性损害是由于污染物的化学作用，使器物和材料被腐蚀或损害。

4. 对大气能见度的影响

大气污染最常见的后果之一是大气能见度降低。能见度是指在指定方向上仅能用肉眼看见和辨认的最大距离。一般来说，对大气能见度或清晰度有影响的污染物，应是气溶胶粒子、能通过大气反应生成气溶胶粒子的气体或有色气体。因此，对能见度有潜在影响的污染物有总悬浮颗粒物、二氧化硫和其他气态含硫污染物、一氧化氮和二氧化氮、光化学烟雾。

5. 对气候的影响

大气污染对气候产生大规模影响，其结果是极为严重的。已被证实的全球性影响有由 CO_2 等温室气体引起的温室效应以及 SO_2、NO_x 排放产生的酸雨等。另外，一些研究者认为，由于太阳辐射的散热损失和吸收损失，大气气溶胶粒子会导致太阳辐射强度的降低，辐射-散热损失可能会致使气温降低 $1℃$。虽然这是一种区域性的影响，但它在很大的地区内起作用，以致具有某种全球性影响。

五、环境空气质量标准

为贯彻《中华人民共和国环境保护法》和《中华人民共和国大气污染防治法》，保护和改善生活环境、生态环境，保障人体健康，防治大气污染，制定并发布了《环境空气质量标准》（GB 3095—2012，2016 年 1 月 1 日实施）。该标准适用于全国范围的环境空气质量评价。

环境空气质量功能区分为两类：一类区为自然保护区、风景名胜区和其他需要特殊保护的区域；二类区为居民区、商业交通居民混合区、文化区、工业区和农村地区。一类区适用一级浓度限值，二类区适用二级浓度限值。GB 3095—2012 中限定了以下污染物的浓度值：SO_2、NO_2、CO、O_3、PM_{10} 和 $PM_{2.5}$ 六个基本项目的浓度限值，此外还规定了 TSP、NO_x、Pb、$B[a]P$ 的浓度限值，具体见附录四。基本项目在全国范围内实施；其他项目由国务院环境保护行政主管部门或者省级人民政府根据实际情况，确定具体实施方式。

第二节　气象条件对污染物传输扩散的影响

污染物从排放到对人体和生态环境产生切实的影响，中间经历了复杂的大气过程：迁移、扩散、沉降、化学反应等。由于气象条件的不同，大气扩散稀释能力相差很大，因此，即使是同一污染源排出的污染物，对人体和环境造成的危害程度也不同。历史上有名的公害事件，往往就是在不利的气象条件下发生的。

一、大气圈及其结构

地球表面环绕着一层很厚的气体，称为环境大气，简称大气。自然地理学将受地球引力而随地球旋转的大气层称为大气圈，根据气温在垂直于下垫面（地球表面情况）方向上的分布，可将大气圈分为 5 层：对流层、平流层、中间层、暖层和散逸层，见图 8-1。

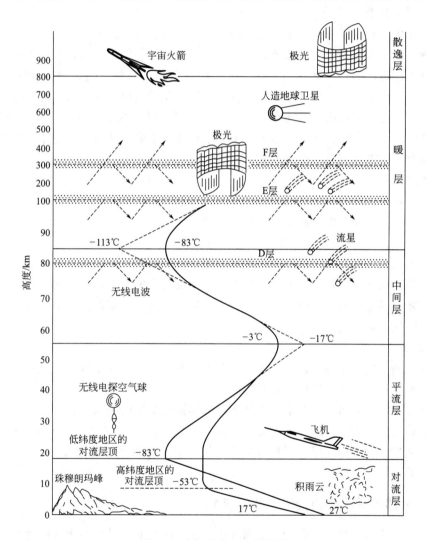

图 8-1　大气垂直方向的分层

1. 对流层

对流层是大气圈最低的一层。由于对流程度在热带比寒带强烈，故自下垫面算起的对流层的厚度随纬度增加而降低，赤道处为 16～17km，中纬度地区为 10～12km，两极附近只有 8～9km。对流层的特征是对流层虽然较薄，但却集中了整个大气质量的 3/4 和几乎全部水蒸气，主要的大气现象都发生在这一层，它是天气变化最复杂、对人类活动影响最大的一层。对流层的温度分布特点是下部温度高，上部温度低，所以大气易形成较强烈的对流运动。此外，人类活动排放的污染物也大多聚集于对流层，即大气污染主要发生在这一层，特别是靠近地面 1~2km 的近地层，因此对流层与人类的关系最为密切。

2. 平流层

位于对流层之上、平流层下部的气温几乎不随高度而变化，为等温层。该等温层的上界距地面 20~40km。平流层的上部气温随高度上升而增高，在距地面 50~55km 的平流层顶处，气温可升至 -3~0℃，比对流层顶处的气温高出 60~70℃。这是因为在平流层的上部存在厚度约为 20km 的臭氧层，该臭氧层能强烈吸收 200~300nm 的太阳紫外线，致使平流层上部的气层明显地增温。

在平流层中，很少发现大气上下运动的对流，虽然有时也能观察到高速风或在局部地区有湍流出现，但一般多是处于平流流动，很少出现云、雨、风暴天气，大气透明度好，气流也稳定。进入平流层的污染物，由于在大气层中扩散速度较慢，污染物在此层停留时间较长，有时可达数十年之久。进入平流层的氮氧化物、氯化氢以及氟利昂有机制冷剂等能与臭氧层中臭氧发生光化学反应，致使臭氧浓度降低，严重时臭氧层还可能出现"空洞"。如果臭氧层遭到破坏，则太阳辐射到地球表面上的紫外线将增强，从而导致地球上更多的人患皮肤癌，地球上的生态系统也会受到极大的威胁。

3. 中间层

位于平流层顶之上，层顶高度为 80~85km，这一层里有强烈的垂直对流运动，气温随高度增加而下降，层顶温度可降至 -113~-83℃。

4. 暖层

位于中间层的上部，暖层的上界距地球表面 800 多千米，该层的下部基本上由分子氮所组成，而上部由原子氧所组成。原子氧可吸收太阳辐射出的紫外线，因而暖层中气体的温度是随高度增加而迅速上升的。由于太阳光和宇宙射线的作用，使得暖层中的气体分子大量被电离，所以暖层又称电离层。

5. 散逸层

暖层以上的大气层统称散逸层，这是大气圈的最外层，气温很高，空气极为稀薄，空气粒子的运动速度很高，可以摆脱地球引力而散逸到太空中。

大气成分的垂直分布，主要取决于分子扩散和湍流扩散的强弱。在 80~85km 以下的大气层中，以湍流扩散为主，大气的主要成分氮气和氧气的组成比例几乎不变，称为均质层。在均质层以上的大气层中，以分子扩散为主，气体组成随高度变化而变化，称为非均质层。这层中较轻的气体成分有明显增加。

二、风和湍流对污染物传输扩散的影响

在各种影响污染物传输扩散的气象因素中，风和湍流对污染物在大气中的扩散和稀释起着决定性作用。

1. 风

风在不同时刻有着相应的风向和风速。风速是指单位时间内空气在水平方向移动的距离。风速可根据需要用瞬时值表示，也可用一定时间间隔内的平均值表示。通常，气象台站所报出的风速都是指一定时间间隔的气象风速。在研究污染物扩散和稀释规律时所用的风速，多为测定时间前后的 5min 或 10min 间隔的平均风速。

风不仅对污染物起着输送的作用，而且还起着扩散和稀释的作用。一般来说，污染物在大气中的浓度与污染物的排放总量成正比，而与平均风速成反比，若风速增加一倍，则在下风向污染物的浓度将减少一半。

2. 湍流

风速有大有小，具有阵发性，并在主导风向上还出现上下左右无规则的阵发性搅动，这种无规则阵发性搅动的气流称为大气湍流。大气污染物的扩散，主要靠大气湍流的作用。

如果设想大气是作很有规则的运动，只有分子扩散，那么，从污染源排出的烟云几乎就是一条粗细变化不大的带子。然而，实际情况并非如此，因为烟云向下风向飘移时，除本身的分子扩散外，还受大气湍流作用，从而使得烟团周界逐渐扩张。

图 8-2(a) 是烟团处于比它尺度小的大气湍流中的扩散状态。烟团在向下风方向移动时，由于受到小尺度的涡团搅动，烟管的外侧不断与周围空气相混合，并缓慢地扩散。

图 8-2(b) 是烟团处于比它尺度大的大气湍流作用下的扩散状态。由于烟团被大尺度的大气涡团夹带，烟团本身截面尺度变化不大。

图 8-2(c) 表示在实际大气中同时存在着不同尺度的涡团时的烟云状态，因为烟团同时受三种尺度的湍流作用，所以扩散过程进行得也较快。

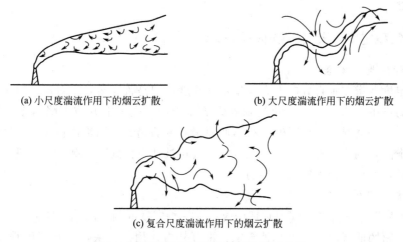

(a) 小尺度湍流作用下的烟云扩散　　　　(b) 大尺度湍流作用下的烟云扩散

(c) 复合尺度湍流作用下的烟云扩散

图 8-2　不同尺度湍流作用下的烟云扩散

三、气温对污染物传输扩散的影响

1. 太阳、大气和地面的热交换

太阳是一个炽热的球体，不断向外辐射能量。大气本身吸收太阳辐射的能力很弱，而地球表面上分布的陆地、海洋、植被等直接吸收太阳辐射的能力很强，因此太阳辐射到地球上的能量的大部分穿过大气而被地面直接吸收。地面和大气吸收了太阳辐射，同样按其自身温度向外辐射能量。据统计，有 75%～95% 的地面长波辐射被大气吸收，而且几乎在近地面 40～50m 厚的气层中就被全部吸收了。低层大气吸收了地面辐射后，又以辐射的方式传给上部气层，地面的热量就这样以辐射方式一层一层地向上传递，致使大气自下而上地增热。

综上所述，太阳、大气、地面直接的热交换过程，首先是太阳辐射加热了地球表面，然后是地面辐射加热大气。因此，近地层大气温度随地表温度的升高而增高（自下而上被加热），随地表温度的降低而降低（自下而上被冷却），地表温度的周期性变化引起低层大气温度随之周期性地变化。

2. 气温的垂直变化与大气污染的关系

地球表面上方气温的垂直分布情况（气温垂直递减率 γ）决定着大气的稳定度，而大气稳定度又影响着湍流的强度，因而气温的垂直分布情况与大气污染有十分密切的联系。由于气象条件的不同，气温的垂直分布可分为以下三种情况。

（1）气温随高度增加而降低，气层温度上冷下暖，上层空气密度大，下层空气密度小，即又冷又重的空气在上，又暖又轻的空气在下，容易形成上下对流。一旦污染物排入这种气层中，由于上下对流强烈，继而引发湍流，很容易得到稀释扩散。

（2）气温随高度增加而升高，此时气层温度上暖下冷，又暖又轻的空气在上层，又冷又重的空气在下层，气层最稳定，不容易形成对流和湍流。这就是通常所说的逆温。污染物排入这种气层中，很难得到稀释扩散，容易形成严重的大气污染。

（3）气温不随高度而变化，这种气层称为等温层。由于气温没有上下温差，此时也不容易形成对流，对污染物扩散不利。我们熟知的臭氧层就是位于等温层中，由于该层稀释污染物能力弱，所以一旦破坏臭氧层的物质排入该层，就会造成严重的臭氧层破坏，即使停止排放破坏物，原来的破坏臭氧层的物质也会持续停留在臭氧层很长时间。所以，臭氧层一旦破坏，很难修复。

四、大气稳定度与大气污染的关系

1. 大气稳定度的概念

大气稳定度是指在垂直方向上大气稳定的程度，即是否容易发生对流。对于大气稳定度可以做这样的理解，如果一空气块受到外力的作用，产生了上升或下降运动，但外力去除后，可能发生三种情况：气块减速并有返回原来高度的趋势，则称这种大气是稳定的；气块加速上升或下降，则称这种大气是不稳定的；气块被外力推到某一高度后，既不加速也不减速，保持不动，则称这种大气是中性的。

2. 大气稳定度的判断

以图 8-3 为例，用气块（气团）理论讨论大气稳定度的判别问题，即在大气中假想割取出与外界绝热密闭的气块，由于某种气象因素有外力作用于气块，使它产生垂直方向运动，则以此气块在大气中所处的运动状态来判别大气的稳定度（由于气块在升降过程中与外界没有热交换，所以可认为是绝热过程，此时，每升降100m气块温度变化1℃，记为 γ_d）。

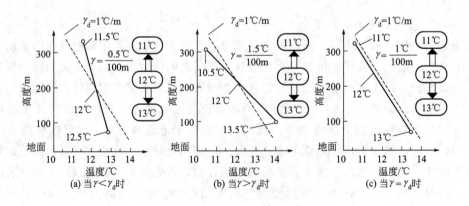

图 8-3 大气稳定度判断图

首先看图 8-3(a)。已知距地面 100m 高度处的大气温度为 12.5℃，200m 处为 12℃，300m 处为 11.5℃（即 $\gamma=0.5℃/100m<\gamma_d=1℃/100m$）。由于某种气象因素作用，迫使大气作垂直运动，如把 200m 处割取的绝热气块（此气块温度为 12℃）推举到 300m 处，气块内部的温度将按 $\gamma_d=1℃/100m$ 的递减率下降到 11℃。则这时，在 300m 处气块内部的温度为 11℃，气块外部大气的温度为 11.5℃。气块内部的气体密度大于外部大气的密度，于是气块的重力大于外部的浮升力，即受外力推举上升的气块总是要下沉，力争恢复到原来的位置。反之亦然。综上所述，不论何种气象因素使大气作垂直上下运动，它都是力争恢复到原来状态。对于这种状态的大气，称为稳定状态。

同理，在 $\gamma>\gamma_d$ 时，如图 8-3(b) 所示，由于某种气象因素使大气作垂直上下运动，它的运动趋势总是远离平衡位置。这种状态下的大气称为不稳定的状态。图 8-3(c) 中是表示 $\gamma=\gamma_d$ 时的大气状态，气块因受外力作用上升或下降，气块内的温度与外部的大气温度始终保持相等，气块被推到哪里就停在哪里。这时的大气状态称为中性状态。

γ 越小，大气越稳定。

3. 烟流形状与大气污染的关系

大气稳定度不同，高架点源排放烟流扩散形状和特点不同，造成的污染状况差别很大。以一个高架源连续排放烟云的例子做一说明，典型的烟流形状有 5 种类型，如图 8-4 所示。

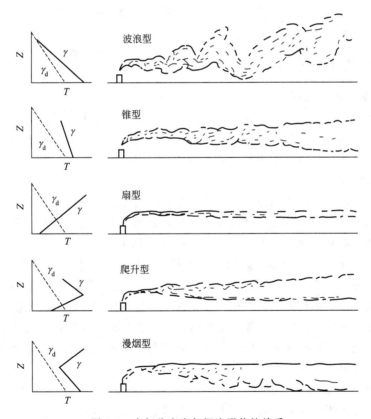

图 8-4　大气稳定度与烟流形状的关系

（1）波浪型　烟流呈波浪状，污染物扩散良好，发生在全层不稳定大气中。多发生在白天，地面最大浓度落地点距烟囱较近，浓度较高。

(2) 锥型 烟流呈圆锥形,发生在中性条件下。垂直扩散比扇型差,比波浪型好。

(3) 扇型 烟流垂直方向扩散很小,像一条带子飘向远方。从上面看,烟流呈扇形展开。它发生在烟囱出口处于逆温层中。污染情况随烟囱高度不同而异。当烟囱很高时,近处地面上不会造成污染,在远方会造成污染;烟囱很低时,会造成近处地面上严重污染。

(4) 爬升型(屋脊型) 烟流下部是稳定的大气,上部是不稳定的大气。一般在日落后出现,由于地面辐射冷却,低层形成逆温,而高空仍保持递减层结。它持续时间较短,对近处地面污染较小。

(5) 漫烟型(熏烟型) 对于辐射逆温,日出后逆温从地面向上逐渐消失,即不稳定大气从地面向上逐渐扩展,当扩展到烟流的下边缘或更高一点时,烟流便发生了向下的强烈扩散,而上边缘仍处于逆温层中,漫烟型便发生了。这种烟流多发生在上午 8:00—10:00,持续时间很短。

第三节　主要大气污染物的防治技术

根据存在形态,大气污染物分为颗粒污染物和气态污染物。颗粒污染物的去除过程就是常说的除尘,除尘效率是评价除尘技术优劣的重要技术指标,而除尘效率的高低与除尘装置性能密切相关。气态污染物的去除技术主要有吸收、吸附和催化氧化等,其中烟气中二氧化硫和氮氧化物的去除技术已是研究的热点问题。

一、颗粒污染物控制技术

(一) 除尘装置的性能指标

评价净化装置性能的指标,包括技术指标和经济指标两大类。技术指标主要有处理气体流量、净化效率和压力损失等;经济指标主要有设备费、运行费和占地面积等。此外,还应考虑装置的安装、操作、检修的难易程度等因素。

1. 除尘器的经济性

经济性是评价除尘器性能的重要指标,它包括除尘器的设备费和运行维护费两部分。设备费主要是材料的消耗,此外还包括设备加工和安装的费用以及各种辅助设备的费用。设备费在整个除尘系统的初投资中占的比例很大,在各种除尘器中,以电除尘器的设备费最高,袋式除尘器次之,文丘里除尘器、旋风除尘器最低。除尘系统的运行管理费主要指能源消耗,对于除尘设备主要有两种不同性质的能源消耗:一是使含尘气流通过除尘设备所做的功;二是除尘或清灰的附加能量。其中文丘里除尘器能耗最高,而电除尘器最低,因而运行维护费也低。在综合考虑比较除尘器的费用时,要注意到设备投资是一次性的,而运行费用是每年的经常费用。因此若一次投资高而运行费用低,这在运行若干年后就可以得到补偿。运行时间越长,越显出其优越性。

2. 评价除尘器性能的技术指标

除尘装置的技术指标主要有处理能力、除尘效率和除尘器阻力。

(1) 处理能力 是指除尘装置在单位时间内所能处理的含尘气体的流量,一般用体积流量表示。实际运行的除尘装置由于漏气等原因,进出口气体流量往往并不相等,因此用进口流量和出口流量的平均值表示处理能力。

（2）除尘效率　是即被捕集的粉尘量与进入装置的粉尘量之比。除尘效率是衡量除尘器清除气流中粉尘的能力的指标，根据总捕集效率，除尘器可分为低效除尘器（50％～80％）、中效除尘器（80％～95％）、高效除尘器（95％以上）。习惯上一般把重力沉降室、惯性除尘器列为低效除尘器；中效除尘器通常指颗粒层除尘器、低能湿式除尘器等；电除尘器、袋式除尘器及文丘里除尘器则属于高效除尘器范畴。

（3）除尘器阻力　它表示气流通过除尘器时的压力损失。阻力大，用于风机的电能也大，因而阻力也是衡量除尘设备的耗能和运转费用的一个指标。根据除尘器的阻力，可分为：低阻除尘器（<500Pa），如重力沉降室、电除尘器等；中阻除尘器（500～2000Pa），如旋风除尘器、袋式除尘器、低能湿式除尘器等；高阻除尘器（2000～20000Pa），如高能文丘里除尘器。

（二）除尘装置分类

根据除尘原理的不同，除尘装置一般可分为以下几大类。

1. 机械式除尘器

机械式除尘器包括重力沉降室、旋风除尘器、惯性除尘器和机械能除尘器。这类除尘器的特点是结构简单、造价低、维护方便，但除尘效率不高。往往用作多级除尘系统的预除尘。

2. 洗涤式除尘器

洗涤式除尘器包括喷淋洗涤器、文丘里洗涤器、水膜除尘器、自激式除尘器。这类除尘器的主要特点是主要用水作为除尘的介质。一般来说，湿式除尘器的除尘效率高，但采用文丘里除尘器时，对微细粉尘效率仍为95％以上，但所消耗的能量也高。湿式除尘器的缺点是会产生污水，需要进行处理，以消除二次污染。

3. 过滤式除尘器

过滤式除尘器包括袋式除尘器和颗粒层除尘器。其特点是以过滤机理作为除尘的主要机理。根据选用的滤料和设计参数的不同，袋式除尘器的效率可达到99.9％以上。

4. 电除尘器

电除尘器用电力作为捕集机理，有干式电除尘器（干法清灰）和湿式电除尘器（湿法清灰）之分。这类除尘器的特点是除尘效率高（特别是湿式电除尘器）、消耗动力小，主要缺点是钢材消耗多、投资高。

在实际除尘器中，往往综合了各种除尘机理的共同作用。例如卧式旋风除尘器，有离心力的作用，同时还兼有冲击和洗涤的作用，特别是近年来为了提高除尘器的效率，研制了多种多机理的除尘器，如用静电强化的除尘器等。因此，以上分类是有条件的，是指其中起主要作用的除尘机理。

（三）除尘器的选择

选择除尘器时，必须在技术上能满足工业生产和环境保护对气体含尘的要求，在经济上是可行的，同时还要结合气体和颗粒物的特征和运行条件，进行全面考虑。例如，黏性大的粉尘容易黏结在除尘器表面，不宜采用干法除尘；纤维粉尘不宜采用袋式除尘器；憎水性粉尘不宜采用湿法除尘；如果烟气中同时含有 SO_2、NO_x 等气体污染物，可考虑采用湿法除尘，但是必须注意腐蚀问题；含尘气体浓度高时，在电除尘器和袋式除尘器前应设置低阻力的预净化装置，以去除粗大尘粒，从而提高袋式除尘器的过滤速度，避免电除尘器产生电晕闭塞。一般来讲，为减少喉管磨损和喷嘴堵塞，对文丘里、喷淋塔等湿式除尘器，入口含尘浓度在 10g/m³ 为宜，袋式除尘器入口含尘浓度在 0.2～20g/m³ 为宜，电除尘器在 30g/m³

为宜。此外，不同除尘器对不同粒径粉尘的除尘效率也是完全不同的，在选择除尘器时，还必须了解欲捕集粉尘的粒径分布情况，再根据除尘器的分级除尘效率和除尘要求选择适当的除尘器。

二、主要气态污染物治理技术

（一）常见气态污染物治理方法

用于气态污染物处理的技术有吸收法、吸附法、冷凝法、催化转化法、直接燃烧法、膜分离法以及生物法等。其中，吸收法和吸附法是应用最多的两种气态污染物的去除方法。

1. 吸收法

吸收是利用气体在液体中溶解度不同的这一现象，以分离和净化气体混合物的一种技术。例如，从工业废气中去除二氧化硫（SO_2）、氮氧化物（NO_x）、硫化氢（H_2S）以及氟化氢（HF）等有害气体。

2. 吸附法

吸附是一种固体表面现象。它是利用多孔性固体吸附剂处理气态污染物，使其中的一种或几种组分，在分子引力或化学键力的作用下，被吸附在固体表面，从而达到分离的目的。常用的固体吸附剂有骨炭、硅胶、矾土、沸石、焦炭和活性炭等，其中应用最为广泛的是活性炭。活性炭对广谱污染物具有吸附功能，除 CO、SO_2、NO_x、H_2S 外，还对苯、甲苯、二甲苯、乙醇、乙醚、煤油、汽油、苯乙烯、氯乙烯等物质都有吸附功能。

（二）从烟气中去除二氧化硫的技术

煤炭和石油燃烧排放的烟气通常含有较低浓度的 SO_2。由于燃料硫含量的不同，燃烧设备直接排放的烟气中 SO_2 浓度范围为 $10^{-4} \sim 10^{-3}$ 数量级。例如，在 15% 过剩空气条件下，燃用硫含量为 1%～4% 的煤，烟气中 SO_2 占 0.11%～0.35%；燃用硫含量为 2%～5% 的燃料油，烟气中 SO_2 仅占 0.12%～0.31%。由于 SO_2 浓度低，烟气流量大，烟气脱硫通常是十分昂贵的。

烟气脱硫按脱硫剂是否以溶液（浆液）状态进行脱硫而分为湿法脱硫和干法脱硫。湿法是指利用碱性吸收液或含催化剂粒子的溶液，吸收烟气中的 SO_2。干法是指利用固体吸收剂和催化剂在不降低烟气温度和不增加湿度的条件下除去烟气中的 SO_2。喷雾干燥法工艺采用雾化的脱硫剂浆液进行脱硫，但在脱硫过程中雾滴被蒸发干燥，最后的脱硫产物也是干态，因此常称为干法或半干法。

在过去的 30 年中，烟气脱硫技术逐渐得到了广泛应用。一直以来，湿法工艺都占绝对优势。无论是美国还是其他国家，综合考虑技术成熟度和费用因素，广泛采用的烟气脱硫技术仍然是湿法石灰石脱硫工艺。

石灰石-石灰湿法脱硫最早由英国皇家化学工业公司在 20 世纪 30 年代提出，目前是应用最广泛的脱硫技术。在现代的烟气脱硫工艺中，烟气用含亚硫酸钙和硫酸钙的石灰石、石灰浆液洗涤，SO_2 与浆液中的碱性物质发生化学反应生成亚硫酸盐和硫酸盐，新鲜石灰石或石灰浆液不断加入脱硫液的循环回路。

浆液中的固体连续地从浆液中分离出来并排往沉淀池。试验证明，采用石灰作吸收剂时液相传质阻力很小，而采用石灰石时，固、液相传质阻力就相当大。特别是使用气液接触时间较短的洗涤塔时，采用石灰较石灰石优越。但接触时间和持液量增加时，磨细的石灰石在脱硫效率方面可接近石灰。早期的运行表明，石灰石法钙硫比为 1.1 时，SO_2 去除率可达

70％，而目前通过技术的不断改进，脱硫率可达到 90％以上，与石灰法脱硫率相当。

由于湿法脱硫的特点，有多种因素影响到吸收洗涤塔的长期可靠运行，这些技术问题包括：设备腐蚀、结垢和堵塞，除雾器堵塞，脱硫剂利用率低，固体废物的处理和处置问题等。为此，提出了改进的石灰石-石灰湿法烟气脱硫，它是为了提高 SO_2 的去除率，改进石灰石法的可靠性和经济性，发展了加入己二酸的石灰石法。己二酸在洗涤浆液中起缓冲 pH 作用，它来源广泛、价格低廉。己二酸的缓冲作用抑制了气液界面上由于 SO_2 溶解而导致的 pH 降低，从而使液面处 SO_2 的浓度提高，大大加速了液相传质。另外，己二酸的存在也降低了必需的钙硫比和固废量。

除此之外，双碱流程也是为了克服石灰石-石灰湿法容易结垢的弱点和提高 SO_2 去除率而发展起来的。即采用碱金属盐类或碱类水溶液吸收 SO_2，然后用石灰或石灰石再生吸收 SO_2 后的吸收液，将 SO_2 以亚硫酸钙或硫酸钙形式沉淀出，得到较高纯度的石膏，再生后的溶液返回吸收系统循环使用。

（三）从烟气中去除氮氧化物的技术

对冷却后的烟气进行处理，以降低 NO_x 的排放量，通称为烟气脱硝。烟气脱硝是一个棘手的难题。原因之一是烟气量大，浓度低（体积分数为 $2.0 \times 10^{-4} \sim 1.0 \times 10^{-3}$）。在未处理的烟气中，与 SO_2 对比，可能只有 SO_2 浓度的 $1/5 \sim 1/3$。原因之二是 NO_x 的总量相对较大，如果用吸收或吸附过程脱硝，必须考虑废物最终处置的难度和费用。只有当有用组分能够回收，吸收剂或吸附剂能够循环使用时，才可考虑选择烟气脱硝。

目前有两类商业化的烟气脱硝技术，分别称为选择性催化还原（selective catalytic reduction，SCR）和选择性非催化还原（selective non-catalytic reduction，SNCR）。

1. 选择性催化还原法

SCR 过程是以氨作还原剂，通常在空气预热器的上游注入含 NO_x 的烟气。此处烟气温度为 $290 \sim 400℃$，是还原反应的最佳温度。在含有催化剂的反应器内 NO_x 被还原为 N_2 和水，催化剂的活性材料通常由贵金属、碱性金属氧化物和/或沸石等组成。

还原反应：

$$4NH_3 + 4NO + O_2 \longrightarrow 4N_2 + 6H_2O$$
$$8NH_3 + 6NO_2 \longrightarrow 7N_2 + 12H_2O$$

潜在氧化反应：

$$4NH_3 + 5O_2 \longrightarrow 4NO + 6H_2O$$
$$4NH_3 + 3O_2 \longrightarrow 2N_2 + 6H_2O$$

工业实践表明，SCR 系统对 NO_x 的转化率为 60％～80％。

催化剂失活和烟气中残留的氨是与 SCR 工艺操作相关的两个重要因素。长期操作过程中催化剂"毒物"的积累是失活的主因，降低烟气的含尘量可有效地延长催化剂的寿命。由于三氧化硫的存在，所有未反应的氨都将转化为硫酸盐，生成的硫酸铵为亚微米级的微粒，易于附着在催化转化器内或者下游的空气预热器以及引风机上。随着 SCR 系统运行时间的增加，催化剂活性逐渐丧失，烟气中残留的氨或者"氨泄漏"也将增加。根据日本和欧洲 SCR 系统运行的经验，最大允许的氨泄漏为 5×10^{-6}（体积分数）。

2. 选择性非催化还原法

在选择性非催化还原法脱硝工艺中，尿素或氨基化合物作为还原剂将 NO 还原为 N_2。因为需要较高的反应温度（$930 \sim 1090℃$），还原剂通常注进炉膛或者靠炉膛出口的烟道。

化学反应：

$$4NH_3+6NO \longrightarrow 5N_2+6H_2O$$

$$CO(NH_2)_2+2NO+0.5O_2 \longrightarrow 2N_2+CO_2+2H_2O$$

基于尿素为还原剂的 SNCR 系统，尿素的水溶液在炉膛的上部注入，1mol 的尿素可以还原 2mol 的 NO，但实际运行时尿素的注入量控制尿素中 N 与 NO 的摩尔比在 1.0 以上，多余的尿素假定降解为氮、氨和二氧化碳。工业运行数据表明，SNCR 工艺的 NO 还原率较低，通常在 30%～60%。

（四）机动车污染的控制

全球因燃烧矿物燃料而产生的一氧化碳、碳氢化合物和氮氧化物的排放量，几乎 50% 来自汽油机和柴油机。在城市的交通中心，机动车是造成空气中 CO 含量的 90%～95%、NO 和 HC 含量的 80%～90% 以及大部分颗粒物的原因。由此可知机动车排气对大气的污染程度确实是惊人的。

1. 机动车排放源排放的物质

机动车发动机排出的物质主要包括：燃料完全燃烧的产物（CO_2、H_2O、N_2）、不完全燃烧的产物 CO、HC 和炭黑颗粒等，燃料添加剂的燃烧生成物（铅化合物颗粒），燃料中硫的燃烧产物 SO_2，以及高温燃烧时生成的 NO_x 等。此外，还有曲轴箱、化油器和油箱排出的未燃烃。对于一辆未采用污染控制的汽车，各排放源的污染物相对排放量见表 8-1。

表 8-1　汽车排放源污染物相对排放量

排放源	相对排放量（占该污染物总排放量的百分比）/%		
	CO	NO_x	HC
尾气管	98～99	98～99	55～65
曲轴箱	1～2	1～2	25
汽油箱、化油器	0	0	10～20

2. 控制机动车尾气污染的措施

随着汽车工业的快速发展，我国汽车保有量大幅度增加，给我国能源、环境带来巨大压力。2010—2015 年全国汽车四项污染物（一氧化碳、碳氢化合物、氮氧化物、颗粒物）排放总量呈持续增长态势。未来五到十年我国汽车特别是轻型汽车的产量和保有量仍会快速增长，排放总量仍会不断增加，因此应适时加严轻型车排放标准，有效减小机动车污染物排放增加幅度。

为贯彻《中华人民共和国环境保护法》和《中华人民共和国大气污染防治法》，防治机动车污染排放，改善环境空气质量，制定此标准。《轻型汽车污染物排放限值及测量方法（中国第六阶段）》对适用范围、型式检验申请和批准、技术要求和试验、型式检验扩展、生产一致性、在用符合性、标准的实施等方面均进行了明确规定。自 2020 年 7 月 1 日起，该标准替代《轻型汽车污染物排放限值及测量方法（中国第五阶段）》（GB 18352.5—2013）。但在 2025 年 7 月 1 日前，第五阶段轻型汽车的"在用符合性检查"仍执行 GB 18352.5—2013 的相关要求。

三、大气污染综合防治措施与行动

（一）大气污染综合防治的含义

大气污染综合防治是防与治的结合，是为了达到区域环境空气质量控制目标，对多种大气污染控制方案的技术可行性、经济合理性、区域适应性和实施可行性等进行最优化选择和评价，从而得出最优控制技术方案和工程措施。

例如，对于我国大中城市存在的颗粒物和 SO_2 等污染的控制，除了应对工业企业的集中点源进行污染物排放总量控制外，还应同时对分散的居民生活用燃料结构、燃用方式、炉具等进行控制和改革，对机动车排气污染、城市道路烟尘、建筑施工现场环境、城市绿化、城市环境卫生、城市工程区规划等方面，一并纳入城市环境规划与管理，才能取得综合防治的显著效果。

（二）大气污染综合防治措施

1. 落实《大气污染防治行动计划》（以下简称"大气十条"）

对各省（区、市）贯彻落实情况进行考核，督促环境空气质量恶化的省份采取整改措施，改善环境空气质量。明确地方政府责任，大幅度提高处罚力度，强化了煤、车、VOCs等污染控制，加强区域协作、重污染天气应对工作。"大气十条"22项配套政策全部落实，25项重点行业排放标准全部颁布。建立空气质量目标改善预警制度，每季度向各省（区、市）人民政府通报空气质量改善情况，对改善幅度明显的和不力的省份和城市分别进行表扬和督办。对全国重点城市进行督查，重点对各类工业园区及工业集中区，火电、钢铁、水泥等重点行业，不符合国家政策的小作坊、燃煤锅炉单位等进行检查；对邯郸、秦皇岛、运城、唐山等重点地区开展无人机执法检查。

2. 推进重点行业污染治理

开展重点行业挥发性有机物综合整治，提升了石化行业 VOCs 污染防治精细化管理水平，提高了管理措施的可操作性。开展生物质成型燃料锅炉供热示范项目，促进绿色能源发展。发布《关于在北方采暖地区全面试行水泥错峰生产的通知》，促进节能减排，化解水泥行业产能过剩的矛盾，改善大气质量。

3. 机动车污染防治

推进黄标车淘汰工作，加强新生产机动车环保达标监管。积极推广新能源汽车。积极推动油品质量改善，全国全面供应国四标准车用汽柴油，北京、天津、上海等地率先供应国五标准车用汽柴油。

4. 重污染天气应对

2015 年，全国共有 24 个省（区、市）、280 个地级以上城市编制重污染天气应急预案。京津冀地区共发布重污染天气预警 154 次。在京津冀持续重污染期间，对重点地区开展重污染天气应急响应专项督查工作，重点督查高架源、散煤控制、小企业群排放、工地施工、VOCs 排放等情况。

思　考　题

1. 目前我国的大气污染现状如何？主要大气污染物是什么？可以采取什么措施来治理？
2. 你认为最佳的大气污染物治理方案是什么？
3. 查阅文献，分析目前烟气脱硫技术的发展方向。

4. 烟气脱硝的主要困难有哪些？你能提出一些克服的技术措施吗？

5. 如何判断大气稳定度？稳定度对污染物扩散有何影响？

6. 大气中典型的烟流形状有哪几种？它们分别发生在什么样的气象条件下？

7. 雾霾对人体健康有何危害？请提出合理的治理措施。

第九章 土壤污染及其防治

内容提要及重点要求：本章主要叙述了土壤的基本理化性质与土壤污染概念及其关系；土壤污染的特征特性、主要污染源与污染物类型；土壤重金属存在形态及主要影响因素；土壤重金属污染及其防治技术措施；还介绍了其他重金属（铜、锌、镍、硒等）污染；农药、化肥污染及对土壤环境的污染及其防治技术。本章要求重点了解土壤污染概念、主要污染源与污染物类型，掌握土壤污染的特征特性，明确重金属在土壤中形态及其行为特征；农药在土壤中的残留、降解和转移等影响因素和防治技术。通过本章的学习，对于土壤重金属、农药、化肥对土壤环境的污染及其防治技术知识有一个比较系统的了解。

第一节 土壤污染概述

一、土壤的基本特征与土壤污染

土壤（soil）是指位于地球陆地表面、具有一定肥力、能够生长植物的疏松层。土壤是各种陆地地形条件下的岩石风化物经过生物、气候诸自然要素的综合作用以及人类生产活动的影响而发生发展起来的。土壤是一个复杂而多相的物质系统。它由各种不同大小的矿物颗粒、各种不同分解程度的有机残体、腐殖质及生物活体、各种养分、水分和空气等组成。土壤的各种组成物质相互影响、相互作用、相互制约，处在复杂的理化、生物化学的转化之中，具有复杂的理化、生物学特性。土壤具有供应和协调植物生长发育所需水分、养分、部分空气和热量的能力，这种能力称为土壤肥力。土壤是陆地植物着生的基地，也是人类从事农业生产的物质基础，现如今不仅把土壤作为生产资料，还把它作为一种环境与资源看待。所以土壤是人类赖以生存和发展的物质基础和环境资源，一旦遭受污染和破坏很难恢复。由于长期不合理地开发利用和排放废物，我国已有相当面积的土壤遭受污染和破坏。因此，制定土壤环境保护对策，合理利用土地资源，创建和保持良好的土壤生态环境，已成为我国农村环境保护的一项紧迫任务。为了认识土壤对污染物的自净能力与污染物在土壤中的迁移、转化、积累规律，有效地防治土壤污染，有必要对土壤基本特征进行概括。

1. 土壤物质组成及基本理化性质

土壤是发育于地球陆地表面具有生物活性和孔隙结构的介质，是地球陆地表面的脆弱薄层（Garrison Sposito，1992）。土壤是固态地球表面具有生命活动，处于生物与环境间进行物质循环和能量交换的疏松表层（赵其国，1996）。土壤类型可分为自然土壤（其中又包括森林土壤和草原土壤）、园林土壤、农业土壤。虽然土类不同，但其土壤主要物质组成及基本理化性质有些相近。

（1）土壤主要物质组成　土壤由固相（矿物质、有机质）、液相（土壤水分或溶液）和气相（土壤空气）三相物质、四种成分有机地组成。按容积计，在较理想的土壤中矿物质占38%～45%，有机质占5%～12%，孔隙约占50%。按质量计，矿物质占固相部分的90%～95%以上，有机质占1%～10%。但大多教科书认为土壤是由固体、液体和气体三类物质组成的。固体物质包括土壤矿物质、有机质和微生物等；液体物质主要指土壤水分；气体是存在于土壤孔隙中的空气。土壤中这三类物质构成了一个矛盾的统一体，它们互相联系，互相制约，为作物提供必需的生活条件，是土壤肥力的物质基础。

（2）土壤的理化性质　土壤的理化性质就是指土壤的物理、化学性质。物理性质包括土壤质地、机械组成、容重、孔隙度等；物理状况如含砂量、松软程度、红色或黑色等；其化学性质是指所含化学成分，如各种元素（氮、磷、钾、钙、镁、硫、铁、锰、铜、锌）的含量、酸碱性（pH）、阳离子代换量（CEC）、盐碱度以及有机质等。知道土壤的理化性质，就能知道适宜栽种什么作物，了解土壤环境污染特征及关系。

2. 土壤的理化性质与土壤污染的关系

土壤的各种物理、化学、生物学性质之间有着复杂而密切的联系，与土壤污染也有一定关系。

（1）物理性质　土壤具有使大气降水由表层渗进深层，并通过毛细管作用保持水分的能力。土壤水分能向植物根部需要的地方或者向蒸发的地方运动。透气疏松的土壤结构使土壤空气通过扩散或对流方式与大气交换；其高度的分散性能将各种离子、气体和水蒸气以吸收状态保持在自己颗粒表面。污染物气体分子主要吸附在物理学黏粒上。

（2）化学性质　土壤有多种化学、物理化学性质，如酸碱反应、氧化还原反应、分解与合成反应、沉淀与溶解反应、吸附与解吸反应等。土壤的化学物质组成不同，构成的酸碱平衡体系各异，表现的pH缓冲性能也相差很大。就土壤胶体而言，颗粒越细、数量越多、本身所带电荷越多，缓冲能力就越强，故它们是决定土壤环境容量大小及自净能力的关键。土壤的化学性质决定进入其中污染物的转化、迁移、积累，也与污染物的生物有效性密切相关。

（3）生物学性质　土壤生物学性质一般可以用生物区系及某些生物种群的数量、土壤呼吸强度、酶活性等指标来表示，它对土壤中的物质、能量循环和对污染物在土壤中的分解、转化、迁移有重要影响。土壤微生物以有机质为主要能源和碳源，受土壤pH、温度和水分条件等因素的影响。对土壤污染物的迁移、转化和降解有一定作用。

二、土壤污染的特征特性

（一）土壤污染与土壤自净能力

土壤污染（soil pollution）是指人类活动或自然因素产生的污染物进入土壤，其数量超过土壤的净化能力而在土壤中逐渐积累，达到一定程度后，引起土壤质量恶化、正常功能失调，甚至某些功能丧失的现象。污染物进入土壤后，经历一系列的物理、化学和生物学过程，逐渐地自动被分解、转化或排出土体，使土壤中污染物数量减少，但减少的速度受土壤物理、化学及生物学性质制约，从而使土壤表现出净化污染物的能力，这一能力称为土壤的自净能力。土壤是否被污染、污染程度如何，既取决于一定时间内进入土壤的污染物数量，也取决于土壤对该污染物自净能力的大小，当进入量超过自净能力时，就可能造成土壤污染，污染物进入土壤的速度超过其净化能力越大，污染物积累时间越长，土壤受到的污染也就越严重。

（二）土壤环境背景值与环境容量

1. 土壤环境背景值

土壤环境背景值（soil environmental background）是指在未受或少受污染时的元素含量，特别是土壤本身有害元素的平均含量。它是诸成土因素综合作用下成土过程的产物，实质上也是各成土因素（包括时间因素）的函数。通常以一个国家或地区的土壤中某化学元素的平均含量为背景，与污染区土壤中同一元素的平均含量进行对比。因此，土壤环境背景值只代表土壤环境发展中一个历史阶段，相对意义上的数值，并非固定不变。归纳起来，具有以下几个特点：相对特征；时代特征；区域特征。

2. 土壤环境容量

所谓土壤环境容量（soil environmental capacity）是指某一环境要素所能够承纳污染物的最大数量。而土壤环境容量则是以土壤容纳某种污染物后不致使生态环境遭到破坏，特别是其在生产上的农产品不被污染为依据而确定的。故土壤环境容量是指土壤可容纳某种污染物的最大负荷量。土壤环境容量的特点如下。

（1）具有限制性　即土壤接纳污染物的数量不能超过自身的自净能力，超过就会造成土壤污染且失去自调控能力。

（2）取决于理化性　即土壤环境容量大小主要由土壤理化性质决定。

（3）种类相关性　即土壤环境容量与污染物种类有关。

（4）动态变化性　即一般自然土壤环境容量具有动态变化性，不是一成不变的。

综上所述，土壤环境背景值和土壤环境容量都是评价土壤环境质量和治理土壤污染的重要参数，对评价土壤污染及其防治具有重要指导意义。

（三）土壤污染危害的特性

土壤污染的特点归纳起来主要有以下三大特点。

1. 积累性与隐蔽性

土壤污染与大气、水体污染不同，大气和水体污染过程比较直观，有时通过人的感觉器官就能直接判断，而土壤污染则比较隐蔽，通常只能通过化验分析、依据测定结果才能判断。另外，土壤污染的后果及严重性往往需要通过农作物，包括粮食、蔬菜、水果等食品的污染，再经过吃食物的人或动物的健康状况反映出来。因此，在自然状态下，由于受人为影响带入土壤的有毒污染物，经过漫长低剂量的积累而污染土壤，不易被人们发现而具有一个时间较长的隐蔽过程，故称隐蔽性。

2. 持久性与难排性

污染物进入土壤环境后，虽有些污染物被土壤净化，但未被净化的部分、净化过程的中间产物及最终产物会在土壤中存留和积累，它们很难排出土体。当污染物及其衍生物积累到一定数量，会引起土壤成分、结构、性质和功能发生变化直至污染。而土壤一旦受到污染很难恢复，特别是重金属污染几乎不可逆，故是一个持久的、难以排除的过程。

3. 生物显示性与间接有害性

土壤污染的后果非常严重。第一，进入土壤的污染物危害植物，也通过食物链危害动物和人体健康；第二，土壤中的污染物随水分渗漏，在土体内移动，可污染地下水，或通过地表径流污染水域；第三，土壤污染地区遭风蚀后，污染物附在土粒上被扬起，土壤中的污染物也可以气态的形式进入大气。但无论何种污染，最终都以动物、植物（或人）等生物受毒害而表现出来，故称生物显示性与间接有害性。

三、主要污染源与污染物类型

1. 土壤污染物种类

根据化学性质不同，土壤污染物分为以下几类。

(1) 无机污染物 主要包括重金属（Pb、Cd、Cr、Hg、Cu、Zn、Ni、As、Se）、放射性元素（^{137}Cs、^{90}Sr）和 F$^-$、酸、碱、盐等。

(2) 有机污染物 主要有农药、化肥、酚类物质、氰化物、石油、洗涤剂以及有害微生物、高浓度耗氧有机物等。

土壤环境主要污染物见表 9-1。

表 9-1 土壤环境主要污染物

污染物种类			主要来源
无机污染物	重金属	汞(Hg)	制烧碱、汞化物生产等工业废水和污泥、含汞农药、汞蒸气
		镉(Cd)	冶炼、电镀、染料等工业废水、污泥和废气、肥料杂质
		铜(Cu)	冶炼、铜制品生产等废水、废渣和污泥、含铜农药
		锌(Zn)	冶炼、镀锌、纺织等工业废水、污泥和废渣、含锌农药、磷肥
		铅(Pb)	颜料、冶炼等工业废水、汽油防爆燃烧排气、农药
		铬(Cr)	冶炼、电镀、制革、印染等工业废水和污泥
		镍(Ni)	冶炼、电镀、炼油、染料等工业废水和污泥
		砷(As)	硫酸、化肥、农药、医药、玻璃等工业废水、废气、农药
		硒(Se)	电子、电器、涂料、墨水等工业的排放物
	放射性元素	铯(^{137}Cs)	原子能、核动力、同位素等工业废水、废渣、核爆炸
		锶(^{99}Sr)	原子能、核动力、同位素等工业废水、废渣、核爆炸
	其他	氟(F)	冶炼、氟硅酸钠、磷酸和磷肥等工业废水、废气、肥料
		盐、碱	纸浆、纤维、化学等工业废水
		酸	硫酸、石油化工、酸洗、电镀等工业废水、大气酸沉降
有机污染物	有机农药		农药生产和施用
	酚		炼焦、炼油、合成苯酚、橡胶、化肥、农药等工业废水
	氰化物		电镀、冶金、印染等工业废水、肥料
	苯并[a]芘		石油、炼焦等工业废水、废气
	石油		石油开采、炼油、输油管道漏油
	有机洗涤剂		城市污水、机械工业污水
	有害微生物		厩肥、城市污水、污泥、垃圾
	多氯联苯类		人工合成品及生产工业废气、废水
	有机悬浮物及含氮物质		城市污水、食品、纤维、纸浆业废水

注：引自刘培桐主编《环境科学概论》(1993) 和马跃华、刘树庆主编《环境土壤学》(1998)。

2. 土壤污染源及类型

根据土壤环境主要污染物的来源和污染环境的途径不同，可将土壤污染分为下列几种类型。

(1) 水体污染型 污染物随水进入农田、污染土壤，常见的是利用工业废水或城镇生活污水灌溉农田。

(2) 大气污染型 大气中各种气态或颗粒状污染物沉降到地面进入土壤，其中大气中二氧化硫、氮氧化物及氟化氢等气体遇水后，分别以硫酸、硝酸、氢氟酸等形式落到地面。与此相对，一些颗粒物质在重力作用下或气体污染物受到颗粒物质的吸附，也都有可能落到地面并进入土壤。

(3) 农业污染型 农业生产中不断地施用化肥、农药、城市垃圾堆肥、厩肥、污泥等引起的土壤环境污染。污染物质主要集中在土壤表层或耕层。

（4）生物污染型　由于向农田施用垃圾、污泥、粪便，或引入医院、屠宰牧场及生活污水不经过消毒灭菌，可能使土壤受到病原菌等微生物的污染。

（5）固体废物污染型　主要包括工矿业废渣、城市垃圾、粪便、矿渣、污泥、粉煤灰、煤屑等固体废物乱堆放，侵占耕地，并通过大气扩散和降水、淋滤，使周围土壤受到污染。还包括地膜和塑料等白色污染。

（6）综合污染型　对于同一区域受污染的土壤，其污染源可能同时来自受污染的地面水体和大气，或同时遭受固体废物以及农药、化肥的污染。因此，土壤环境的污染往往是综合污染型的。就一个地区或区域的土壤而言，可能是以一种或两种污染类型为主。

第二节　土壤重金属污染及其防治

目前我国受污染的耕地约有 1.5 亿亩，占总耕地面积的 8.3％。2014 年环境保护部和国土资源部发布的《全国土壤污染状况调查公报》显示，全国土壤总的超标率为 16.1％，其中轻微、轻度、中度和重度污染点位比例分别为 11.2％、2.3％、1.5％和 1.1％。污染类型以无机型为主，有机型次之，复合型污染比例较小，无机污染物超标点位占全部超标点位的 82.8％。从污染分布情况看，南方土壤污染重于北方，长江三角洲、珠江三角洲、东北老工业基地等部分区域土壤污染问题较为突出，西南、中南地区土壤重金属超标范围较大。

在城市郊区与县城、农村环境交界处，土壤重金属污染危害比较严重。一般重金属是指相对密度大于 5.0 的过渡性金属元素。在环境中，土壤重金属主要有 Hg、Cd、Pb、Cr 及类金属 As 等生物毒性显著的重金属元素，其次是有一定毒性的一般重金属，如 Zn、Cu、Sn、Ni、Co 等。污染土壤的重金属主要来源于，金属矿山开采，金属冶炼厂，金属加工和金属化合物制造，大量施用金属的企业和部门，汽车尾气排出的铅，污水灌溉，肥料和农药带入的砷、铅、镉、锡等。土壤中重金属的有效性及毒性与其自身特性、赋存形态和化学行为特性有关。

一、重金属在土壤中的行为特征及影响因素

1. 土壤中重金属的形态

由于土壤环境物质组成复杂，重金属化合物化学性质各异，土壤中重金属以多种形态存在。不同形态重金属的迁移、转化过程不同，且生理活性和毒性有差异。过去曾采用重金属化合价态分类法，如铬（Cr）有三价（Cr^{3+}）和六价（Cr^{6+}）之分，且毒性 Cr^{6+} 大于 Cr^{3+}；又如砷（As）以砷酸盐形式出现也有三价（As^{3+}）和五价（As^{5+}）之分，且毒性 As^{5+} 小于 As^{3+}；多数重金属以二价态为主。

目前广泛使用的重金属形态分级方法是 1979 年加拿大学者 Tessier 等提出的，根据不同浸提剂连续提取土壤的情况，将其形态分为水溶态（去离子水提取）、交换或吸附交换态（$1mol/L\ MgCl_2$ 浸提）、碳酸盐结合态（$1mol/L\ NaAc$-HAc 浸提）、铁锰氧化物结合态（$0.04mol/L\ NH_2OH$-HCl 浸提）、有机结合态（$0.02mol/L\ HNO_3+30％H_2O_2$ 浸提）、残留态（$HClO_4$-HF 消化），其活性和毒性通常也按这一顺序降低。

2. 土壤重金属存在形态的主要影响因素

土壤多种性质综合影响着土壤中重金属的形态及其转化。土壤条件不同，影响的主导因

素也不同，通过分析和归纳，了解影响土壤重金属存在形态的主要因素，对掌握重金属生态和环境效应以及防治土壤重金属污染均具有重要指导作用。

(1) 土壤质地　一般土壤质地越黏重，被残留重金属的量就越多，迁移速度越低。例如，向不同土壤投入 10mg/kg 镉后，以乙酸铵浸提，从砂质土中提出 11.3%，而从黏质土中提出 7.2%；如果将浸提液换成 EDTA，砂质、壤质和黏质土壤镉的提取率分别为 61.2%、47.9%和 46.2%。

(2) 土壤有机质　有机质含量明显地影响着土壤对重金属的吸附量。研究表明，土壤吸附汞的量与有机质含量呈曲线正相关（$y = 3.0733e^{0.0815x}$），达到了极显著水平（$r_{0.05} = 0.648$，$n = 13$）。可见，在一定范围内，土壤有机质越高，对重金属吸附量越大。

(3) 土壤 pH、E_h　随着土壤 pH 升高，进入土壤的镉、铅、锌等活性逐渐降低而易在土壤中积累；当 pH 降低时，其活性增强，易于迁移。类金属砷在溶液中常呈阴离子态存在，在强酸或强碱条件下，溶解度均增加。

土壤氧化还原电位（E_h）主要影响重金属离子的价态变化，由于同种金属离子不同价态其活性和生物有效性明显不同，所以土壤的 E_h 也会明显地影响重金属在土壤中的溶解性、活性和毒性。如镉元素在高 E_h 土壤中以溶解度高的 $CdSO_4$ 存在，随 E_h 降低，逐渐转变为 CdS，前者的溶解性大大高于后者。又如砷元素随 E_h 下降，由砷酸盐形态转变为亚砷酸盐形态，亚砷酸盐的毒性明显大于砷酸盐。

(4) 土壤的阴、阳离子组成　土壤的阴、阳离子组成及数量对重金属、类金属的存在形态和毒性有显著影响。例如，土壤中 Fe^{3+}、Al^{3+}、Ca^{2+} 的浓度增加可使土壤中砷元素更多地以砷酸铁、砷酸铝、砷酸钙等化合物形态存在，使其溶解性下降、毒性降低；而在盐化或碱化土壤中，较高的 Na^+ 浓度致使砷元素易以砷酸钠形态存在，其活性与毒性亦随之升高。Cu、Pb、Zn、Cd 等的存在形态除受其进入土壤时的初始形态影响外，还与土壤化学组成特别是阴离子组成直接相关。重金属与不同阴离子结合，可改变其活性与毒性。如 Cd^{2+} 与不同阴离子可生成 $CdCl_2$、$CdSO_4$ 和 $CdCO_3$，而这三种化合物毒性完全不相同。

二、主要重金属在土壤中的化学行为及其危害

对土壤污染最主要的重金属有汞（Hg）、镉（Cd）、铅（Pb）、铬（Cr）、砷（As），它们在土壤中的化学行为、对土壤的污染和对作物的危害影响各不相同，下面就其性质、来源、对土壤的污染及危害分述如下。

1. 汞（Hg）

土壤环境中的汞主要来自使用或生产汞（仪表、电器、机械、氯碱化工、塑料、医药、造纸、电镀、汞冶炼等）的企业所排放的"三废"和有机汞农药。汞（俗称水银）是一种毒性较大的有色金属，在常温下呈银白色发光的液体，且是唯一的液体金属。相对密度 13.53，熔点 $-38.87℃$，沸点 $356.58℃$。汞在自然界中以金属汞、无机汞和有机汞的形式存在，但有机汞的毒性比金属汞、无机汞的毒性更大。

一般土壤汞含量为 $0.03 \sim 0.15mg/kg$，为母质中的 $1.5 \sim 15$ 倍。据报道，世界土壤汞的背景值平均为 $0.1mg/kg$，范围值为 $0.03 \sim 0.3mg/kg$；我国土壤汞的背景值为 $0.065mg/kg$，范围值为 $0.006 \sim 0.272mg/kg$。土壤中的汞以金属汞、无机汞和有机汞的形式存在。金属汞几乎不溶于水，20℃时溶解度仅为 $20\mu g/L$。汞盐可分为可溶和微溶两种。汞可与烷基、烯基、芳基、有机酸残基结合生成有机汞化合物。土壤类型不同，汞的形态也不同。

汞主要影响植物株高、根系、叶片、长势、蒸腾强度和叶绿素含量。世界各地农作物汞的背景值为 $0.01\sim0.04mg/kg$。当使用含汞农药或含汞污水灌溉时，植物体内汞含量成倍增加。植物吸收积累汞的能力不同：粮食作物表现出水稻＞玉米＞高粱＞小麦，蔬菜作物为叶菜类＞根菜类＞果菜类。汞在植物体内各器官中分布顺序表现为根＞茎＞叶＞穗部。

汞对人体的危害及影响主要是通过食物链进入人体的。无机汞化合物除 HgS 外都是有毒的，它通过食物链进入人体的无机汞盐主要储蓄于肝脏、肾脏和大脑内，它产生毒性的根本原因是 Hg^{2+} 与酶蛋白巯基结合抑制多种酶的活性，使细胞的代谢发生障碍；Hg^{2+} 还能引起神经功能紊乱或性机能减退。有机汞如甲基汞（CH_3HgCl）、乙基汞（C_2H_5HgCl）一般比无机汞（$HgCl_2$）毒性更大，其危害也更普遍。因此，污水灌溉水质标准要求汞含量小于 $0.001mg/L$。

2. 镉（Cd）

镉的主要污染源是采矿、选矿、有色金属冶炼、电镀、合金制造以及玻璃、陶瓷、涂料和颜料等行业生产过程排放的"三废"。另外，低质磷肥及复合肥、农药也含有镉。因镉与锌同族，常与锌矿物伴生共存，在冶炼锌的排放物中必然有 ZnO 和 CdO 烟雾。

镉在地壳中的平均含量一般为 $0.2mg/kg$，各种火成岩石中平均含量为 $0.18mg/kg$，很少有大于 $1mg/kg$ 的。污灌、施用含镉污泥以及大气中含镉飘尘的沉降是引起农业土壤镉污染的主要途径。镉在土壤中一般以硫化物、氧化物和磷酸盐形态存在，在旱田等有氧化条件的土壤中，常以 $CdCO_3$、$Cd_3(PO_4)_2$ 及 $Cd(OH)_2$ 形态存在，其中又以 $CdCO_3$ 为主，而在 $pH>7$ 的石灰性土壤中，$CdCO_3$ 占优势。在水田等还原性土壤中，有大量硫化氢产生，以难溶的 CdS 为主要存在形态。

土壤中镉的迁移和转化受土壤性质、降雨量、施肥种类和习惯、作物种类和栽培方式、污染物含量、污染方式和时间等多种因素的影响。进入土壤的镉易被土壤颗粒吸附，所吸附的镉一般积累在表层 $0\sim15cm$，$15cm$ 以下土层明显减少。一般来说，土壤有机质含量高、质地黏重，碳酸盐含量高，吸附能力就强。镉在土壤中的存在形态还与 pH 有关，当 $pH\leqslant4$ 时，镉的溶出率超过 50%，当 pH 超过 7.5 时，镉就难溶了。

土壤镉含量过多会直接影响作物生长，造成镉在农产品中积累。作物吸收镉后受害症状有：叶绿素结构被破坏、含量降低，叶片发黄、褪绿，叶脉间呈褐色斑纹，光合作用减弱而导致作物减产；大量镉积累在根部。危害作物的土壤镉临界浓度随土壤类型及环境条件变化而不同。

镉是对人体有较强毒性的一种重金属，其对机体的毒害作用主要是它能取代体内含锌酶系统中的锌、骨骼中的钙，引起肝脏、肾脏损伤，会出现骨软化病，易得"痛痛病"。

3. 铬（Cr）

铬主要来自冶金、机械、电镀、制革、医药、染料、化工、橡胶、纺织、船舶等工业所排放的"三废"。铬化物主要有三价（Cr^{3+}、CrO_2^-）和六价（CrO_4^{2-}、$Cr_2O_7^{2-}$）盐，在酸性条件下六价铬很容易还原成三价铬，在碱性条件下低价铬可被氧化成重铬酸盐。

土壤铬含量取决于成土母质、生物、气候、有机质含量等条件。世界各地土壤中铬含量的变化范围很大，大多数在 $20\sim200mg/kg$，世界土壤铬的背景值平均为 $70mg/kg$；我国土壤铬的背景值为 $61.0mg/kg$，石灰性土壤较高，可达 $108.6mg/kg$。

土壤铬形态在土壤中一般以三价和六价存在，以三价为主。三价铬性质稳定且难溶于水。当土壤 $pH\geqslant5.5$ 时，会全部生成沉淀。当土壤中有强氧化剂时，三价铬被氧化为六价铬。六价铬对植物和动物毒性强，且在土壤中移动性较大。而当土壤有机质含量较高及在强还原条件下，六价铬被还原成三价铬。

铬是否是植物的必需元素，目前尚未定论。但微量铬对某些植物的生长有促进作用这是客观事实。有人认为，铬能够提高植物体内一系列酶的活性，增加叶绿素、有机酸、葡萄糖和果糖的含量。但超过一定限度时，就会影响作物生长。土壤中六价铬对作物的毒性随土壤pH 的升高而增强，而三价铬的作物有效性和毒性则随土壤 pH 下降而增强。

铬是人体必需的微量元素，其生理作用是三价铬参与正常的糖代谢过程，人体缺乏铬会抑制胰岛素的活性，影响胰岛素正常的生理功能，会引发糖尿病、心血管病、角膜损伤等病症，但过高也有害。六价铬化合物对人体有害，是常见的致癌物质。我国灌溉水质标准规定六价铬化合物的浓度不能超过 0.1mg/L。

4. 铅（Pb）

Pb 是土壤污染较普遍的剧毒重金属之一。铅污染主要来源于矿山、蓄电池厂、电镀厂、合金厂、涂料厂等排出的"三废"以及汽车排出的废气和农业上施用的含铅农药（如砷酸铅等）。四乙基铅 $[Pb(C_2H_5)_4]$ 常用作汽油的抗爆剂，铅随汽油燃烧后排进大气，再落至地面，但汽油抗爆剂中的四乙基铅要比无机铅的毒性大 100 倍。因此，在交通道路两旁土壤中积累铅较多。

铅在地壳中的平均含量为 16mg/kg，范围为 2～200mg/kg。世界土壤铅平均背景值在 15～25mg/kg；我国土壤铅平均背景值为 26mg/kg。铅在土壤中含量分布变幅很小，是唯一不易划分等级的元素。铅在土壤中形态主要以 $Pb(OH)_2$、$PbCO_3$、$Pb_3(PO_4)_2$ 等难溶性形式存在，可溶性很低，铅在土壤中很容易被吸附。因此，进入土壤中的铅主要分布于表层。

铅对作物的危害主要是影响植物的光合作用和蒸腾作用强度，可使叶绿素下降、暗呼吸上升，进而阻碍了呼吸作用和同化作用。铅通过根系从土壤吸收和叶片等其他组织从大气根外吸收两种途径进入植物体。植物吸收铅的数量取决于土壤中有效铅的含量。

铅主要与人体内多种酶结合或以 $Pb_3(PO_4)_2$ 沉淀在骨骼中，从而干扰机体多方面生理活动，常出现便秘、贫血、厌食、腹痛等疾病，过量中毒会引起造血、循环、消化系统、神经系统等病症。我国农田灌溉水质标准将铅及其化合物含量规定为不得超过 0.2mg/kg；无公害蔬菜地灌水质为 0.1mg/kg。

5. 砷（As）

砷（As）污染主要来源于砷矿的开采、含砷矿石的冶炼以及皮革、颜料、农药、硫酸、化肥、造纸、橡胶、纺织等行业所排放的"三废"。砷虽不是重金属，但其毒性大，其污染行为如同重金属，且污染严重，故当重金属看待。在自然界中，富砷矿物有 60～70 种之多，主要是硫化物。其化合物形态有固、液、气三种：固态砷化合物有三氧化二砷（As_2O_3，俗名砒霜）、二硫化二砷（As_2S_2，俗名雄黄）、三硫化二砷（As_2S_3，俗名雌黄）和五氧化二砷（As_2O_5）等；液态的有三氯化砷；气态的有砷化氢。在生产上，低剂量砷可刺激植物生长，可作为灭菌剂。如雌黄（As_2S_3）可作为消毒剂、增白剂、杀虫剂和防腐剂等。砒霜（As_2O_3）有剧毒，曾作为杀虫剂、灭鼠剂等。

As 在地壳中的丰度平均为 5mg/kg。世界各国土壤砷含量一般为 0.1～58mg/kg，平均值为 10mg/kg；我国土壤砷的背景值平均为 11.2mg/kg。土壤砷的背景值一般受成土母质影响较大，发育在沉积岩母质的土壤其含量较高，均在 12mg/kg 以上，而火成岩及火山喷出物发育的土壤其砷含量较低，一般在 8mg/kg 以下。

As 在土壤中的形态主要以正三价态（As^{3+}）和正五价态（As^{5+}）为主，并以砷化合物形式存在。水溶性的多以 AsO_4^{3-}、$HgAsO_4^{2-}$、$HgAsO_4^-$、AsO_3^{3-} 和 $H_2ASO_2^-$ 等阴离子形式存在，水溶性 As 总量常低于 1mg/kg，占土壤全砷的 $5\%\sim10\%$。土壤中的砷酸盐（As^{5+}）和亚砷酸盐（As^{3+}）随氧化还原电位的变化而相互转化。二者相比，对作物危害毒性三价砷（As^{3+}）比五价砷（As^{5+}）大 3 倍。

As 对作物生长产生影响，较高浓度时可抑制作物生长。As 污染危害主要是破坏叶绿素，阻止水分、养分向下运输，抑制土壤中氧化、消化作用的酶活性。稻田水中超过 20mg/L 时水稻枯死。因此，糙米的总 As 浓度界限值为 1mg/kg，蔬菜为 0.5mg/kg。在农业生产中，由于污灌及施用含砷农药，大量砷进入土壤，而后进入植物体。在水稻土中加入的砷（As^{5+}）大于 8mg/kg 时，开始抑制水稻生长；当大于 12mg/kg 时，水稻糙米中砷（As_2O_3）的残留量超过粮食卫生标准（0.7mg/kg）。

As 对人体的危害，三价砷（As^{3+}）远大于五价砷（As^{5+}）的毒性，亚砷酸盐比砷酸盐的毒性要大 60 倍。其毒性机理主要是由于亚砷酸盐可与蛋白质中的巯基反应，它对机体内的新陈代谢产生严重影响；而砷酸盐则不能，它对机体内的新陈代谢产生的毒性影响相对较低。因此，为保护食物链，污水灌溉水质要求水田 As 含量小于 0.05mg/kg，旱田 As 含量小于 0.1mg/kg。我国规定灌溉水中砷及其化合物的浓度不得超过 0.05mg/L。

表 9-2　铜、锌、镍、硒等重金属对土壤的污染及防治

重金属元素	相对密度	地壳丰度/(mg/kg)	土壤背景值/(mg/kg)	对植物是否需要	植物背景值/(mg/kg)	对植物的危害特征	污染界限
铜	8.92	38	2～100，平均 20	是	2～4	积累于根部，阻碍根系生长，呈珊瑚状或铁丝状，新叶褪绿，老叶出现坏死斑	土壤 125mg/kg，灌溉水质标准 1.0mg/L
锌	7.13	40	10～300	是	8～15	新叶褪绿，进而在叶柄、叶背出现红紫色或红褐色斑点	土壤 5～10mg/kg，灌溉水质标准小于 3mg/L
镍	8.90	35	10～1000，平均 40	否	1～10	症状与铜相似，根系呈珊瑚状，叶片褪绿，叶脉间出现明显白色条纹，严重时整片变白、坏死	土壤中代换性镍 3～10mg/kg
硒	4.3～4.8		0.1～2.0，平均 0.5	否	0.02～2.0	根系生长受抑制，叶片下垂，叶边发黄，叶片因失水而卷曲，谷粒出现黑褐色斑点	灌溉水质标准 0.01mg/L

注：引自刘树庆主编《农村环境保护》（2010）。

6. 其他重金属污染

除前面介绍的毒性较强的五种重金属和类金属外，较常见的污染重金属、类金属还有铜、锌、镍、硒等元素。这些重金属对土壤污染的共同特点是，污染元素一般分布于表层，氧化态多为可溶态，而在还原条件下变得难溶，酸性条件下多为可溶态，碱性条件下多为难溶态。这几种元素的土壤污染特性列于表 9-2。

三、土壤重金属污染及其防治措施

2016 年 5 月 28 日，国务院印发了《土壤污染防治行动计划》，简称"土十条"。这一计划的制定是土壤修复事业的里程碑事件。

土壤污染的防治要贯彻以防为主的方针，首先控制和消除污染源。对已经污染的土壤，要采取一切措施，消除土壤中的污染物或者提高土壤环境容量。所谓环境容量是指某一环境要素所能够承纳污染物的最大数量，而土壤的环境容量则是以土壤容纳某种污染物后不致使生态环境遭到破坏，特别是其生产的农产品不被污染为依据而确定的。控制土壤中污染物的迁移、转化，使之不能进入或微量进入食物链，不致造成对人体健康和农业生产的危害。下面将近些年来国内外采用污染土壤的治理方法分别进行一下讨论。

1. 工程措施

工程措施是指依据物理或物理化学原理，通过工程手段治理污染土壤的一类方法。

(1) 客土、换土和翻土　通过客土、换土和深耕翻土与污土混合，可以降低土壤中重金属的含量，减少重金属对土壤-植物系统产生的毒害，从而使农产品达到食品卫生标准。

(2) 隔离法　隔离法是用各种防渗材料，如水泥、黏土、石板、塑料等，把土壤与未污染土壤分开的一类方法。显然，此法只适用于部分土壤污染严重、防止污染物从已被污染土壤向未被污染土壤扩散的农田，对已污染的土壤不具有治理效果。

(3) 清洗法　清洗法是用清水或向清水中加入能增加重金属水溶性的某种化学物质，把污染物从土壤中洗去的一类方法。清洗土壤后的废水，再用含有一定配位体的化合物或阴离子进行处理，使废水中的重金属生成较稳定的络合物或沉淀，再收集起来做集中处理，防止对水体造成二次污染。日本用稀盐酸或在盐水中加入 EDTA 清洗被重金属污染了的土壤。另外，每年汛期将泥土含量较高的洪水引入农田，不仅能对污染物起到清洗作用，还可以随水客入一定量新土。因此，有条件的地方，这是一种经济、有效的改良重金属污染土壤的方法。

(4) 电化学法　电化学法是在水饱和后的土壤中插入若干个电极（最好为石墨电极），通电后，阴极附近产生大量的 H^+ 向土壤毛孔移动，并把污染重金属离子自土壤胶体上释放到土壤溶液中，再通过电渗透的方式将其移到阴极附近，并被吸附在土壤表层，设法把这部分土壤除去。此法对含铅等污染物土壤的治理有较好效果，操作简便，运行费用低，且可回收多种金属。

工程措施治理效果较为可靠，是一种治本措施，适用于大多数污染物和土壤条件。但工程量大，投资高，易引起土壤肥力下降，因此，只能适用于小面积的重度污染区。近年来，把其他工业领域，特别是污水、大气污染治理技术引入土壤污染治理过程中，为土壤污染治理研究开辟了新途径，如磁分离技术、阴阳离子膜代换法等。这些方法虽然还处于试验、探索阶段，但将来会对土壤污染治理起到积极作用。

2. 生物措施

生物措施是利用某些特定的动物、植物和微生物，较快地吸收或降解土壤中的污染物质而达到净化土壤的目的。其生物修复技术措施主要有以下几种。

(1) 植物修复技术　植物修复技术是利用植物及其根际微生物对土壤污染物的吸收、挥发、转化、降解、固定作用而去除污染物的修复技术。该技术已成为国内外环境生物学研究的热点和前沿领域。此法可分为植物提取、植物挥发和植物稳定三种类型。利用某些具有超积累功能的植物吸收一些重金属污染物，如生长在矿区的植物东南景天吸附大量的锌、镉、铅，蜈蚣草可以吸附砷，香蒲植物、元叶紫花苕子可以吸附铅、锌；这些植物品种具有观赏性或纤维性等特性，避开了食物链；为了提高富集效果，常使用 EDTA 等活化剂，以活化被有机物螯合的金属元素供植物吸收。

（2）动物修复技术 有资料报道，蚯蚓等土壤动物可吸收土壤或污泥中的重金属，还能促使土壤中一些农药降解。

（3）微生物修复技术 微生物修复技术是指利用天然存在的或特别培养的微生物，在可调控的环境条件下将土壤中的有毒污染物转化为无毒物质的处理技术。有研究者用铬还原细菌将高毒的六价铬离子还原成低毒形态，使用 dechromatic KC-Ⅱ菌活性污泥处理工业 Cr^{6+} 污水，收到较好效果。微生物还可使 Hg、Se 等发生还原反应而后被挥发。另外，也有关于某些微生物对重金属耐性很强、可用于含重金属污泥的生物淋滤处理的报道。

生物修复技术具有潜在或显在的经济效益、成本低、不会造成生态破坏或二次污染等特点。因此，较工程措施更适应现代农村生态环境保护的需求，易于被公众接受。

3. 施用改良剂

在某些污染的土壤中加入一定的化学物质能有效地降低污染物的水溶性、扩散性和生物有效性，从而降低它们进入植物体、微生物体和水体的能力，减轻对生态环境的危害。

对于重金属污染的酸性土壤，施用石灰、高炉灰、矿渣、粉煤灰等碱性物质，或配施钙镁磷肥、硅肥等碱性肥料，提高土壤 pH，降低重金属的溶解性，从而有效地减轻对植物的危害。而在重金属污染的碱性土壤上，如碳酸盐褐土，由于 $CaCO_3$ 含量高，土壤中有效磷易被固定，不宜施石灰等碱性物质，可以施加 K_2HPO_4 使重金属形成难溶性的磷酸盐。

另外，施入含硫物质，如石灰硫黄合剂、硫化钠等，与土壤中镉形成 CdS 沉淀；施入硅肥可以抑制或缓解砷、铅、镉、铬和铁、锰等对水稻的毒害；施入还原性物质，如堆厩肥、未腐熟的稻草、牧草或富含淀粉物质的其他有机物质，并结合水田淹水，促使土壤成还原条件而降低镉的水溶性。同时有机肥本身有吸附重金属的作用，还可以提高土壤的环境容量。

施用改良剂措施不仅治理效果较好，而且费用适中，如果有农业及生物措施相配合，效果会更好，在中度污染地区值得推荐使用。但要加强管理，以免被吸附或固定在土壤中的污染物再度活化而造成新的污染。

4. 农业措施

（1）增施有机肥以提高土壤环境容量 施用堆肥、厩肥、植物秸秆等有机肥，增加土壤有机质，可提高土壤胶体对重金属和农药的吸附，也可促进土壤中微生物和酶的活性，加速有机污染物的降解。

（2）控制土壤水分 土壤的氧化还原状况影响着污染物的存在状态，通过控制土壤水分可达到降低污染物危害的作用。

（3）合理施用化肥 长期盲目施用化肥给土壤及作物造成的污染危害主要是重金属和硝酸盐。科学合理、有选择地施用化肥有利于抑制植物对某些污染物的吸收，并可降低植物体内污染物的浓度。研究表明，不同形态肥料降低作物体内重金属（镉）浓度能力的大小顺序是：氮肥，$Ca(NO_3)_2 > NH_4HCO_3 > NH_4NO_3$、$CO(NH_2)_2 > (NH_4)_2SO_4$、$NH_4Cl$；磷肥，钙镁磷肥 $> Ca(H_2PO_4)_2 >$ 磷矿粉、过磷酸钙；钾肥，$K_2SO_4 > KCl$。同时，还要实行限量、安全施肥，也就是科学、合理施肥。据研究表明，对叶菜类安全施（氮）肥量为其最佳经济施肥量的 $70\% \sim 80\%$，可控硝酸盐超标；而根菜类、瓜果类的安全施肥量就是其最佳经济施肥量，并符合无公害蔬菜生产标准。可见，限量、选肥、合理施用是关键。

（4）选种抗污染农作物品种 选种吸收污染物少或食用部位污染物积累少的作物也是土壤重金属污染防治的有效措施。例如，菠菜、小麦、大豆吸镉量较多，而玉米、水稻吸镉量少。所以，在镉污染的土壤上优先选种玉米和水稻等作物。另外，在中、轻度重金属污染的土壤上，不种叶菜类、块根类蔬菜而改种棉花及非果菜类作物，也能有效地降低农产品中重金属浓度。

（5）改变耕作制度或改为非农业用地　对于污染较重的农田，改作繁育制种田。另外，改变耕作制度，调整种植结构，如改粮食、蔬菜作物为花卉、苗木、棉花、桑麻类。由于收获的作物部位不直接食用，不作商品粮，可以减轻土壤污染的危害，并有可能获得较高的经济效益。对于污染严重的农田，如污染物不会直接对人体产生危害，可以优先考虑将其改为建筑用地等非农业用地。

采用农业措施投资少，通常不需要中断农业生产，在治理土壤污染的同时还可以获得一定收益，具有明显的优点。但与工程措施等相比，农业措施治理效果差，周期长，一般只适于中、轻度污染的土壤，且需要与生物措施、化学改良措施相配合才能获得更好的治理效果。因此，应根据当地实际情况，因地制宜地加以选用。

第三节　农 药 污 染

一、农药污染概述

农药和化肥一样是用量最大、使用最广的农用化学物质。目前，世界上生产、使用的农药原药已达 1000 多种，全世界化学农药总产量以有效成分计，大致稳定在 200 万吨。主要是有机氯、有机磷和氨基甲酸酯等。按防治对象不同，农药可分为杀虫剂、杀菌剂、除草剂、杀螨剂、杀线虫剂、杀鼠剂、杀软体动物剂和植物生长调节剂等。

农药在防治作物病虫草害和防治传染病害等方面起着重要作用。据统计，全世界由于病虫草害而造成的作物产量损失，可以高达 50% 左右。我国 2012—2014 年农作物病虫害防治农药年均使用量为 31.1 万吨（折百），比 2009—2011 年增长 9.2%。农药的过量使用，不仅造成生产成本增加，也影响农产品质量安全和生态环境安全。为此，2015 年农业部制定了《到 2020 年农药使用量零增长行动方案》，要求到 2020 年，初步建立资源节约型、环境友好型病虫害可持续治理技术体系，单位防治面积农药使用量控制在近三年平均水平以下，力争实现农药使用总量零增长。

二、农药对土壤环境的污染

农药（pesticide）主要指用于防治危害农林牧渔生产的病虫害和调节植物、昆虫生长的化学药品及生物药品。农药污染（pesticide pollution）是指在防治病虫害过程中，由于过量或盲目使用农药致使对人体健康、生物、水体、大气和土壤环境造成危害和污染现象。

农药对土壤的污染，主要是通过防治病虫草鼠等有害生物造成的；其次是农药厂的"三废"处理不当造成的。例如，农田喷施粉剂时，仅有 10% 的农药吸附在植物体上；喷施液剂，仅有 20% 的农药吸附在作物上，其余部分，40%~60% 降落于地面上，5%~30% 飘浮于空中。落于地面上的农药又会随降雨形成的地表径流而流入水域或下渗入土壤。飘浮于空中的农药，最后也会因降雨与自身的沉降落入土壤中。

农药对土壤的污染程度，除用药量大小之外，主要取决于不同农药的稳定性及其用量。一般用药量大、稳定性高和挥发性小的农药，在土壤中的残留量就越大，污染也越严重。

（一）农药在土壤中的残留

由于农药本身理化性质和其他影响农药消解因子的综合作用，各种常用农药在土壤中的残留性差别很大。从各种农药在土壤中的残留比较来看，有机氯农药残留期较长，有机磷农药残留期短，但如果长期连续使用，特别是使用浓度过高，也会对土壤产生污染。

（二）农药在土壤中的降解和转移

1. 农药在土壤中的降解

农药在土壤中的化学转化，大多是以水为介质或反应剂的。其中水解和氧化是农药化学降解的普遍过程。其他反应还有还原作用或异构作用。

（1）水解作用　许多有机磷农药进入土壤中后，可进行水解。水解强度随温度的增高、土壤含水量的增加和 pH 的降低而加强。

（2）氧化与还原　许多含硫农药可在土壤中进行氧化，如对硫磷能氧化为对氧磷，DDT 在土壤中可还原为 DDD。

（3）光化学降解　土壤表面的农药因受日光照射而发生光化学作用，主要有异构化、氧化、裂解和置换反应。农药的光分解仅限于表面或非常接近表面的残留物，其分解的程度又取决于暴露时间的长短、光的强度与波长以及水、空气和光敏剂存在的条件等。

（4）微生物的分解　土壤微生物对农药的降解作用，是农药在土壤中消失的最重要途径。

凡是影响土壤微生物正常活动的因素如温度、含水量、通透性、有机质含量、土壤 pH 等，都能影响微生物对农药的降解过程。同时农药本身的性质与土壤微生物的降解作用也有很大的关系，一般含有羟基、羧基、氨基等基团的农药易于降解。据报道，乐果在有微生物的土壤中经 14 天一般分解 77%，在灭菌土壤中只分解 18%，在 γ 射线照射过的土壤中分解 20%。各种农药由于性质不同，其降解过程是很复杂的。

2. 农药在土壤中转移

进入土壤的农药除大部分降解消失外，还有部分可以通过挥发成气体而散失到空中污染大气，或随地表径流污染水系，或被生物吸收污染生物。

农药挥发作用的大小，主要取决于农药本身的蒸气压，并受土壤温度、有机质含量、湿度等因素影响。

农药随水迁移有两种方式：一种是水溶性大的农药直接溶于水中；另一种是被吸附在水中悬浮颗粒表面而随水流迁移。表土层中的农药可随灌溉水和水土流失向四周迁移扩散，造成水体污染。

（三）农药对生态系统的危害

1. 农药对植物的影响

农药进入植物体的途径有两条：一条是从植物体表进入，经气孔或水孔直接经表皮细胞向下层组织渗透，脂溶性农药还能溶解于植物表面蜡质层里而被固定下来；另一条是从根部吸收，在灌溉或降雨后，农药溶于土壤水中，而被植物根吸收。

植物体对农药的吸收取决于农药的种类和性质、植物的种类、土壤因素等。一般内吸性农药能进入植物体内，使植物内部农药残留量高于植物外部；而渗透性农药只沾染在植物外表，外部的农药浓度高于内部。植物的不同种类和同一种类不同部位农药残留也不同，一般叶菜类植物的农药残留量高于果菜类和根菜类。不同植物部位农药含量随转移距离而迅速降低，即茎的上部含量较下部少。土壤有机质含量多、黏土含量多、土壤 pH 低，吸附的农药也多。

农药在防治病虫草害、调节植物生长的同时，也会造成污染。一些植物受害的症状为：叶发生叶斑、穿孔、焦灼枯萎、黄化、失绿、褪绿、卷叶、厚叶、落叶、畸形等；果实发生果斑、果瘢、褐果、落果、畸形等；花发生花瓣枯焦、落花等；植株发生矮化、畸形等；根发生粗短肥大、缺少根毛、表面变厚发脆等；种子发芽率低。同时，农药残留在农产品中相当普遍，如我国使用有机氯农药滴滴涕（DDT）和六六六（BHC）等。有机氯农药化学性质稳定，不易降解，易于在植物体内蓄积。植物性食品中残留量顺序为植物油＞粮食＞蔬菜、水果。

2. 农药对动物的影响

（1）对昆虫的影响

① 昆虫种类下降。世界上的昆虫大约有 100 多万种，真正对农作物造成危害、需要防治的昆虫不过几百种。

② 次要种群变成主要种群。农药杀伤了害虫的天敌如瓢虫，原来因竞争而受到抑制的次要种群变为主要种群，造成害虫的猖獗。

③ 防治对象产生耐药性。据统计，世界上产生耐药性的害虫从 1991 年的 15 种增加到目前的 800 多种，我国也至少有 50 多种害虫产生耐药性。

（2）对水生动物的影响　水生动物中以鱼虾类最为明显，由于农药能在鱼体内富集，对鱼毒性较强。如 1962 年日本九州发生的有明海事件，是由于在稻田中使用对鱼毒性很大的五氯酚钠，随即暴雨将大量五氯酚钠冲入水域，造成鱼类、贝类死亡，损失达 29 亿日元。同时，稻田中生活着大量的蛙类，多数是在喷药后吞食有毒昆虫而中毒，或蝌蚪被进入水体的农药杀死。一般蝌蚪对农药比较敏感，成蛙耐药力较强。

（3）对鸟类的影响　农田、果园、森林、草地等大量使用化学农药，给鸟类带来了严重的危害。在喷洒农药的区域里，经常会死鸟，尤其以昆虫为食料的鸟类受到的影响较大。此外，鸟类经常因取食用农药处理过的种子致死。

（4）对土壤动物的影响　研究表明，农药能杀害生活在土壤中的某些无脊椎动物、节肢动物等。例如，澳大利亚在东部 200 万平方千米的范围内用有机磷杀虫剂杀螟松控制蝗虫，结果导致非靶标无脊椎动物的种类和数量明显减少。

3. 对人体健康的影响

农药可经消化道、呼吸道和皮肤三条途径进入人体而引起中毒，其中包括急性中毒、慢性中毒等。特别是有机磷农药能溶解在人体的脂肪和汗液中，可以通过皮肤进入人体，危害人体的健康。

高毒有机磷农药和氨基甲酸农药导致急性中毒，症状包括头晕头痛、恶心、呕吐、多汗且无力等，严重者昏迷、抽搐、吐沫、肺水肿、呼吸极度困难、大小便失禁甚至死亡。慢性中毒一般发病缓慢，病程较长，症状难以鉴别，原因是经常连续吸入或皮肤接触较小量农药，进入人体后逐渐发生病变而出现中毒症状。

（四）农药污染的防治

农药是重要的农业生产资料，对于发展生产、防治病虫草鼠害具有重大作用。然而农药也是具有毒物属性的化学物质，农药的使用又会对人体健康、生物、水体、大气和土壤环境产生危害和污染，已成为影响生产安全、食品安全和环境安全的重要因素。因此，必须高度重视农药污染问题，并采取积极的对策和措施进行有效防治。

1. 减少化学农药使用量

（1）农业防治 农业防治是指利用耕作和栽培等技术手段，改善农田生态环境条件，以控制病虫草害的发生，从而减少农药的使用。如轮作、合理施肥、加强田间管理和选育抗病虫害强的作物品种等。

（2）物理防治 主要是利用物理方法来预测和捕杀害虫。在农业生产中使用的物理机械方法有人工捕杀、灯光诱杀害虫等。

（3）生物防治 生物防治是指利用自然界有害生物的天敌或微生物来控制有害生物的方法。如我国广泛使用赤眼蜂防治玉米螟、稻卷叶螟。

2. 研制高效、低毒、低残留农药

从农产品安全和环境保护角度出发，加强研制和筛选农药应当符合高效、低毒、低残留的质量要求。

3. 合理使用农药

普及农药、植保知识，做到对症下药，有的放矢地用药，注意用药的浓度与用量，掌握正确、合理的施用量。

4. 加强农药管理

规范管理农药的生产、销售，执行销售农药必须登记制度，打击生产和销售假劣农药，开展对农药的药效、毒理和残留以及对环境的危害等方面综合评价。

第四节 化肥污染

一、化肥污染概述

化肥（fertilizer）是化学肥料的简称，是指由化学工业制造、能够直接或间接为作物提供养分，以增加作物产量、改善农产品品质或能改良土壤、提高土壤肥力的一类物质。故化肥是世界上用量最大、使用最广的农用化学物质。伴随化学工业的发展，世界人口的增长，粮食需求幅度的增加，化肥生产和使用的数量逐年增加。据国家统计局数据，2013 年中国化肥生产量为 7037 万吨（折纯），农用化肥使用量为 5912 万吨，我国年化肥使用量约占世界的 35％。

化肥的种类根据其有效成分分为氮肥、磷肥、钾肥、复合肥料和其他中量、微量元素肥料。我国氮肥的主要品种是碳铵（占氮肥总量的 54％）、尿素（占氮肥总量的 30.8％）和氨水（占氮肥总量的 15％），其他品种如硫铵只占总量的 0.2％。磷肥总产量为 300 万吨（P_2O_5），主要品种为过磷酸钙 $[Ca(H_2PO_4)_2]$，占总产量的 70％左右，钙镁磷肥 $[\alpha\text{-}Ca_3(PO_4)_2+CaO+MgO]$ 占 30％。

化肥污染（pollution by chemical fertilizer）是指由于长期过量或盲目使用化肥致使土壤环境污染物积累、理化性状恶化，严重影响作物生长及农产品品质；或随灌溉淋入地下水或通过反硝化作用产生 N_2O 并释放到大气中，继而污染环境。故科学合理施肥对确保作物增产、保护生态环境质量极为重要。

为推进环境友好的现代农业发展之路，促进农业可持续发展，农业部制定了《到 2020 年化肥使用量零增长行动方案》。2015—2019 年，逐步将化肥使用量年增长率控制在 1％以内。力争到 2020 年，主要农作物化肥使用量实现零增长。

二、化肥对土壤环境的污染

1. 土壤物理性状改变

长期过量施用单一氮肥品种（如氯化铵或硫酸铵），会使土壤物理性质恶化，土壤板结，偏重氮磷肥、钾肥用量少使土壤中营养成分比例失调，如过量的氮肥使植物体内 NO_3^- 积累，进而影响作物产量及品质。

2. 长期施肥会促进土壤酸化

氮肥施用量、累积年限与土壤 pH 变化关系密切，其中生理酸性肥料如硫酸铵和氯化铵等，引起土壤酸化的作用最强，其次是尿素，硝酸盐类肥料的酸化作用较弱。例如在我国南方，连续 14 年施用硫酸铵，土壤 pH 会降低至 4 以下。

3. 引起土壤重金属污染

由磷肥使用带入土壤中的重金属主要有镉、铬、锌、汞、铜等，它们主要来源于磷肥的制造和加工过程。

4. 降低土壤微生物活性

微生物具有转化有机质、分解复杂矿物和降解有毒物质的作用。研究表明，合理施用化肥对微生物活性有促进作用，过量则会降低其活性。

三、化肥污染的防治

1. 科学合理施肥

（1）科学的施肥制度 由于土壤性质、栽培耕作制度以及作物品种有一定的差别，因此要根据土壤的供肥特性、作物的需肥和吸肥规律以及计划产量等因土因作物施肥，提高肥料利用率。

（2）合理配合施肥 有机-无机肥料的配合施用，同时结合微量元素肥料施用，作物需要的多种养分能均衡供应。既可改良土壤，又能使作物高产稳产。

（3）利用 3S 技术精确施肥 3S 技术是指遥感技术（RS）、地理信息系统（GIS）和全球定位系统（GPS）技术。三者联合能够针对农田土壤肥力微小的变化将施肥操作调整到相应的最佳状态，使施肥操作由粗放到精确。

2. 研制化肥新品种，走生态农业道路

推广施用缓控释肥料，该种肥料部分添加了脲酶抑制剂和硝化抑制剂等成分，能大大提高肥料利用率，减少肥料对环境的污染。

3. 加强管理，发展复合肥，减少杂质以提高化肥质量

加强养分资源综合管理的概念是 1984 年联合国粮农组织提出的，它要求将所有养分以最佳的方式组合到一个综合的系统中，使之适合不同农作制度下的生态条件、社会条件和经济条件，以达到作物优质、高产、保持和提高土壤肥力的目的。同时发展和研制新型复合肥，减少杂质以提高化肥质量，提高肥料利用率。

思 考 题

1. 土壤的基本特征有哪些？
2. 土壤污染危害的特性如何？
3. 土壤污染的类型有哪些？

4. 影响重金属存在形态的主要土壤因素有哪些？

5. 不同种类重金属对土壤环境的污染如何？

6. 重金属污染土壤的防治措施有哪些？

7. 农药在土壤中如何降解和转移？

8. 农药对生态系统的影响有哪些？

9. 化肥对土壤环境的污染及防治方法有哪些？

第十章　固体废物及其资源化

内容提要及重点要求：本章从"固体废物是放错地点的资源"这一基本观点出发，讲述了固体废物的基本概念、特征、危害以及常见的处理、处置和资源化方法，并就常见的三种垃圾处理方式做了比较，最后对越来越受到重视的电子垃圾污染处置问题进行了探讨。本章要求了解固体废物污染的特点、资源化的原则，熟悉城市生活垃圾的主要处理方式及特点、电子垃圾污染的特点及资源化途径，掌握常见的固体废物处理、处置方法及三化原则。

第一节　概　　述

一、固体废物处理、处置和资源化的概念和分类

（一）固体废物的定义、分类及危险废物的越境转移问题

1. 固体废物的定义

固体废物（solid waste）是指在生产、生活和其他活动中产生的丧失原有利用价值或者虽未丧失利用价值但被抛弃或者放弃的固态、半固态和置于容器中的气态的物品、物质以及法律、行政法规规定纳入固体废物管理的物品、物质。固体废物的概念是有时间性和空间性的，一种过程的废物随着时空条件变化可以成为另一过程的原料，所以，固体废物又有"放错地点的原料"之称。

2. 固体废物的分类

固体废物来源广泛、种类繁多、组成复杂，按物质的成分可分为无机废物和有机废物；按危害程度可分为一般固体废物和危险废物；按其来源可分为矿业废物、工业废物、城市垃圾、农业废物和放射性废物五类；在《中华人民共和国固体废物污染环境防治法》附则中，固体废物分为工业固体废物、城市生活垃圾和危险废物三大类。

（1）工业固体废物（industrial solid waste）　是指在工业生产活动中产生的固体废物，包括矿业固体废物、冶金工业固体废物、能源工业固体废物、石油化学工业固体废物、轻工业固体废物和其他固体废物。

随着我国固体废物的逐年增长，我国政府也加大了治理的力度。削减工业固体废物的产生量是我国污染物排放总量控制的重要内容之一。

（2）城市生活垃圾（municipal solid waste）　是指在城市日常生活中或者为城市日常生活提供服务的活动中产生的固体废物以及法律、行政法规规定视为城市生活垃圾的固体废物。

我国城市垃圾的主要特点是：产出相对集中；经济价值低；产量与构成因季节而变化。应当指出，以上几点特性对我国城市垃圾的处理均有消极性的影响。垃圾的产出集中，使得少数城市消纳渠道逐渐饱和，处理压力大，问题相对突出；经济价值低，造成处理过程选择

麻烦；而季节性变化大，导致对处理方案的抗冲击能力要求高等。

（3）**危险废物**（hazardous waste） 是指列入国家危险废物名录或者根据国家规定的危险废物鉴别标准和鉴别方法认定的具有危险特性的废物。所谓危险特性是指具有化学反应性、毒性、腐蚀性、爆炸性、易燃性或引起危害的特性。目前我国已经制定的《危险废物鉴别标准》中包括浸出毒性、急性毒性初筛和腐蚀性三大类。

1998 年国家有关部委联合发布了国家危险废物名录，共计 47 大类，来源主要是各工业企业和医院，包括各种有机废溶剂、高浓度化工母液、热处理电镀废渣液、废电池、含多氯联苯或二噁英的卤代化合物、防腐剂、催化剂废渣、医院手术临床废物等。在众多危险废物中，废电池、废灯管和医院特种垃圾产量大，危害程度高，称为动植物和人类生存与健康的"杀手"。

3. 危险废物的越境转移

随着工业的发展，尤其是化学工业的发展，危险废物的产生与日俱增，逐渐成为世界各国面临的主要公害。危险废物越境转移已成为人们关注的又一焦点问题。危险废物的越境转移是指危险废物从一国管辖地区或通过第三国向另一国管辖地区转移。危险废物在国际间的转移，尤其是向发展中国家的转移，会对人类健康和环境造成严重的危害。首先，危险废物在运输过程中发生泄漏或出现其他事故直接释放到环境中去，对环境造成直接污染。其次，许多发展中国家没有处理危险废物的必要技术和设施，危险废物得不到完全的和适当的处置，不但污染本国，也可能危及邻国。1989 年 3 月 22 日在瑞士巴塞尔联合国环境规划署召开了关于控制危险废物越境转移全球公约全权代表会议，通过了《控制危险废物越境转移及其处置巴塞尔公约》，该公约共有 29 条正文和 6 个附件，于 1992 年 5 月生效。

（二）固体废物处理、处置和资源化的概念

1. 处理

处理通常是指通过物理、化学、生物、物化及生化方法把固体废物转化为适于运输、贮存、利用或处置的过程。固体废物处理的目标是无害化、减量化、资源化。目前采用的主要方法包括压实、破碎、分选、固化、焚烧、生物处理等。

2. 利用和资源化

利用是指从固体废物中提取物质作为原材料或者燃料的活动。资源化表示资源的再循环（生产—消费—废物—生产）。关于再循环的含义，指的是从原料制成成品，经过市场直到最后消费变成废物，又引入新的生产—消费的循环系统。

3. 处置

处置是指将固体废物焚烧和用其他改变固体废物的物理、化学、生物特性的方法，达到减少已产生的固体废物数量、缩小固体废物体积、减少或者消除其危险成分的活动，或者将固体废物最终置于符合环境保护规定要求的填埋场的活动。固体废物的处置，是控制固体废物污染的末端环节，是解决固体废物的归宿问题。处置的目的和技术要求是，使固体废物在环境中最大限度地与生物圈隔离，避免或减少其中的污染组成对环境的污染与危害。

二、固体废物污染的特点

固体废物问题较之其他形式的环境问题有其独特之处，具有资源性、污染的特殊性和严重的危害性等特征。

1. 资源性

固体废物品种繁多、成分复杂，尤其是工业废渣，不仅数量大，而且具备某些天然原料、能源所具有的物理、化学特性，易于收集、运输、处理和再利用；城市垃圾含有多种可再利用的物质，世界上已有许多国家实行城市垃圾分类包装，作"再生资源"或"二次资源"。这一特点同时说明由于时空条件的限制，固体废物是"放错地点的资源"。

2. 污染的特殊性

固体废物不仅占用土地和空间，还通过水、气和土壤对环境造成污染，并由此产生新的"污染源"，如不再进行彻底治理，往复循环，就形成固体废物污染的特殊性，即固体废物具有富集终态和新污染源的交叉性的特点。

3. 严重的危害性

固体废物堆积，占用大片土地造成环境污染，严重影响着生态环境。生活垃圾可滋生、繁殖细菌，能传播多种疾病，危害人畜健康，而危险废物的危害性更为严重。固体废物污染具有潜在性、长期性以及灾难性。

固体废物问题，尤其是城市生活垃圾，最贴近人们的日常生活，因而是与人类生活最息息相关的环境问题。人们每天都在产生垃圾、排放垃圾，同时也在无意识中污染我们的生存环境。关注固体废物问题，也就是关注我们最贴近的环境问题，通过对我们日常生活中垃圾问题的关注，也将最有效地提高全民的环境意识、资源意识。

三、固体废物处理、处置和资源化的原则

国际上，20 世纪 60 年代中期以后，环境保护受到重视，污染治理技术迅速发展，形成了一系列的处理方法。70 年代以来，一些工业发达国家，由于废物处置场地紧张，处理费用高，也由于资源缺乏，因此提出了"资源循环"的口号，开始从固体废物中回收资源和能源，逐步发展成为控制废物污染的途径——资源化。

我国固体废物的污染控制工作起步较晚，开始于 20 世纪 80 年代初期，由于技术力量和经济力量有限，近期内还不可能在较大范围内实现"资源化"。因此，必须着眼于眼前，放眼于未来，以寻求我国固体废物处理的途径。为此，我国于 80 年代中期提出了以"资源化""减量化""无害化"作为控制固体废物污染的技术政策，并确定今后较长一段时间内应以"无害化"为主。我国固体废物处理利用的发展趋势必然是从"无害化"走向"资源化"，"无害化"是"资源化"的前提。

1. 无害化（safe treatment）

固体废物"无害化"处理的基本任务是将固体废物通过工程处理，达到不损害人体健康、不污染周围环境的目的。

目前，废物"无害化"处理工程已经发展成为一门崭新的工程技术。如垃圾的焚烧、卫生填埋、堆肥、粪便的厌氧发酵、有害废物的热处理和解毒处理等。在对废物进行"无害化"处理时，必须看到各种"无害化"处理工程技术的通用性是有限的，它们的优劣程度往往不是由技术、设备条件本身所决定。以生活垃圾处理为例，焚烧处理确实不失为一种先进的"无害化"处理方法，但它必须以垃圾含有高热值和可能的经济投入为条件，否则，便没有利用的意义。

2. 资源化（recycle）

固体废物资源化的基本任务是采取工艺措施从固体废物中回收有用的物质和能源。资源

化主要包括以下三个范畴：一是物质回收，即处理废物并从中回收指定的二次物质，如纸张、玻璃、金属等；二是物质转换，即利用废物制取新形态的物质，如利用废玻璃和废橡胶生产铺路材料，利用炉渣生产水泥和其他建筑材料，利用有机垃圾生产堆肥等；三是能量转换，即从废物处理过程中回收能量，作为热能和电能。如利用有机废物的焚烧处理回收热量，进一步发电；利用垃圾厌氧消化产生沼气，作为能源向居民和企业供热或发电。

3. 减量化（reduction）

固体废物减量化的基本任务是通过适宜的手段减少固体废物的数量和体积。这一任务的实现，需要从两个方面入手：一是对固体废物进行处理利用；二是减少固体废物的产生。

对固体废物进行处理利用，属于物质生产过程的末端，即通常人们所理解的"废物综合利用"，我们称之为"固体废物资源化"。例如，生活垃圾采用焚烧法处理后，体积可减少80%～90%，余烬则便于运输和处置。固体废物采用压实、破碎等方法处理也可以达到减量并方便运输和处理处置的目的。

减少固体废物的产生，属于生产过程的前端，需从资源的综合开发和生产过程中物质资料的综合利用入手。当今，从国际上资源开发利用和环保的发展趋势看，世界各国为解决人类面临的资源、人口、环境三大问题，越来越注意资源的合理利用。人们对综合利用范围的认识，已从物质生产过程的末端（废物利用）向前延伸了，即从物质生产过程的前端（自然资源开发）起，就考虑和规划如何全面合理地利用资源。把综合利用贯穿于自然资源的综合开发和生产过程中物质资料与废物综合利用的全过程，我们称之为"资源综合利用"。实现固体废物"减量化"，必须从"固体废物资源化"延伸到"资源综合利用"上来，其工作重点包括采用经济合理的综合利用工艺和技术，制定科学的资源消耗定额等。

第二节　固体废物的处理

固体废物处理技术涉及物理学、化学、生物学、机械工程等多种学科，主要处理技术有如下几个方面。

（1）固体废物的预处理　在对固体废物进行综合利用和最终处置之前，往往需要实行预处理，以便于进行下一步处理。预处理主要包括破碎、筛分、粉磨、压缩等工序。

（2）物理法处理固体废物　利用固体废物的物理和物理化学性质，从中分选或分离有用或有害物质。根据固体废物的特性可分别采用重力分选、磁力分选、电力分选、光电分选、弹道分选、摩擦分选和浮选等分选方法。

（3）化学法处理固体废物　通过固体废物发生化学转换回收有用物质和能源。煅烧、焙烧、烧结、溶剂浸出、热分解、焚烧、电力辐射都属于化学处理方法。

（4）生物法处理固体废物　利用微生物的作用处理固体废物。其基本原理是利用微生物的生物化学作用，将复杂有机物分解为简单物质，将有毒物质转化为无毒物质。沼气发酵和堆肥即属于生物处理方法。

一、破碎处理

1. 破碎的概念和意义

破碎是固体废物处理技术中最常用的预处理工艺。它不是最终处理的作业，而是运输、焚烧、热分解、熔化、压缩等其他作业的预处理作业。经破碎处理（fragmentation treatment）后，固体废物的性质改变，消除其中的较大空隙，使物料整体密度增加，并达到废物混合体更为均匀的颗粒尺寸分布，使其更适合于各类后处理工序所要求的形状、尺寸与容重等。

2. 破碎技术

目前，被广泛应用的固体废物破碎途径是直接从采矿工业部门借鉴而来的机械破碎方法，破碎作用分为挤压、摩擦、剪切、冲击、劈裂、弯曲等，其中前三种是破碎机通常使用的基本作用。

破碎方式可分为干式、湿式、半湿式三类。其中，干式破碎即通常所说的破碎，又可分为机械能破碎和非机械能破碎两种方法。湿式破碎与半湿式破碎是在破碎的同时兼有分级分选的处理。半湿式选择性破碎分选是利用城市垃圾中各种不同物质的强度和脆性的差异，在一定的湿度下破碎成不同粒度的碎块，然后通过网眼大小不同的筛网加以分离回收的过程。湿式破碎技术是利用纸类在水力作用下的浆液化特性，基于回收城市垃圾中的大量纸类为目的而发展起来的。

二、分选技术

固体废物分选技术（separation）是废物处理的一种方法（单元操作），其目的是将废物中可回收利用的或不利于后续处理、处置工艺要求的物料分离出来。

城市生活垃圾在固体废物处理、处置与回用之前必须进行分选，将有用的成分分选出来加以利用，并将有害的成分分离出来。根据物料的物理性质或化学性质（包括粒度、密度、重力、磁性、电性、弹性等），分别采用不同的分选方法，包括筛分、重力分选、磁选、电选、光电分选、摩擦与弹性分选、浮选以及最简单有效的人工分选等。

三、固化

固化（solidification）是指用化学、物理方法，把有害固体废物固定或包容在固体基质中，使之呈现化学稳定性或密封性的一种无害化处理方法。固化主要是针对有害物质或放射性物质而言的，也称危险废物的固化。有害废物经过固化处理形成的产物称为固化体，固化所用的惰性材料称为固化剂。

已研究和应用多种固化方法来处理不同类型的固体废物，但是迄今为止尚未研究出一种适用于处理任何类型的固体废物的固化方法，目前所采用的固化方法只能适用于一种或几种类型的废物。根据固化基材的不同，固化技术主要分为包胶固化、自胶结固化和玻璃固化。包胶固化是采用某种固化基材对废物进行包覆处理的方法，分为水泥固化、石灰固化、热塑性材料固化和有机聚合物固化，适用于多种废物的固化；自胶结固化适用于大量能成为胶结剂的废物；玻璃固化（熔融固化）是根据玻璃的溶解度及其所含成分的浸出率都非常低而减容系数却非常高的特点，应用已经成熟的玻璃制造技术，将含有重金属的污泥和废渣进行玻璃固化，以便固定在玻璃中。玻璃固化适用于极少数特毒废物的处理。

四、生物处理技术

生物处理技术（biochemical process）是利用微生物对有机固体废物的分解作用使其无害化。该种技术可以使有机固体废物转化为能源、食品、饲料和肥料，是固体废物资源化的有效的技术方法。目前应用比较广泛的有堆肥化、沼气化、废纤维素糖化、废纤维饲料化、生物浸出等。

1. 好氧堆肥化技术

堆肥就是利用微生物对有机废物进行分解腐熟而形成肥料。目前我国已建成的堆肥场主要采用机械化堆肥和简易高温堆肥技术。存在的问题是产品肥效低。比较好的堆肥技术，是把有机垃圾送入机械消化机中，通过好氧微生物的作用，变成高效有机肥。另外，一定要把有毒有害的废物如废电池、废塑料等分拣出来，剩下有机物才能去堆肥。相关内容参见本章第五节。

2. 厌氧发酵产沼技术

从沼气生产技术的角度来说，发酵是指在厌氧条件下，利用厌氧微生物（特别是产甲烷细菌）新陈代谢的生理功能，经过液化（水解）、酸化及气化三个阶段，将有机物转化成沼气（CH_4、CO_2）的整个工艺生产过程。由 60% 甲烷和 40% 二氧化碳组成的沼气称为标准沼气。以厌氧消化为主要环节的"能环工程"手段，处理过程中不仅不耗能，而且每去除 1kg COD 所产生的沼气还可发 0.6 度❶电，人们利用厌氧消化来治理环境并获得能源是人类利用自然规律的一个杰作。

五、热处理技术

热处理技术（heat treatment）包括焚烧法（incineration）和热解法（pyrolysis）。

焚烧是将垃圾放在特殊设计的封闭炉内，在 1000℃ 左右烧成灰，然后送去填埋。此法可将垃圾的体积缩小 $50\%\sim95\%$。垃圾焚烧可以用于发电。现在，我国垃圾中可燃的有机物不断增加，垃圾的热值越来越高，北京市的垃圾热值由过去的 3.35×10^3 kJ/kg 上升到 5.86×10^3 kJ/kg。

垃圾焚烧投资大，运行费用高昂，操作管理要求高。建设一个日处理垃圾 1000t 的焚烧炉及附属热能回收设备，需要 7 亿～8 亿元。更重要的是，垃圾焚烧存在一些不利于环保的因素。一是烧掉了大量的纸张、塑料等可回收的资源；二是产生"二次污染"，焚烧中释放出污染气体（如二噁英、电池中的汞蒸气等），产生有毒有害的灰烬。好处是把大量有害的废料分解而变成无害的物质。

由于固体废物中可燃物的比例逐渐增加，采用焚烧法处理固体废物，利用其热能已成为必然的发展趋势。以此种处理方法处理固体废物，占地少，处理量大，在保护环境、提供能源等方面可取得良好的效果。欧洲国家较早采用焚烧法处理固体废物，焚烧厂多设在 10 万人口以上的大城市，并设有能量回收系统。日本由于土地紧张，采用焚烧法逐渐增多。焚烧过程获得的热能可以用于发电。利用焚烧炉发生的热量，可以供居民取暖，用于维持温室室温等。目前日本及瑞士每年把超过 65% 的都市废料进行焚烧而使能源再生。但是焚烧法也有缺点，例如投资较大、焚烧过程排烟造成二次污染、设备锈蚀现象严重等。

热解是将有机物在无氧或缺氧条件下高温（500～1000℃）加热，使之分解为气、液、固三类产物。与焚烧法相比，热解法则是更有前途的处理方法。它的显著优点是基建投资少。

---

❶　1 度＝1kW·h。

第三节　固体废物资源化技术

一、固体废物的资源化及其意义

固体废物资源化就是采取工艺技术从固体废物中回收物质和能源。固体废物在一定的时间对某一过程而言，是没有利用价值的废弃物；同时，对于其他的过程，它又是可利用的资源。1970 年以前，世界各国对固体废物的认识，仅停留在处理和污染防治上；1970 年后，世界各国出现能源危机，增强了人们对固体废物资源化的紧迫感，由消极处理到资源化。

固体废物资源化的意义在于：环境效益高，可从环境中去除某些有毒废物；生产成本低，用废铁炼钢比用铁矿石炼钢节约能源 47%～70%，减少空气污染 85%，减少矿山垃圾 97%；生产效益高，用铁矿石炼 1t 钢需要 8 个工时，而用废铁仅需 2～3 个工时。

二、固体废物资源化的基本途径

固体废物资源化的基本途径归纳起来有五个方面：生产建材，比如由粉煤灰制造水泥和砖；提取各种金属，把最有价值的各种金属提取出来是固体废物资源化的重要途径，某些稀有贵金属的价值甚至超过主金属的价值；生产农肥，比如由堆肥制造有机肥，由钢渣制造钙镁磷肥；回收能源，比如利用厌氧发酵制取沼气，利用有机废物热解产生储存性能源，垃圾焚烧产生热能等；取代某种原料，加工处理后代替工业原料，节约资源，比如用高炉渣滤料处理造纸废水。

三、固体废物资源化的原则

固体废物资源化的原则是资源化的技术必须是可行的；资源化的产品应符合相应产品的质量标准，因而具有竞争力；资源化的经济效益比较好，因而具有较强的生命力；资源化所处理的废物应当尽可能在排放源附近处理利用，以节省存放、运输等方面的费用。

四、固体废物资源化系统和系统技术

固体废物资源化是指从原材料经过加工制成的成品，经人们消费后，成为废物又引入新的生产—消费循环系统。就整个社会而言，就是生产—消费—废物—再生产的一个不断循环的系统。

1. 固体废物资源化系统

整个资源回收系统可分为两个分系统：前期系统和后期系统。

(1) 前期系统　前期系统不改变物质的性能，也称分离回收，又可分为：废物收集时原形的系统（即重复系统），如回收空瓶、空罐、家用电器中的有用零件，通常采用手选清洗，并对回收物料进行简易修补；改变原形而不改变物理化学性质的有用物质回收系统（即物理性原料的再利用系统），如回收的金属、玻璃、塑料、纸张等材料，多采用破碎、分离、水洗后，根据各材质的物性用机械的物理方法分选后收集回收。

(2) 后期系统　后期系统又分为以回收物质为目的的系统和以回收能源为目的的系统两大类。后者进一步分为可储存可迁移型能源及燃料的回收系统和不可储存即随产随用型能源的回收系统。

后期系统主要是将前期系统回收后的残留物，用化学的、生物的方法，改变废物的物性而进行回收利用。这个系统比分离回收技术要求高而困难，故成本较高。

2. 固体废物资源化系统技术

大体来说，固体废物资源化技术可分为前期系统技术和后期系统技术。前期系统技术包括破碎、分选等，以回收资源为目的；后期系统技术包括燃烧、热解、生化分解等，以回收能源为目的。对某些废物处理来讲，前后技术连续成为整体系统，而这个系统又分为许多单元操作，所以形成了复杂的工艺过程。特别值得注意的是，以回收的废物为原料与生产用的原始原料相比，成分复杂，品质低，对技术上要求高，用这种原料生产精度较高的产品，必然费用高、经济效益低，如不加精制利用则价值低。

第四节 固体废物的最终处置

一、固体废物处置的目标和方法

固体废物经过减量化和资源化处理后，剩余下来的无再利用价值的残渣，往往富集了大量的不同种类的污染物质，对生态环境和人体健康具有即时性和长期性的影响，必须妥善加以处理。安全、可靠地处理这些固体废物残渣，是固体废物全过程管理中的最重要的环节。

由于固体废物本身固有的特性和外界条件的变化，在长期的地质处置过程中，加上水分的浸入，必然导致发生在固体废物中一系列相互关联的各种物理、化学和生物过程，使这些污染物不断释放出来，进入环境中。

废物处置场实际上是一个化学或物理化学反应器，进入的是水分和废物，而流出的是气体和渗滤液。当降雨和地表水通过渗透进入处置区时，污染物溶解并产生含污染物质的渗滤液；而在被处置的废物达到稳定化之前，含污染物的气体会不断释放到环境中去。

废物处置总的目标是保证废物中的有害物质现在和将来对于人类均不致发生不可接受的危害。其方法是通过多重屏障（天然屏障、人工屏障）实现有害物质与生物圈的隔离。为达到上述目的所依赖的天然环境地质条件，称为天然防护屏障，所采取的工程措施则称为工程防护屏障。当代固体废物特别是危险废物的处置，在设计上采取三道屏障组成的多重屏障原理。

1. 废物屏障系统

根据填埋的固体废物（生活垃圾或危险废物）的性质进行预处理，包括固化或惰性化处理，以减轻废物的毒性或减小渗滤液中有害物质的浓度。

2. 密闭屏障系统

利用人为的工程措施将废物封闭，使废物渗滤液尽量少地突破密闭屏障，向外溢出。其密封效果取决于密封材料的品质、设计水平和施工质量保证。

3. 地质屏障系统

地质屏障系统包括场地的地质基础、外围和区域综合地质技术条件。

地质屏障的防护作用大小，取决于地质对污染物质的阻滞性能和污染物质在地质介质中的降解性能。

二、土地填埋处置技术

废物的陆地处置可分为土地耕作、永久贮存或贮留地贮存、永久填埋三种类型，其中应用最多的是土地填埋处置技术。

土地填埋处置是从传统的堆放和土地处置发展起来的一项最终处置技术，不是单纯的堆、填、埋，而是一种按照工程理论和土木标准对固体废物进行有控管理的综合性科学工程方法。在填埋操作处置方式上，它已从堆、填、覆盖向包容、屏蔽及隔离的工程贮存方向发展。土地填埋处置，首先要进行科学选址，在设计规划的基础上对场地进行防护（如防渗）处置，然后按严格的操作程序进行填埋操作和封场，要制定严格的管理制度，定期对场地进行维护和监测。

土地填埋处置具有工艺简单、成本较低、适于处置各种类型的固体废物的优点。目前，土地填埋已成为固体废物最终处置的一种主要方法。土地填埋处置的主要问题是渗滤液的收集控制问题。实践证明，以往的某些衬里系统是不适宜的，衬里一旦破坏很难维修，另一个问题是由于各项法律的颁布和污染控制目标的制定，致使处置费用不断增加。因此，对土地填埋处置方法需进一步改善以臻完善。

第五节　城市生活垃圾的处理

一、基本现状

中国垃圾处理起步较晚，垃圾无害化处理能力较低，曾出现垃圾包围城市的严重局面。近年来，中国环境卫生行业有了较大的发展，使城镇垃圾处理水平提高，垃圾包围城市的现象有所缓解。近 10 年，我国城市生活垃圾产生量大幅度增加。中国城市环境卫生协会提供的数据显示，目前，我国人均生活垃圾年产生量为 440kg，全国城市垃圾年产生量达 1.5 亿吨，且每年以 8%～10% 的速度增长，全国历年垃圾存量已超过 60 亿吨。

我国城市生活垃圾处理主要采用填埋、焚烧和堆肥等方法。2015 年，全国设市城市生活垃圾清运量为 1.92 亿吨，城市生活垃圾无害化处理量为 1.80 亿吨。其中，卫生填埋处理量为 1.15 亿吨，占 63.9%；焚烧处理量为 0.61 亿吨，占 33.9%；其他处理方式占 2.2%。无害化处理率达 93.7%，比 2014 年上升 1.9%。全国生活垃圾焚烧处理设施无害化处理能力为一天 21.6 万吨，占总处理能力的 32.3%。

治理城镇垃圾是一个系统工程，包括垃圾的收集、运输、转运、处理及资源利用等环节。

二、填埋、焚烧和堆肥处理垃圾

1. 填埋处理

填埋是大量消纳城市生活垃圾的有效方法，也是以上三种主要的垃圾处理工艺中唯一的最终处置方法。不论采用何种手段处理固体废物，最终总会有一部分没有任何利用价值的剩余物遗留下来，即"终态废物"，目前，我国普遍采用直接填埋法。所谓直接填埋法是将垃圾填入已预备好的坑中盖上压实，使其发生生物、物理、化学变化，分解有机物，达到减量化和无害化的目的。

天津市在水上公园南侧用垃圾堆山，营造人工环境，变害为利，工程占地近 80 万平方米，以垃圾与工程废土按 1∶1 配合后作为堆山土源，对于渗滤液和发酵产生的沼气和山坡的稳定性等，都采取了必要的措施。

　　美国堪萨斯城（Kansas City）是一个不大的城市，人口不多，城市周围是广阔的乡村，在远离城市的一块丘陵山地的低洼处选建填埋场，为了防止二次污染，采取如下措施：在底部和周围铺有防渗层；分层铺放，即堆放一层垃圾，而后盖土压实，根据介绍，有些垃圾堆放层还安装导气和导水管道，并利用产生的沼气。

　　日本东京都江东区有一片树林浓密、花草繁茂的土地，人们称之为"梦岛"，梦岛全部都是用垃圾填海造成的。

　　填埋处理方法是一种最通用的垃圾处理方法，它的最大特点是处理费用低，方法简单，但如果填埋处理操作不当，容易造成地下水资源和大气的二次污染，甚至引起填埋场气体爆炸，因此要特别注意防渗层的处理、渗滤液和填埋场气体的收集等技术问题，并要定期对场地进行维护和监测。填埋处理操作过程中另外一个日益突出的问题是：随着城市垃圾量的增加，靠近城市的适用的填埋场地越来越少，开辟远距离填埋场地又大大提高了垃圾排放费用，这样高昂的费用甚至无法承受，因此新的垃圾填埋场选址越来越困难。

　　2. 焚烧处理

　　焚烧法是将垃圾置于高温炉中，使其中可燃成分充分氧化的一种方法，产生的热量用于发电和供暖。美国西屋公司和奥康诺公司联合研制的垃圾转化能源系统已获成功。该系统的焚烧炉在燃烧垃圾时可将湿度达 7% 的垃圾变成干燥的固体进行焚烧，焚烧效率达 95% 以上，同时，焚烧炉表面的高温能将热能转化为蒸汽，可用于暖气、空调设备及蒸汽涡轮发电等方面。

　　沈阳市环境科学研究所引进日本垃圾焚烧装置对医院等单位的特殊垃圾进行无害化处理，焚烧过程中产生的残灰一般为优质磷肥，约占焚烧前生物垃圾质量的 5%。近几年我国对垃圾焚烧发电产生再生能源技术越来越给予重视。

　　焚烧处理的优点是减量效果好（焚烧后的残渣体积减少 90% 以上，质量减少 80% 以上），处理彻底。但是，焚烧厂的建设和生产费用极为高昂。在多数情况下，这些装备所产生的电能价值远远低于预期的销售额，给当地政府留下巨额经济亏损。由于垃圾含有某些金属，焚烧具有很高的毒性，产生二次环境危害。焚烧处理要求垃圾的热值大于 3.35MJ/kg，否则，必须添加助燃剂，这将使运行费用增高到一般城市难以承受的地步。

　　3. 堆肥处理

　　将生活垃圾堆积成堆，保温至 70℃ 贮存、发酵，借助垃圾中微生物分解的能力，将有机物分解成无机养分。经过堆肥处理后，生活垃圾变成卫生的、无味的腐殖质，既解决垃圾的出路问题，又可达到再资源化的目的。但是生活垃圾堆肥量大，养分含量低，长期使用易造成土壤板结和地下水质变坏，所以，堆肥的规模不宜太大。

　　不论城市生活垃圾的填埋、焚烧或堆肥处理，都必须要有预处理。预处理程序首先要求居民将生活垃圾分类收集，按可回收物质、有机物质和无机物质分别装袋，然后，垃圾处理公司按垃圾分类收集和运送，分类处理和利用。

三、电子废物及回收利用

1. 电子垃圾的概念

　　电子垃圾现在还没有明确技术标准来确定。但笼统地说，凡是已经废弃的或者已经不能再使用的电子产品，都属于电子垃圾。如旧电视机、旧电脑、旧冰箱、旧微波炉、旧手机、年久失效的集成电路板等。

2. 电子垃圾的危害

电子垃圾不仅量大，而且危害严重，如果处理不当会对人和环境造成严重危害，特别是电视机、电脑、手机、音响等产品，含大量有毒有害物质。废旧家用电器中主要含有六种有害物质：铅、镉、汞、六价铬、聚氯乙烯塑料、溴化阻燃剂。电视机阴极射线管、印刷电路板上的焊锡和塑料外壳等都是有毒物质。一台电视机的阴极射线管中含有 $1.8\sim3.6kg$ 铅。制造一台电脑需要 700 多种化学原料，其中含有 300 多种对人类有害的化学物质。一台电脑显示器中铅含量平均达 $1kg$ 之多。铅元素可破坏人的神经、血液系统和肾脏。电脑的电池和开关含有铬化物和汞，铬化物透过皮肤，经细胞渗透，可引发哮喘；汞则会破坏脑部神经；机箱和磁盘驱动器中的铬、汞等元素对人体细胞的 DNA 和脑组织有巨大的破坏作用。如果将这些电子垃圾随意丢弃或掩埋，大量有害物质会渗入地下，造成地下水严重污染；如果进行焚烧，会释放大量有毒气体，造成空气污染。

3. 电子垃圾处理回收利用技术

面对日益膨胀的电子垃圾以及严重的环境污染，电子垃圾处理回收利用技术成为解决这一问题的核心技术。随着电子环保法规及标准的出台与实施，电子垃圾处理技术内容主要包括以下几个方面：无铅化焊料和无溴阻燃剂的生产工艺技术；阴极射线屏幕和液晶显示器的拆解、循环利用和处置的成套技术装备；电子废弃产品破碎、分选及无害化处置的技术和装备；家用电器与电子产品无害化或低害化的生产原材料和生产技术；废弃电冰箱、空调器压缩机中含氟制冷剂、润滑油的回收技术与装备等。随着电子垃圾的日益增多，电子垃圾处理技术将成为新的技术热点，它对保护人类的生存环境、促进人类的可持续发展，都具有十分重要的意义。

据专业机构研究，目前全球每年约产生 4000 万吨电子垃圾，其中欧洲约 600 万吨，正以 3 倍于其他城市垃圾产生的速度在增加。因此，关于废弃物管理和利用的问题就成了 2009 年 5 月在中国召开的"中国欧盟圆桌会议第五次会议"的两大议题之一。在中国，目前主要消费电器电子产品的实际年废弃量已超过了 2 亿台，而处理能力还不到废弃量的 20％！电子垃圾的数量正以每年 5％～10％的速度迅速增加，全球特别是发达国家已进入电器电子产品淘汰报废的高峰期。

2009 年 2 月 25 日，国务院公布了《废弃电器电子产品回收处理管理条例》。该条例确立了废弃电器电子产品集中处理、废弃电器电子产品处理资格许可、废弃电器电子产品处理基金、废弃电器电子产品处理发展规划等制度。为落实国务院出台的家电"以旧换新"政策，环境保护部发布了《关于贯彻落实家电以旧换新政策加强废旧家电拆解处理环境管理的指导意见》，积极推动家电"以旧换新"的污染防治工作。

思 考 题

1. 对城市生活垃圾的三种主要处理方式做出比较。
2. 电子垃圾的危害有哪些？你能提出哪些治理方案？
3. 谈谈你对"三化"原则的理解。
4. 你认为城市生活垃圾最佳的处理方案是什么？
5. 固体废物资源化途径有哪些？
6. 固体废物的污染途径有哪些？
7. 为什么说固体废物污染治理最具复杂性？

第十一章　物理性污染及其防治

内容提要及重点要求：本章主要介绍了与人类生活密切相关的各种物理性污染的基本知识，主要包括：噪声的基本概念、来源、特征、危害，噪声的评价方法，以及噪声控制的基本原理和技术；电磁辐射的危害及控制；放射性污染、污染源及控制方法；光、热污染及控制技术。本章要求了解噪声污染、电磁性污染、放射性污染和光、热污染对人类及环境危害的特点，熟悉噪声的定义及特征，掌握常用的噪声控制方法及应用特点。

第一节　噪声污染及其控制

我们生活在一个丰富多彩的有声世界中，声音在我们的生活中起着十分重要的作用。比如说话是人们互相交流信息最直接、最经常的手段，它就是通过声音作为媒介来实现的；声音使人们能够欣赏到美妙的音乐，倾听大自然的潺潺流水、婉转鸟语。可以说，大自然和人类不可以没有声音。但是有些声音却是人们所不需要的。加工厂车间里机器的运转声、城市道路上汽车的嘈杂声、建筑工地设备的轰鸣声、商业市井人群的喧哗声等，这些声音会影响人们的正常工作、学习和休息，使人烦躁不安，甚至影响人的健康。近年来向环境保护部门投诉的污染事件中，噪声事件所占的百分比已上升到第一位。

一、噪声与噪声源

（一）噪声

噪声可能是由自然现象产生的，也可能是由人们活动形成的。噪声可以是杂乱无序的宽带声音，也可以是节奏和谐的乐音。总的来说，噪声就是人们不需要的声音，噪声具有客观与主观两方面的特点。

从物理学的观点看，噪声就是各种频率和声强杂乱无序组合的声音。从生理学和心理学的观点看，令人不愉快、讨厌以致对人们健康有影响或危害的声音都是噪声，即对噪声的判断与个人所处的环境和主观愿望有关。当声音超过人们生活和社会活动所允许的程度时，就成为了噪声污染（noise pollution）。

（二）噪声的来源

1. 噪声污染源的分类

各种各样的声音都起始于物体的振动。凡能产生声音的振动物体统称为声源。噪声的来源有两种：一类是自然现象引起的自然界噪声；另一类是人为造成的。噪声污染通常指人为造成的。噪声污染源主要有以下四种。

（1）工厂噪声污染源　工厂各种产生噪声的机械设备，如运行中的排风扇、鼓风机、内燃机、空气压缩机、汽轮机、织布机、电锯、电机、风铲、风铆、球磨机、振捣台、冲床机和锻锤等。

（2）交通运输污染源　运行中的汽车、摩托车、拖拉机、火车、飞机和轮船等。

（3）建筑施工噪声污染源　运转中的打桩机、混凝土搅拌机、压路机和凿岩机等。

（4）社会生活噪声污染源　高音喇叭、商业、交际等社会活动和家用电器等。

2. 噪声的分类

若按噪声产生的机理来划分，可以分为机械性噪声、空气动力性噪声、电磁性噪声和电声性噪声四大类。

（1）机械性噪声　这类噪声是在撞击、摩擦和交变的机械力作用下部件发生振动而产生的。如破碎机、电锯、打桩机等产生的噪声属于此类。

（2）空气动力性噪声　这类噪声是高速气流、不稳定气流中由于涡流或压力的突变引起了气体的振动而产生的。如鼓风机、空压机、锅炉排气放空等产生的噪声属于此类。

（3）电磁性噪声　这类噪声是由于磁场脉动、磁场伸缩引起电气部件振动而产生的。如电动机、变压器等产生的噪声属于此类。

（4）电声性噪声　这类噪声是由于电-声转换而产生的。如广播、电视等产生的噪声属于此类。

（三）噪声的特征

噪声污染与大气污染、水污染相比具有以下四个特征。

1. 主观性

噪声是感觉公害，任何声音都可以成为噪声。噪声是人们不需要的声音的总称，因此一种声音是否属于噪声全由判断者心理和生理上的因素所决定。例如优美的音乐对正在思考问题的人却是噪声。

2. 局部性

声音在空气中传播时衰减很快，它不像大气污染和水污染影响面广，而只对一定范围内的区域有不利的影响。

3. 暂时性

噪声污染在环境中不会有残剩的污染物质存在，一旦噪声源停止发声后，噪声污染也立即消失。

4. 间接性

噪声一般不直接致命，它的危害是慢性的和间接的。

二、噪声的危害

（一）对人体健康的影响

1. 听力损伤

（1）急性损伤　当人们突然暴露于极强烈的噪声之下，由于其声压很大，常伴有冲击波，可造成听觉器官的急性损伤，称为暴振性耳聋（explosive deafness）或声外伤。此时，耳的鼓膜破裂、流血，双耳完全失听。我国古代时有这样一种刑罚，叫钟下刑。受刑的人被扣在一口大钟的里面，然后行刑的人在外面用木槌用力敲钟，使受刑人在钟里痛苦难忍，甚至造成精神分裂或昏迷。这说明在强烈噪声的环境下，人将受到严重的危害。

（2）慢性损伤　除上述的急性损伤以外，噪声还会对人的听觉系统造成慢性损伤。大量的调查研究表明，人们长期在强噪声环境下工作会形成一定程度的听力损失。衡量听力损失的量是听力阈级。听力阈级是指耳朵可以觉察到的纯音声压级。它与频率有关，可用专用的听力计测定。阈级越高，说明听力损失或部分耳聋的程度越大。国际标准化组织规定，听力损失用 500Hz、1000Hz 和 2000Hz 三个频率上的听力损失的平均值来表示。一般来讲，噪声性耳聋是指平均听力损失超过 25dB。长期在不同的噪声环境下工作，噪声性耳聋发病率会有所不同，统计结果见表 11-1。

表 11-1　工作 40 年后噪声性耳聋发病率

噪声/dB	国际统计(ISO)/%	美国统计/%
80	0	0
85	10	8
90	21	18
95	29	28
100	41	40

从表 11-1 可以看出，在 80dB 以下工作不致耳聋，80dB 以上每增加 5dB，噪声性耳聋发病率增加 10% 左右。

2. 生理影响

大量研究结果表明，人体多种疾病的发展和恶化与噪声有着密切的关系。噪声会使大脑皮层的兴奋和抑制平衡失调，导致神经系统疾病，患者常出现头痛、耳鸣、多梦、失眠、心慌、记忆力衰退等症状。

噪声还会导致交感神经紧张，代谢或微循环失调，引起心血管系统疾病，使人产生心跳加快、心律不齐、血管痉挛、血压变化等症状。不少人认为，当今生活中的噪声是造成心脏病的重要原因之一。

噪声作用于人的中枢神经系统时，会影响人的消化系统，导致肠胃机能阻滞、消化液分泌异常、胃酸度降低、胃收缩减迟，造成消化不良、食欲不振、胃功能紊乱等症状，从而导致胃病及胃溃疡的发病率增高。

噪声还会伤害人的眼睛。当噪声作用于人的听觉器官后，由于神经传入系统的相互作用，使视觉器官的功能发生变化，引起视力疲劳和视力减弱，如对蓝色和绿色光线视野增大，对金红色光线视野缩小。

噪声还会影响儿童的智力发育。有调查显示，在噪声环境下儿童的智力发育比在安静环境下低 20%。

（二）对生活和工作的干扰

1. 对睡眠的干扰

睡眠对人是极重要的，它能够使人的新陈代谢得到调节，使人的大脑得到休息，从而消除体力和脑力疲劳。所以保证睡眠是关系到人体健康的重要因素。但是噪声会影响人的睡眠质量和数量，老年人和病人对噪声干扰比较敏感。当睡眠受到噪声干扰后，工作效率和健康都会受到影响。研究结果表明，连续噪声可以加快熟睡到轻睡的回转，使人多梦，熟睡的时间缩短。突然的噪声可使人惊醒。噪声对人们睡眠的干扰程度见表 11-2。

表 11-2　噪声对人们睡眠的干扰程度

噪声/dB	连续性噪声	突发性噪声
40	有 10% 的人感觉到噪声影响	有 10% 的人突然惊醒
65	有 40% 的人感觉到噪声影响	有 80% 的人突然惊醒

2. 对语言交谈和通信联络的干扰

环境噪声会掩蔽语言声音，使语言清晰度降低。语言清晰度是指被听懂的语言单位百分数。噪声级比语言声级低很多时，噪声对语言交谈几乎没有影响。噪声级与语言声级相当时，正常交谈受到干扰。噪声级高于语言声级 10dB 时，谈话声就会被完全掩蔽。噪声对语言交谈的影响情况见表 11-3。

由于噪声容易使人疲劳，因此会使相关人员难以集中精力，从而使工作效率降低，这对于脑力劳动者尤为明显。

此外，由于噪声的掩蔽效应，会使人不易察觉一些危险信号，从而容易造成工伤事故。

表 11-3　噪声对语言交谈的影响

噪声/dB	主观反应	保证正常讲话距离/m	通信质量
45	安静	10	很好
55	稍吵	3.5	好
65	吵	1.2	较困难
75	很吵	0.3	困难
85	太吵	0.1	不可能

（三）损害设备和建筑物

噪声对仪器设备的危害与噪声的强度、频谱以及仪器设备本身的结构特性密切相关。当噪声级超过 135dB 时，电子仪器的连接部位会出现错动，引线产生抖动，微调元件发生偏移，使仪器发生故障而失效。当噪声超过 150dB 时，仪器的元器件可能失效或损坏。

高强度和特高强度噪声能损害建筑物的结构。航空噪声对建筑物的影响很大，如超声速低空飞行的军用飞机在掠过城市上空时，可导致民房玻璃破碎、烟囱倒塌等损害。美国统计了 3000 件喷气式飞机使建筑物受损的事件，其中，抹灰开裂的占 43%，窗损坏的占 32%，墙开裂的占 15%，瓦损坏的占 6%。

三、噪声控制

（一）基本原理

噪声从声源发生，通过一定的传播途径到达接受者，才能发生危害作用。因此噪声污染涉及噪声源、传播途径和接受者三个环节组成的声学系统。要控制噪声必须分析这个系统，既要分别研究这三个环节，又要做综合系统的考虑。

1. 噪声源的控制

这是最根本的措施，包括改进结构、改造生产工艺、提高机械加工和装配精度、降低高压高速气流的压差和流速等措施。

2. 传播途径上的控制

这是噪声控制中的普遍技术，包括隔声、吸声、消声、阻尼减振等措施。

3. 对接受者的保护

对噪声接受者进行防护，除了减少人员在噪声环境中的暴露时间外，可采取各种个人防护手段，如佩戴耳塞、耳罩或者头盔等。对于精密仪器设备，可将其安置在隔声间内或隔振台上。

（二）基本技术

1. 吸声（sound absorption）

在噪声控制工程设计中，常用吸声材料和吸声结构来降低室内噪声，尤其在体积较大、混响时间较长的室内空间，应用相当普遍。吸声材料按其吸声机理来分类，可以分成多孔吸声材料及共振吸声结构两大类。

（1）多孔吸声材料 多孔吸声材料是目前应用最广泛的吸声材料。最初的多孔吸声材料是以麻、棉、棕丝、毛发、甘蔗渣等天然动植物纤维为主，目前则以玻璃棉、矿渣棉等无机纤维替代。这些材料可以为松散的，也可以加工成棉絮状或采用适当的黏结剂加工成毡状或板状。

多孔材料内部具有无数细微孔隙，孔隙间彼此贯通，且通过表面与外界相通，当声波入射到材料表面时，一部分在材料表面上反射，一部分则透入到材料内部向前传播。在传播过程中，引起孔隙中的空气运动，与形成孔壁的固体筋络发生摩擦，由于黏滞性和热传导效应，将声能转变为热能而耗散掉。声波在刚性壁面反射后，经过材料回到其表面时，一部分声波透回空气中，一部分又反射回材料内部，声波的这种反复传播过程，就是能量不断转换耗散的过程，如此反复，直到平衡，这样材料就"吸收"了部分声能。

（2）共振吸声结构 在室内声源所发出的声波的激励下，房间壁、顶、地面等围护结构以及房间中的其他物体都将发生振动。振动着的结构或物体由于自身的内摩擦和与空气的摩擦，要把一部分振动能量转变成热能而消耗掉，根据能量守恒定律，这些损耗掉的能量必定来自激励它们振动的声能量。因此，振动结构或物体都要消耗声能，从而降低噪声。结构或物体有各自的固有频率，当声波频率与它们的固有频率相同时，就会发生共振。这时，结构或物体的振动最强烈，振幅和振动速度都达到最大值，从而引起的能量损耗也最多，吸声效果最好。

常用的吸声结构有薄膜与薄板共振吸声结构、穿孔板共振吸声结构、微穿孔板吸声结构、薄塑盒式吸声体等。

2. 隔声 （sound insulation）

隔声是在噪声控制中最常用的技术之一。声波在空气中传播时，使声能在传播途径中受到阻挡而不能直接通过的措施，称为隔声。隔声的具体形式有隔声墙、隔声罩、隔声间和声屏障等。

（1）隔声墙 隔声技术中常把板状或墙状的隔声构件称为隔板或隔墙。仅有一层隔板的称为单层墙；有两层或多层，层间有空气或其他材料的称为双层墙或多层墙。

单层隔声墙的隔声量和单位面积的质量的对数成正比。隔墙的单位面积质量越大，隔声量就越大，单位面积质量提高1倍，隔声量增加6dB；同时频率越高，隔声量越大，频率提高1倍，隔声量也增加6dB。

双层隔声结构的隔声量比单层要有所提高，主要原因是空气层的作用。空气层可以看成与两层墙板相连的"弹簧"，声波入射到第一层墙透射到空气层时，空气层的弹性形变具有减振作用，传递给第二层墙的振动大为减弱，从而提高了墙体的总隔声量。

（2）隔声罩 隔声罩是噪声控制设计中常被采用的设备，例如空压机、水泵、鼓风机等高噪声源，如果其体积小，形状比较规则，或者虽然体积较大，但空间及工作条件允许，可以用隔声罩将声源封闭在罩内，以减少向周围的声辐射。隔声罩由隔声材料、阻尼涂料和吸声层构成。隔声材料用1～3mm的钢板，也可以用较硬的木板。钢板上要涂一定厚度的阻尼层，防止钢板产生共振。

（3）隔声间 隔声间的应用主要有两种情况：一种是在高噪声环境下需要一个相对比较安静的环境，必须用特殊的隔声构件进行建造，防止外界噪声的传入；另一种情况是声源较多，采取单一噪声控制措施不易奏效，或者采用多种措施治理成本较高，就把声源围蔽在局部空间内，以降低噪声对周围环境的污染。这些由隔声构件组成的具有良好隔声性能的房间统称为隔声间或隔声室。

隔声间一般采用封闭式的，它除需要有足够隔声量的墙体外，还需要设置具有一定隔声性能的门、窗等。

（4）声屏障 在声源与接收点之间设置障板，阻断声波的直接传播，以降低噪声，这样的结构称为声屏障。如在居民稠密的公路、铁路两侧设置隔声堤、隔声墙等。在大型车间设置活动隔声屏可以有效地降低机器的高中频噪声。

3. 消声（noise suppression）

消声器是一种既能允许气流顺利通过，又能有效地阻止或减弱声能向外传播的装置。但消声器只能用来降低空气动力设备的进排气口噪声或沿管道传播的噪声，而不能降低空气动力设备本身所辐射的噪声。

（1）阻性消声器 阻性消声器是一种吸收型消声器，利用声波在多孔吸声材料中传播时，因摩擦将声能转化成热能而散发掉，从而达到消声的目的。材料的消声性能类似于电路中的电阻耗损电功率，从而得名。一般来说，阻性消声器具有良好的中高频消声性能，对低频消声性能较差。

（2）抗性消声器 抗性消声器与阻性消声器不同，它不使用吸声材料，仅依靠管道截面的突变或旁接共振腔等在声传播过程中引起阻抗的改变而产生声能的反射、干涉，从而降低由消声器向外辐射的声能，达到消声的目的。常用的抗性消声器有扩张室式、共振腔式、插入管式、干涉式、穿孔板式等。这类消声器的选择性较强，适用于窄带噪声和中低频噪声的控制。

第二节 电磁性污染及其控制

一、电磁辐射及其危害

电磁辐射（electromagnetic radiation）是由振荡的电磁波产生的。在电磁振荡的发射过程中，电磁波在自由空间以一定速度向四周传播，这种以电磁波传递能量的过程或现象称为电磁波辐射，简称电磁辐射。

电磁辐射以其产生方式可分为天然和人工两种。天然产生的电磁辐射主要来自地球的热辐射、太阳的辐射、宇宙射线和雷电等，这些电磁辐射与人工产生的电磁辐射相比很小，可以忽略不计。人工产生的电磁辐射主要来自脉冲放电、高频交变电磁场和射频电磁辐射等。环境中射频辐射场的来源有两个：一个是人们为传递信息而发射的；另一个是在工业、医学中利用电磁辐射能加热时所泄漏的。前者的电磁辐射对发射和接收设备而言均为有用信号，而对其他电子设备以及操作人员和广大公众而言则为干扰源和污染源。后者的能量转换难免有部分电磁能以电磁辐射形式传播出去，构成环境污染因素。

电磁辐射可能造成的危害主要有以下几个方面。

1. 电磁辐射对人体的危害

高强度的电磁辐射以热效应和非热效应两种方式作用于人体，能使人体组织温度升高，导致身体发生机能性障碍和功能紊乱，严重时造成植物神经功能紊乱，表现为心跳、血压和血象等方面的失调，还会损伤眼睛导致白内障。此外，长期处于高电磁辐射的环境中，会使血液、淋巴液和细胞原生质发生改变，影响人体的循环系统、免疫、生殖和代谢功能，严重的还会诱发癌症，并会加速人体的癌细胞增殖。

2. 电磁辐射对机械设备的危害

电磁辐射可直接影响电子设备、仪器仪表的正常工作，造成信息失真、控制失灵，以致酿成大祸。如火车、飞机、导弹或人造卫星的失控，干扰医院的脑电图、心电图信号，使之无法正常工作。

3. 电磁辐射对安全的危害

电磁辐射会引燃或引爆，特别是高场强作用下引起火花而导致可燃性油类、气体和武器弹药的燃烧与爆炸事故。

二、电磁性污染的控制

控制电磁性污染的手段一般从两个方面进行考虑：一是将电磁辐射的强度减小到容许的强度；二是将有害影响限制在一定的空间范围。

1. 电磁屏蔽

在电磁场传播的途径中安设电磁屏蔽装置，可使有害的电磁场强度降至容许范围以内。电磁屏蔽装置一般为金属材料制成的封闭壳体。当交变的电磁场传向金属壳体时，一部分被金属壳体表面所反射，一部分在壳体内部被吸收，这样透过壳体的电磁场强度便大幅度衰减。电磁屏蔽的效果与电磁波频率、壳体厚度和屏蔽材料有关。一般来说，频率越高，壳体越厚，材料导电性能越高，屏蔽效果也就越好。

2. 接地导流

将辐射源的屏蔽部分或屏蔽体通过感应产生的射频电流由地极导入地下，以免成为二次辐射源。接地极埋入地下的形式有板式、棒式、格网式多种，通常采用前两种。接地法的效果与接地极的电阻值有关，使用电阻值越低的材料，其导电效果越好。

3. 吸收衰减

电磁辐射的吸收是根据匹配、谐振原理，选用适宜的具有吸收电磁辐射能力的材料，将泄漏的能量衰减，并吸收转化为热能的方法。石墨、铁氧体、活性炭等是较好的吸收材料。

4. 合理规划，加强管理

在城市规划中，应注意工业射频设备的布局，对集中使用辐射源设备的单位，划出一定的范围，并确定有效的防护距离。进一步加强无线电发射装置的管理，对电台、电视台、雷达站等的布局及选址，必须严格按照有关规定执行，以免居民受到电磁波的辐射污染。实行遥控和遥测，提高自动化程度，以减少工作人员接触高强度电磁辐射的机会。

第三节　放射性污染及其控制

一、放射性污染与污染源

人类活动排放的放射性污染物，使环境的放射性水平高于天然本底或超过国家规定的标准，称为放射性污染（radioactive contamination）。放射性核素排入环境后，可造成大气、水体和土壤的污染。由于大气扩散和水体输送，可在自然界得到稀释和迁移。放射性核素可被生物富集，使某些动物、植物，特别是在一些水生生物体内，放射性核素的浓度比环境中高出许多倍。在大剂量的照射下，放射性会破坏人体和动物的免疫功能，损伤其皮肤、骨骼及内脏细胞。放射性还能损害遗传物质，引起基因突变和染色体畸变。

大自然生物圈中的电离辐射源，除天然本底的照射之外，人工放射性污染源包括核试验、核事故、核工业生产过程及放射性同位素使用等。

1. 核武器试验的沉降物

全球频繁的核武器试验是造成核放射污染的主要来源。核武器试验造成的环境污染影响面涉及全球，其沉降灰中危害较大的有 ^{90}Sr、^{137}Cs、^{131}I、^{14}C。

2. 核燃料循环的"三废"排放

20 世纪 50 年代以后，核能开始应用于动力工业中。核动力的推广应用，加速了原子能工业的发展。原子能工业的中心问题是核燃料的产生、使用和回收。而核燃料循环的各个阶段均会产生"三废"，这会给周围环境带来一定程度的污染，其中最主要的是对水体的污染。

3. 医疗照射

由于辐射在医学上的广泛应用，医用射线源已成为主要的人工污染源。辐射在医学上主要用于对癌症的诊断和治疗方面。这些辐射大多数为外照射，而服用带有放射性的药物则造成了内照射。

4. 其他

其他辐射污染来源可归纳为两类：一是工业、医疗、军队、核动力舰艇或研究用的放射源，因运输事故、偷窃、误用、遗失以及废物处理等失去控制而对居民造成大剂量照射或污染环境；二是一般居民消费用品，包括含有天然或人工放射性核素的产品，如放射性发光表盘、夜光表以及彩色电视机产生的照射，虽对环境造成的污染很低，但也有研究的必要。

二、放射性污染的控制

根据放射性只能依赖自身衰变而减弱直至消失的固有特点，对高放及中、低放长寿命的放射性废物采用浓缩、贮存和固化的方法进行处理；对中、低放短寿命废物则采用净化处理或滞留一段时间待减弱到一定水平再稀释排放。

1. 重视放射性废气处理

核设施排出的放射性气溶胶和固体粒子，必须经过滤净化处理，使之减到最小程度，符合国家排放标准。

2. 强化放射性废水处理

铀矿外排水必须经回收铀后复用或净化后排放；水冶厂废水应适当处理后送尾矿库澄清，上清液返回复用或达标排放；核设施产生的废液要注意改进和强化处理，提高净化效能，降低处理费用，减少二次废物产生量。

3. 妥善处理固体放射性废物

废矿石应填埋，并覆土、种植植被做无害化处理；尾砂坝初期用当地土、石，后期用尾砂堆筑，顶部需用泥土、草皮和石块覆盖；核设施产生的易燃性固体废物需装桶送往废物库集中贮存；焚烧后的放射性废物，其灰渣应装桶或固化贮存。

第四节 光污染、热污染及其防治

一、光污染及其防治

光对人居环境、生产和生活至关重要。但超量光子的生物效应包括热效应、电离效应和光化学效应均可对人体特别是眼部和皮肤产生不良的影响。人类活动造成的过量光辐射对人类和环境产生不良反应影响称为光污染（light pollution）。光污染包括可见光、红外线和紫外线造成的污染。

1. 可见光污染

可见光污染比较常见的是眩光，例如汽车夜间行驶所使用的车头灯、球场和厂房中布置不合理的照明设施都会造成眩光污染。在眩光的强烈照射下，人的眼睛会因受到过度刺激而损伤，甚至有导致失明的可能。

杂散光是光污染的又一种形式。在阳光强烈的季节，饰有钢化玻璃、釉面砖、铝合金板、磨光石面及高级涂面的建筑物对阳光的反射系数一般在 65%～90%，要比绿色草地、深色或毛面砖石的建筑物的反射系数大 10 倍，产生明晃刺眼的效应。在夜间，街道、广场、运动场上的照明光通过建筑物反射进入相邻住户，其光强有可能超过人体所能承受的范围。这些杂散光不仅有损视觉，而且还能导致神经功能失调，扰乱体内的自然平衡，引起头晕目眩、食欲下降、困倦乏力、精神不集中等症状。

2. 红外线污染

红外线是一种热辐射，对人体可造成高温伤害。较强的红外线可以灼伤人的皮肤和视网膜；波长较长的红外线可灼伤人的眼角膜；长期在红外线的照射下，可以使人罹患白内障。

3. 紫外线污染

紫外线对人体的伤害主要是眼角膜和皮肤。造成眼角膜损伤的紫外线波长为 250～305nm，其中波长为 280nm 的作用最强。紫外线对皮肤的伤害作用主要是引起红斑和小水疱；对眼角膜的伤害作用表现为一种称为畏光眼炎的极痛的角膜白斑伤害。

光污染的防护对策主要有以下几个方面。

（1）在城市中，除需限制或禁止在建筑物表面使用隐框玻璃幕墙外，还应完善立法加强灯火管制，避免光污染的产生。

（2）在工业生产中，对光污染的防护措施包括：在有红外线及紫外线产生的工作场所，应适当采取安全办法，如采用可移动屏障将操作区围住，以防止非操作者受到有害光源的直接照射等。

（3）个人防护光污染的最有效的措施是保护眼部和裸露皮肤勿受光辐射的影响，为此佩戴护目镜和防护面罩是十分有效的。

二、热污染及其防治

在生产和生活中有大量的热量排入环境，这会使水体和空气的温度升高，从而引起水体、大气的热污染（thermal pollution）。

1. 水体热污染

水体热污染主要来源于含有一定热量的工业冷却水。工业冷却水大量排入水体，势必会使水体温度升高，对水质产生影响。

热污染对水体的水质会产生影响。当温度上升时，由于水的黏度降低，密度减小，从而可使水中沉淀物的空间位置和数量发生变化，导致污泥沉积量增多。水温升高，还引起氧的溶解度下降，其中存在的有机负荷会因消化降解过程增快而加速耗氧，出现氧亏。此时，可能使鱼类由于缺氧导致难以存活。同时水中化学物质的溶解度提高，并使其生化反应加速，从而影响在一定条件下存活的水生生物的适应能力。在有机物污染的河流中，水温上升时一般可使细菌的数量增多。另外，水温变化对鱼类和其他冷血水生动物的生长和生存都会有一定的影响。

对于水体的热污染可通过以下几个方面的措施进行防治：加强水体观察，将热监督作为重要的常规项目，制定废热排放标准；提高降温技术水平，减少废热排放量；对水体中排入废热源进行综合利用。

2. 大气热污染

人类使用的全部能源最终将转化为一定的热量逸散入大气环境之中。向大气排入热量对大气环境造成的影响主要表现在以下两个方面：一方面，燃料燃烧会有大量二氧化碳产生，使大气层温度升高，引起全球气候变化；另一方面，由于工业生产、机动车辆行驶和居民生活等排出的热量远高于郊区农村，所形成的热岛现象和产生的温室效应会给城市的大气环境带来一系列不利影响，特别是在静风条件下，热岛造成的污染将终日存在。

为了降低废热排放对大气环境的影响，可通过以下几个方面的措施进行防治：增加森林覆盖面积，在城市和工业区有计划地利用空闲地种植并扩大绿化面积；积极开发和利用洁净的新能源，这类新能源的推广应用必将起到积极减少热污染的作用；改进现有能源利用技术，提高热能利用率。

思 考 题

1. 噪声的控制技术有哪些？如何进行选择？
2. 电磁性污染、放射性污染、光污染和热污染都会产生哪些危害？

第三部分　环境保护措施

第十二章　环境管理

内容提要及重点要求：本章就环境管理范畴的环境法、环境标准、环境监测进行了简要介绍，阐述了环境规划管理的内容和方法，介绍了环境法及其法规体系，概述了环境标准及环境监测的基本内容。本章要求了解环境规划管理的方法、环境法及其形成体系及环境标准的作用，了解环境监测的基本分析手段，熟悉环境监测的质量控制方法，重点掌握环境管理的概念和法规体系。

第一节　环境管理概述

环境管理（environmental management）又称环境行政管理，指有关环境行政管理事务，也就是为实现环境保护目标而组织和配置与环境保护相关的各种资源的过程。其包括环境行政管理机制（管理组织、行政协调）、环境行政管理改革制度、环境管理手段和措施、对废物的环境行政管理、对资源的行政管理和对产品的行政管理。

一、环境管理的意义及内容

人们对环境管理的认识是从 20 世纪 90 年代开始的。在此之前，环境问题往往被单纯看成是一种孤立的污染事件。世界各国花费大量投资，运用工程技术手段进行治理，运用法律、行政手段限制排污，但并没有阻止污染的继续扩展。于是人们认识到，环境问题不仅仅是污染治理问题，也是人类社会经济发展与环境保护发生矛盾的问题。因此，开始了环境管理问题的研究，并发展成为环境科学的一个重要分支。实践证明，在人类的发展过程中，没有正确处理经济与环境的关系并制定和实施完善的环境规划是造成环境污染和生态破坏的根源。环境管理就是利用各种手段，鼓励引导甚至强迫人们保护环境。

环境管理从自然、经济、社会三个方面入手，解决环境问题。环境管理涉及的内容可从不同的角度划分。

1. 从环境管理的规模来划分

（1）宏观环境管理　是指从总体及规划上对发展与环境的关系进行调控，解决环境问题。包括对环境与经济发展的协调程度进行分析评价，环境经济综合决策，建立综合决策的技术支持系统，制定与可持续发展相适应的环境管理战略，研究制定对发展与环境进行宏观调控的政策法规等。

（2）微观环境管理　是指以特定区域为环境保护对象，研究运用各种控制污染的具体方法、措施和方案，防止新污染源出现，控制现有污染，运用行政和经济措施，降低生产过程对环境的危害。

2. 从环境管理的职能和性质划分

（1）环境规划管理　环境规划管理是依据发展规划而开展的环境管理，其内容包括制定环境规划、对环境规划的实施情况进行检查并监督。

（2）环境质量管理　环境质量管理是一种以环境标准为依据，以改善环境质量为目标，以环境质量评价和环境监测为内容的环境管理。包括环境调查、监测、研究、信息交流、检查和评价等。

（3）环境技术管理　环境技术管理是通过制定环境技术政策、技术标准、技术规程，以调整产业结构、规范企业的生产行为、促进企业的技术改革和创新为内容，以协调技术经济发展和环境保护的关系为目的的环境管理。包括完善法规标准、建立管理信息系统、建立科技支撑能力、普及教育及国际交流合作等。

二、环境管理的原则及方法

1. 环境管理的原则

（1）全过程控制　全过程控制是指对人类社会的组织、生产、生活行为进行全过程环境管理和监督控制。目前，人们重视产品的生产全过程控制，解决产品生产的环境问题，而对产品在使用中及报废后的环境问题关注较少。全过程控制是对产品的生产、使用、报废全过程进行评价，即产品的生命周期评价。以此评价产品对环境产生的影响。

（2）双赢原则　双赢原则是指在处理利益冲突双方或多方关系时，不是牺牲一方利益去保障另一方利益，而是双方或多方都得到利益。在处理环境与经济的冲突中，既要保护环境，又要促进经济的发展，也就是可持续发展。在处理环境问题时，只有以环境标准、政策和制度为依据，以技术和资金作为调节手段，才能达到环境保护和经济发展的双赢目的。

2. 环境管理的主要手段

环境管理主要采用法律、经济、行政、技术和宣传教育等方法措施进行。

（1）环境管理的法律手段　是指环境管理部门代表国家、政府，依据国家法律、法规，对人们的行为进行管理，以达到保护环境的目的。依法保护环境是消除污染和保障自然资源合理开发利用的重要措施，是其他方法的保障和支撑，也是"最终手段"。

（2）经济手段　是指环境行政管理机构依据国家的环境经济政策和经济法规，运用信贷、税收、保险、收费等经济杠杆来调节自然资源的开发，并控制环境污染，限制损害环境的行为，奖励保护环境的行为，以实现环境和经济协调发展。

（3）行政手段　是指各级环境保护行政管理机构依据国家法令法规行使其管理权力，规范个人、企业及其他部门行为，阻止污染，维持生态平衡。

（4）技术手段　是指运用环境工程、环境监测、环境预测、评价分析等技术方法，治理污染、预防污染，以达到强化环境执法监督的目的。

（5）宣传教育　开展环境保护的宣传教育，增强人们的环保意识和环保专业知识，提高全民族的环境意识，并培养环境保护方面的专业人员。

3. 我国环境管理制度

1979 年 9 月 13 日第五届全国人民代表大会常务委员会通过《中华人民共和国环境保护法（试行）》。"老三项"制度在我国环境保护工作中，尤其是在环境保护的开创阶段，对控制环境污染的发展、保护生态环境起到了巨大作用，称为环境管理的"三大法宝"。"老三项"制度包括环境影响评价制度、"三同时"制度和排污收费制度。经过多年的努力，中国环境管理制度日益丰富和完善，并在中国的环境监督管理中发挥了十分重要的作用。目前比较成熟的环境管理制度还有环境保护目标责任制、城市环境综合整治定量考核制度、限期治理制度、排污申报登记制度、环境标准制度、环境监测制度、环境污染与破坏事故报告制度、现场检查制度、强制应急措施制度、环境保护许可证制度、污染物排放总量控制制度、环境标志制度和落后工艺设备限期淘汰制度等。

（1）环境影响评价制度　环境影响评价制度是对可能影响环境的工程建设、开发活动和各种规划，预先进行调查、预测和评价，提出环境影响及防治方案的报告，经主管当局批准才能建设实施。

环境影响评价制度，是实现经济建设、城乡建设和环境建设同步发展的主要法律手段。建设项目不但要进行经济评价，而且要进行环境影响评价，科学地分析开发建设活动可能产生的环境问题，并提出防治措施。通过环境影响评价，可以为建设项目合理选址提供依据，防止由于布局不合理给环境带来难以消除的损害；通过环境影响评价，可以调查清楚周围环境的现状，预测建设项目对环境影响的范围、程度和趋势，提出有针对性的环境保护措施；环境影响评价还可以为建设项目的环境管理提供科学依据。

（2）"三同时"制度　根据我国《环境保护法》第26条规定："建设项目中防治污染的措施，必须与主体工程同时设计、同时施工、同时投产使用。防治污染的设施必须经原审批环境影响报告书的环保部门验收合格后，该建设项目方可投入生产或者使用。"这一规定在我国环境立法中统称为"三同时"制度。它适用于在中国领域内的新建、改建、扩建项目（含小型建设项目）和技术改造项目，以及其他一切可能对环境造成污染和破坏的工程建设项目和自然开发项目。它与环境影响评价制度相辅相成，是防止新污染的两大"法宝"，是中国预防为主方针的具体化、制度化。

凡是通过环境影响评价确认可以开发建设的项目，建设时必须按照"三同时"规定，把环境保护措施落到实处，防止建设项目建成投产使用后产生新的环境问题，在项目建设过程中也要防止环境污染和生态破坏。建设项目的设计、施工、竣工验收等主要环节要落实环境保护措施，关键是保证环境保护的投资、设备、材料等与主体工程同时安排，使环境保护要求在基本建设程序的各个阶段得到落实。"三同时"制度分别明确了建设单位、主管部门和环境保护部门的职责，有利于具体管理和监督执法。

（3）排污收费制度　排污收费制度是指环境保护行政主管部门依法对向环境超过标准排放污染物的单位征收超标准污染费，对向陆地水体排放污染物的还必须征收排污费，用于污染防治的制度。征收排污费的目的，是为了促使排污者加强经营管理，节约和综合利用资源，治理污染，改善环境。排污收费制度是"污染者付费"原则的体现，可以使污染防治责任与排污者的经济利益直接挂钩，促进经济效益、社会效益和环境效益的统一。缴纳排污费的排污单位出于自身经济利益的考虑，必须加强经营管理，提高管理水平，以减少排污，并通过技术改造和资源、能源综合利用以及开展节约活动，改变落后的生产工艺和技术，淘汰落后设备，大力开展综合利用和节约资源、能源，推动企业、事业单位的技术进步，提高经济效益和环境效益。征收的排污费纳入预算内，作为环境保护补助资金，按专款资金管理，由环境保护部门会同财政部门统筹安排使用，实行专款专用，先收后用，量入为出，不能超支、挪用。环境保护补助资金，应当主要用于补助重点排污单位治理污染源以及环境污染的综合性治理措施。

（4）排污许可证制度　排污许可证制度是指凡是需要向环境排放各种污染物的单位或个人，都必须事先向环境保护部门办理申领排污许可证手续，经环境保护部门批准后获得排污许可证后方能向环境排放污染物。

（5）限期治理污染制度　限期治理污染制度是指对现已存在的危害环境的污染源，由法定机关做出决定，令其在一定期限内治理并达到规定要求的一整套措施。限期治理的对象是位于特别保护区域内的超标准排污的污染源和造成严重污染的污染源。由有关人民政府下达限期治理通知。对于违反制度者，采取加收超标准排污费、罚款、停业、关闭等措施。

（6）环境保护目标责任制　环境保护目标责任制是我国环境体制中的一项重大举措。它是通过签订责任书的形式，具体落实到地方各级人民政府和有污染的单位对环境质量负责的行政管理制度。一个区域、一个部门乃至一个单位环境保护的主要责任者和责任范围，运用目标化、定量化、制度化的管理方法，把贯彻执行环境保护这一基本国策作为各级领导的行为规范，推动环境保护工作的全面、深入发展，是责、权、利、义的有机结合，从而使改善环境质量的任务能够得到层层分解落实，达到既定的环境目标。

（7）污染集中控制制度　污染集中控制制度是要求在一定区域，建立集中的污染处理设施，对多个项目的污染源进行集中控制和处理。这样做既可以节省环保投资，提高处理效率，又可采用先进工艺，进行现代化管理，因此有显著的社会、经济、环境效益。污染集中控制制度是从我国环境管理实践中总结出来的。实践证明，我国的污染治理必须以改善环境质量为目的，以提高经济效益为原则。就是说，治理污染的根本目的不是去追求单个污染源的处理率和达标率，而应当是谋求整个环境质量的改善，同时讲求经济效益，以尽可能小的投入获取尽可能大的效益。

（8）城市环境综合整治定量考核制度　城市环境综合整治，就是把城市环境作为一个系统、一个整体，运用系统工程的理论和方法，采取多功能、多目标、多层次的综合的战略、手段和措施，对城市环境进行综合规划、综合管理、综合控制，以较小的投入换取城市环境质量最优化，做到"经济建设、城乡建设、环境建设同步规划、同步实施、同步发展"，以使复杂的城市环境问题得到有效解决。

城市环境综合整治定量考核是由城市环境综合整治的实际需要而产生的，它不仅使城市环境综合整治工作定量化、规范化，而且增强了透明度，引入了社会监督的机制。因此，这项制度的实施使环保工作切实纳入了政府的议事日程。对环境综合整治的成效、城市环境质量制定量化指标，进行考核，每年评定一次城市各项环境建设与环境管理的总体水平。

（9）污染物排放总量控制制度　污染物排放总量控制（简称总量控制）是将某一控制区域（例如行政区、流域、环境功能区等）作为一个完整的系统，采取措施将排入这一区域的污染物总量控制在一定数量之内，以满足该区域的环境质量要求。总量控制应该包括三个方面的内容：污染物的排放总量、排放污染物的地域和排放污染物的时间。

（10）排污交易权制度　排污交易权是在污染物排放总量不超过允许排放量的前提下，内部各污染源之间通过货币交换的方式相互调剂排污量，从而达到减少排污量、保护环境的目的。

三、我国环境管理的发展趋势

中国作为一个发展中国家，环境保护起步较晚，仅仅有 30 多年的发展历程。环境规划管理经历了起步阶段（1973—1983 年）、发展阶段（1984—1996 年）和深化阶段（1996 年以后）。

1996 年至今是中国环境保护发展史上一个非常重要的时期。这一时期，中国的环境保护从管理战略、管理制度、管理思想和管理目标上都进行了重大的改革和调整，环境保护进入到实质性的阶段，中国开始走上了可持续发展之路。

1996 年 3 月，第八届全国人大第四次会议审议的《国民经济和社会发展"九五"计划和 2010 年远景目标纲要》，把科教兴国和可持续发展列为国家两大发展战略。1996 年 7 月，国务院召开了第四次全国环境保护会议，做出了《关于环境保护若干问题的决定》，明确了跨世纪的环境保护目标、任务和措施，启动了《污染物排放总量控制计划》和《中国跨世纪绿色工程规划》，在全国范围内开展了大规模的重点城市、流域、区域、海域的污染防治及生态保护工程，实施三河、三湖、两区、一市和一海污染治理的"33211"计划。这是一次确定新时期环保战略的会议，明确地将以污染防治为中心转变到污染防治与生态保护并重的战略上来，标志着中国将抛弃传统的发展战略，走可持续发展之路。

开展环境管理就是以环境保护的总体战略为指导，制定相应的环境策略和对策。纵观中国的环境管理，其发展趋势可概括为以下几个方面。

1. 环境管理的发展

(1) 环境管理思想产生了质的飞跃　从 20 世纪 70 年代初起，中国的环境管理思想随着环保事业的起步而萌芽，又随着环保事业的发展而不断深化。"六五"期间，中国的环境管理思想产生了质的飞跃，完成了从"以污染治理为中心"向"以强化环境监督管理为中心"的转变。到 2000 年，中国环境管理的"九五"目标已顺利实现。全国主要的污染物排放总量得到有效控制，工业污染源控制达标率不断提高，重点城市、流域、区域、海域污染防治取得一定成效，中国的环境管理工作取得了巨大的成就。

(2) 环境管理机构得到发展　环境管理机构是环境管理的组织保证。有力的环境管理机构是强化环境管理的必要保证。中国的环境管理机构从 20 世纪 70 年代初起步，1988 年在国家机制改革中，环境保护局从原城乡建设环境保护部中独立出来，成为国务院直属机构，从体制上确立了国家环境保护局独立行使环境监督管理的地位，它标志着中国环境保护机构建设进入了一个新的阶段。到 1997 年底，环境管理机构和队伍建设又有了较快的发展。全国省级环保机构，除西藏外已全部实现了独立设置，省会城市、省辖市设立了一级局建制和环境管理机构。在 1998 年的中央政府机构改革中，环境管理机构不仅没有削弱，反而得到了进一步加强，国家环境保护局成为部级机构，更名为国家环境保护总局。2008 年根据第十一届全国人民代表大会第一次会议批准的国务院机构改革方案和《国务院关于机构设置的通知》（国发［2008］11 号），设立环境保护部，为国务院组成部门。

目前，中国已经建立了从中央到地方各级政府环境保护部门为主管，各有关部门相互分工的环境保护管理体制，形成了国家、省、市、县、乡镇五级的管理体系。

2. 环境管理的发展趋势

(1) 以总量控制为基础，实施总量控制与浓度控制相结合　20 世纪 80 年代由发达国家提出了总量控制的思想和方法，这一方法一经提出便受到了世界各国的关注。事实证明，总量控制是具有大环境管理思想的控制方法，是对传统的污染控制在思维方式和控制方法上的重大改革。采取什么样的控制方法来解决工业污染问题要根据本国和本地区的实际情况进行选择。

在我国，要有效控制环境污染，选择总量控制方法是一种客观必然。随着中国环境保护的深入发展和污染物总量控制条件的逐步成熟，从浓度控制转变到实施总量控制与浓度控制相结合的污染防治对策，是中国环境保护所应遵循的长远环境对策。

(2) 由末端控制过渡到全过程控制　以清洁生产为主要内容的全过程控制是一种技术性

很强的控制方法。其内容涉及环保领域、经济领域和技术领域等多方面，并且需要有法律保证。所以实施全过程污染控制应具备较高的条件，需要诸多部门的配合与协作才能完成。另外，污染防治的全过程控制不仅仅包括技术路线的全过程控制，还应当包括非技术路线的全过程控制，即决策管理的全过程控制，实施环境与发展综合决策。相对于技术路线的污染全过程控制，决策管理的全过程控制更为重要，二者缺一不可。

在目前情况下，中国还不能由末端控制完全过渡到全过程控制。仅就技术路线的全过程控制而言，清洁生产还没有作为一种强制性要求在全国推广，只是在国家环保重点区域的部分城市和地区进行试点，以积累成功的经验。随着国家环保事业的发展，当全过程污染控制条件成熟的时候，将会从目前采用的以末端控制为主，实施末端控制与全过程控制相结合的污染防治对策，转变到实施全过程控制的污染防治对策上来。

（3）以集中控制为主，实施集中控制与分散控制相结合　分散控制是以污染源为主要控制对象的一种控制方法，也称"点源"控制方法。分散控制一直是普遍推行的控制方法，在污染控制中发挥了一定的作用。但这种方法花费的钱财、物力很大，污染控制的整体效果并不显著。于是又提出了集中控制的污染控制方法，也称"面源"控制。这是体现系统整体优化思想，以众多污染为控制对象的区域污染控制方法。实施集中控制要求有完备的城市基础设施和合理的工业布局。对于那些工业布局不合理、城市基础设施落后的区域而言，集中控制比分散控制需要更大的环保投入。另外，是否实施集中控制也要视具体情况而定。如对于水污染控制而言，即使具备了集中控制的条件，也要考虑行业的特点，各个污染源的废水浓度存在很大差别，废水排放浓度过高的企业在实施集中控制之前要进行预处理。对于一些污染危害严重、不易实行集中治理的污染企业，还要进行分散控制。所以，集中控制和分散控制是污染治理的两种形式，不能互相替代，两者之间存在互补的关系。

我国目前是以分散控制为基础，实施分散控制与集中控制相结合的污染防治对策。以集中控制为主，实施集中控制与分散控制相结合的对策，是未来污染防治趋势。

（4）以区域治理为基础，区域治理与行业治理相结合　区域污染治理模式是中国普遍采用的一种传统污染治理模式。随着中国经济体制由计划经济向市场经济的转变，原有的区域污染治理模式在市场经济体制下，已不能很好地发挥对区域经济持续促进的作用。单纯的区域治理强化了地方保护主义，在一定程度上影响到国家整体经济的持续增长。市场经济准则要求污染治理模式由单纯的区域污染治理逐步转向区域治理与行业治理相结合的方向上来。1996年以来，中国对区域管理模式进行了较大的调整，出台了一系列关于行业环境管理的政策、法规和规定，加大了行业环境管理的步伐和力度。行业治理并没有削弱区域治理的作用，反而是对区域治理模式的完善和补充。事实证明，缺乏行业治理的区域治理是低效的，单纯的区域治理和单纯的行业治理都是不完善的环境策略。只有走区域治理和行业治理相结合的污染治理道路，才能有效促进区域经济的持续发展。

推行清洁生产，实施区域治理与行业治理相结合的污染防治策略，在末端控制的基础上，对企业生产实行全过程控制，提倡和推广清洁消费；抓住区域的重点问题，以改善区域环境质量为目的，以达标排放为基本要求，实施期限治理；加快城镇基础设施建设，合理工业布局，有计划地开展污染集中控制；在污染治理工作中，要求所有的工业企业限期实现达标排放，逐步实施总量控制。

加大环境执法的力度，杜绝环境法制建设中有法不依、执法不严的现象，提高环境法的法律权威性与强制性，使环境管理的法律手段得到有效发挥。

第二节 环 境 法

环境法是关于利用、保护、改善环境以及防治污染和其他公害的法律规范的总称，是国家法律体系中的一个独立的部门法。狭义地讲就是污染防治法，广义地讲是指包括除了污染防治法外对作为环境要素的各种自然资源的保护和合理开发利用，达到对自然环境保护目的的各种法律。

一、环境法规概述

环境法（environmental protection act）的适用范围是指国家管辖范围内人类的生存环境。我国的环境保护法是以宪法关于环境与资源保护规定为基础，并由环境与资源保护基本法、保护自然资源和环境、防止污染和破坏的一系列单行法规和具有规范性的环境标准等所组成的完整的体系。

我国现行的主要环境法规见表 12-1。

表 12-1　我国现行的主要环境法规

主要环境保护法律法规	保护生态环境和自然资源的主要法律法规	环境管理方面的主要法规
《中华人民共和国环境保护法》（1989 年制定，2016 年修订）	《中华人民共和国水土保持法》（1991 年制定，2010 年修订）	《征收排污费暂行办法》（1982 年制定）《排污费征收标准管理办法》（2003 年制定）
《中华人民共和国水污染防治法》（1984 年制定，1996 年、2008 年修订）	《中华人民共和国野生动物保护法》（1988 年制定，2004 年、2009 年修订）	《环境标准管理办法》（1999）
《中华人民共和国大气污染防治法》（1987 年制定，1995 年、2000 年修订）	《中华人民共和国土地管理法》（1985 年制定，1998 年、2004 年修订）	《全国环境监测管理条例》（1983）
《中华人民共和国海洋环境保护法》（1982 年制定，1999 年修订）	《中华人民共和国森林法》（1984 年制定，1998 年修订）	《建设项目环境保护管理条例》（1998 年颁布）
《中华人民共和国固体废物污染环境防治法》（1995 年制定，2004 年、2016 年修订）	《中华人民共和国草原法》（1985 年制定，2002 年、2013 年修订）	
《中华人民共和国噪声污染环境防治法》（1996）	《中华人民共和国矿产资源法》（1985 年制定，1996 年修订）	
《中华人民共和国清洁生产促进法》（2002）	《中华人民共和国渔业法》（1986 年制定，2000 年、2004 年、2009 年、2013 年修订）	
《中华人民共和国环境影响评价法》（2002 年制定，2016 年修订）	《中华人民共和国煤炭法》（1996 制定，2011 年、2013 年修订）	

二、环境法规的目的及作用

1. 环境立法的目的

我国环境立法的根本目的在《中华人民共和国环境保护法》中做了概括："为保护和改善生活环境和生态环境，防治污染和其他公害，保障人体健康，促进社会主义现代化建设的发展。"其含义是：合理地利用环境和资源，防治环境污染和维持生态平衡；建设清洁优美的生活环境，保护人民健康；保障经济和社会的持续发展。

2. 环境立法的作用

法律的作用在于它的规范性，即规范有关主体的行为。在环境保护领域立法，意味着把环境管理纳入制度化、规范化和科学化的轨道，确立国家环境管理的权威性。其作用体现在以下几个方面。

（1）确立环境管理体制　环境管理具有广泛性、综合性和复杂性，这就需要建立高效的环境管理机构来指导和协调，并明确规定有关机构的设置、分工、职责和权限以及行使职权的程序。

（2）建立环境管理制度和措施　在环境管理中，必须依据客观的自然规律和经济规律制定各种具有可操作性的环境管理制度和措施，通过国家强制力得以保证其有效的贯彻实施。

（3）确定有关主体的权利、义务和违法责任　在环境法中，有关主体是指依法享有权利和承担义务的单位或个人，主要包括国家、国家机关、企事业单位、其他社会组织和公民个人。通过法律明确规定有关主体在环境保护方面享有的权利和承担的义务，是实现环境法目的的需求，也体现了环境法作为法律规范的基本属性。而要保障有关主体在环境保护方面所享有的权利，并依法承担相应的义务，还必须明确规定违法者应负的法律责任，包括行政责任、民事责任和刑事责任等。只有对违法者实施制裁，才能使受害者的权利得到有效的保护。因此，环境法的实施在环境法制中起着决定性作用。

三、环境法规体系

根据我国环境立法现状，有关环境保护的法律规范主要包括以下几种类型，它们之间存在着内在的联系，形成我国环境法体系。

1. 宪法

宪法是国家的根本大法。宪法中有关环境保护的规定是环境法的基础。包括我国在内的许多国家在宪法中都对环境保护做了原则性规定。《中华人民共和国宪法》第 26 条规定："国家保护和改善生活环境和生态环境，防治污染和其他公害。"这一规定明确了国家的环境保护职责，为国家的环境保护活动和环境立法奠定了基础。

2. 环境保护基本法

我国的《中华人民共和国环境保护法》是关于环境保护的综合性法律。对环境法的基本问题、使用范围、组织机构、法律原则与制度等做出了原则性规定。因此，它居于基本法的地位，成为指定环境保护单行法的依据。

3. 环境保护单行法

环境保护单行法是针对特定的环境保护对象（如某种环境要素）或特定的人类活动（如基本建设项目）而制定的专项法律法规。这些专项法律法规通常以宪法和环境保护基本法为依据，是宪法和环境保护基本法的具体化。因此，环境保护单行法的有关规定比较具体细致，是进行环境管理、处理环境纠纷的直接依据。在环境法体系中，环境保护单行法数量最多。在我国，环境保护单行法大体分为以下四个类型：土地利用规划法、污染防治法、自然保护法、环境管理行政法等。

4. 环境标准

环境标准是环境法体系的特殊组成部分，是"国家为了保护人体健康、增进社会福利、维护生态平衡而制定的具有法律效力的各种技术规范的总称"。环境标准一般包括环境质量标准、污染物排放标准、环境保护基础与方法标准三大类。在环境法体系中，环境标准的重要性主要体现在，为环境法的实施提供了数量化基础。

5. 其他法中关于环境保护的法律规定

如民法、刑法、经济法、行政法等部门法，通常也包含了有关环境保护的法律法规，它们也是环境法体系的重要组成部分。

第三节　环境标准

一、环境标准概述

1. 环境标准定义

环境标准（environmental standards）是为保护环境质量和人群健康，维持生态平衡，由权威部门发布的环境技术规范。它是为了保护人群健康，防治环境污染，促使生态良性循环，合理利用资源，实现社会经济发展目标，依据环境保护法和有关政策，对有关环境的各项工作所做的规定。环境标准是对某些环境要素所做的统一的、法定的和技术的规定，是环境保护工作中最重要的工具之一。环境标准用来规定环境保护技术工作，考核环境保护和污染防治的效果。

环境标准是按照严格的科学方法和程序制定的。环境标准的制定还要参考国家和地区在一定时期的自然环境特征、科学技术水平和社会经济发展状况。环境标准过于严格，不符合实际，将会限制社会和经济的发展；过于宽松，又不能达到保护环境的基本要求，造成人体危害和生态破坏。因此，制定出一套切实可行的环境标准对保护环境、发展经济都具有现实和长远的意义。

2. 环境标准的作用

（1）环境标准既是环境保护和有关工作的目标，又是环境保护的手段。它是制定环境保护规划和计划的主要依据。

（2）环境标准是判断环境质量和衡量环保工作优劣的准绳。评价一个地区环境质量的优劣、评价一个企业对环境的影响，只有与环境标准相比较才能有意义。

（3）环境标准是执法的依据。不论是环境问题的诉讼、排污费的收取还是污染治理的目标等，执法依据都是环境标准。

（4）环境标准是组织现代化生产的重要手段和条件。通过实施标准可以制止任意排污，促使企业对污染进行治理和管理；采用先进的无污染、少污染工艺；促进设备更新、资源和能源的综合利用等。

3. 环境标准的制定原则

环境标准体现国家技术经济政策。它的制定要充分体现科学性和现实性相统一，才能既保护环境质量的良好状况，又促进国家经济技术的发展。因此，制定环境标准要遵循以下原则：要有充分的科学依据；既要技术先进，又要经济合理；与有关标准、规范、制度协调配套；积极采用或等效采用国际标准等。

二、我国环境标准体系

我国的环境标准主要有环境质量标准、污染物排放标准（或污染物控制标准）、环境基础标准、环境方法标准、环境标准物质标准和环保仪器设备标准六类。

根据适用范围的不同，环境标准分为国家标准、地方标准和行业标准三级。

1. 环境质量标准

环境质量标准是为了保护人类健康，维持生态良性平衡和保障社会物质财富，并考虑技术条件，对环境中有害物质和因素所做的限制性规定。

我国已发布的环境质量标准有：《环境空气质量标准》（GB 3095—2012）；《室内空气质量标准》（GB/T 18883—2002）；《地表水环境质量标准》（GB 3838—2002）；《地下水质量标准》（GB/T 14848—2017）；《海水水质标准》（GB 3097—1997）；《渔业水质标准》（GB 11607—1989）；《农田灌溉水质标准》（GB 5084—2005）；《土壤环境质量标准》（GB 15618—1995）；《声环境质量标准》（GB 3096—2008）等。

2. 污染物控制标准（污染物排放标准）

污染物控制标准是为实现环境质量目标，结合经济技术条件和环境特点，对排入环境的有害物质或有害因素所做的控制规定。

制定了《污水综合排放标准》（GB 8978—1996）、《大气污染物综合排放标准》（GB 16297—1996）、《生活垃圾填埋场污染控制标准》（GB 16889—2008）等。另外，针对各行业特点，制定出了相关行业的污染物排放标准。

3. 环境基础标准

环境基础标准是在环境保护工作范围内，对有指导意义的名词术语、符号、指南、导则等所做的统一规定，是制定其他环境标准的基础。如《制订地方水污染物排放标准的技术原则与方法》（GB 3839—1983）是水环境保护标准编制的基础；《制订地方大气污染物排放标准的技术方法》（GB/T 3840—1991）则是大气环境保护标准编制的基础。

4. 环境方法标准

环境方法标准是在环境保护工作范围内以全国普遍适用的试验、检查、分析、抽样、统计、计算环境影响评价等方法为对象而制定的标准，是制定和执行环境质量标准和污染物排放标准实现统一管理的基础。有统一的环境保护方法标准，才能提高监测数据的准确性，保证环境监测质量。

5. 环境标准物质标准

环境标准物质标准是在环境保护工作中，用来标定仪器、验证测量方法，进行量值传递或质量控制的材料或物质，对这类材料或物质必须达到的要求所做的规定。它是检验方法标准是否准确的主要手段。

6. 环保仪器设备标准

环保仪器设备标准是为了保证污染治理设备的效率和环境监测数据的可靠性与可比性，对环保仪器、设备的技术要求编制的统一规范和规定。

第四节　环境监测

一、环境监测的概念及作用

环境监测（environmental monitoring）是指通过对影响环境质量因素的代表值的测定，确定环境质量（或污染程度）及其变化趋势。环境监测的过程一般为：接受任务，现场调查和收集资料，监测计划设计，优化布点，样品采集，样品运输和保存，样品的预处理，分析测试，数据处理，综合评价等。环境监测的对象包括反映环境质量变化的各种自然因素、对人类活动与环境有影响的各种人为因素、对环境造成污染的各种污染组分。环境监测包括化学监测、物理监测、生物监测、生态监测。

环境监测是环境科学的一个重要分支学科。环境化学、环境物理学、环境地学、环境工程学、环境医学、环境管理学、环境经济学以及环境法学等所有环境科学的分支学科，都需要在了解、评价环境质量及其变化趋势的基础上，才能进行各项研究和制定有关管理、经济的法规。所以说，环境监测在环境科学领域起着非常重要的作用，是环境科学研究的重要手段之一。

通过环境监测，积累大量的长期监测数据，可以查出污染源，确定污染物的传输过程中的分布和变化规律，通过模拟研究对环境污染的趋势做出预报，亦可以对环境质量做出准确评价，确定控制污染的对策。同时，通过环境监测数据可以指定或修改各类环境质量标准，亦可以作为执行环保法规的技术仲裁。

二、环境监测的目的和分类

（一）环境监测的目的

准确、及时、全面地反映环境质量现状及发展趋势，为环境管理、污染源控制、环境规划等提供科学依据。具体可归纳为：根据环境质量标准，评价环境质量，定期提出环境质量报告书；根据污染分布情况，追踪寻找污染源，为实现监督管理、控制污染提供依据；收集本底数据，积累长期监测资料，为研究环境容量、实施总量控制、目标管理、预测预报环境质量提供数据；为保护人类健康，保护环境，合理使用自然资源，制定环境法规、标准、规划等服务；揭示新的环境问题，确定新的污染因素。

（二）环境监测的分类

1. 按监测介质分类

分为空气（室内外）污染监测、水质污染监测、土壤和固体废物监测、生物污染监测、生态监测、物理性污染监测等。

2. 按监测目的分类

（1）监视性监测（例行监测、常规监测）　对指定的有关项目进行定期的、长时间的监测，以确定环境质量及污染源状况、评价控制措施的效果，衡量环境标准实施情况和环境保护工作的进展。这是监测工作中量最大、面最广的工作。

监视性监测包括对污染源的监督监测（污染物浓度、排放总量、污染趋势等）和环境质量监测（所在地区的空气、水质、噪声、固体废物等监督监测）。

（2）特定目的监测（特例监测、应急监测）

① 污染事故监测（应急监测）。在发生污染事故时及时深入事故地点进行应急监测，确定污染物的种类、扩散方向、速度和污染程度及危害范围，查找污染发生的原因，为控制和消除污染提供科学依据。这类监测常采用流动监测（车、船等）、简易监测、低空航测、遥感等手段。

② 纠纷仲裁监测。主要针对污染事故纠纷、环境执法过程中所产生的矛盾进行监测，以便提供公证数据。

③ 考核验证监测。包括对环境监测技术人员和环境保护工作人员的业务考核、上岗培训考核、环境检测方法验证和污染治理项目竣工时的验收监测等。

④ 咨询服务监测。为政府部门、科研机构、生产单位所提供的服务性监测。如建设新企业应进行环境影响评价，需要按评价要求进行监测；政府或单位开发某地区时，其环境质量是否符合开发要求应予以测定。

（3）研究性监测（科研监测） 是针对特定目的科学研究而进行的高层次监测，是通过监测了解污染机理、弄清污染物的迁移变化规律、研究环境受到污染的程度，例如环境本底的监测及研究、有毒有害物质对从业人员的影响研究、为监测工作本身服务的科研工作的监测（如统一方法和标准分析方法的研究、标准物质研制、预防监测）等。这类研究往往要求多学科合作进行。

三、环境监测的特点

1. 环境监测的综合性

（1）监测手段 包括化学、物理、生物、物理化学、生物化学及生物物理等一切可以表征环境质量的方法。

（2）监测对象 包括空气、水体（江、河、湖、海及地下水）、土壤、固体废物、生物等客体，只有对这些客体进行综合分析，才能确切描述环境质量状况。

（3）监测数据 进行统计处理、综合分析时，需涉及该地区的自然和社会各个方面情况，因此，必须综合考虑。

2. 环境监测的连续性

由于环境污染具有时空分布的特点，只有长期监测，才能从大量的数据中揭示其变化趋势。

3. 环境监测的追踪性

为保证监测结果的准确性，使数据具有可比性、代表性和完整性，需要有一个量值跟踪体系，对每一监测步骤实行质量控制。

四、环境监测中污染物分析方法简介

常用的环境分析方法可分为化学分析法、光谱分析法、色谱分析法、电化学分析法四类，每类又可根据所采用的分析原理和仪器分为若干种。

1. 化学分析法

化学分析法分为重量分析法、容量分析法。重量分析法用于测定悬浮物、残渣、降尘、石油类、硫酸盐等；容量分析法用于测定酸度、碱度、COD、BOD_5、溶解氧、氨氮、挥发酚、硫化物、氰化物等。

2. 光谱分析法

光谱分析法分为比色分析法、紫外分光光度法、红外分光光度法、原子吸收光谱法、原子发射光谱法、X射线荧光分析法、荧光分析法。

（1）分光光度法 用于测定金属元素、无机非金属、苯胺类、硝基苯类、氨氮、挥发酚、浊度、阴离子表面活性剂等。

（2）原子吸收光谱法 用于测定金属元素和硒、砷、S^{2-}、NO_3^-、NO_2^-、氨氮、凯氏氮、总氮等。

（3）原子发射光谱法 主要用于测定金属元素、砷等。

3. 色谱分析法

色谱分析法分为气相色谱法、高效液相色谱法、薄层色谱法、离子色谱法、色谱-质谱联用技术。

(1) 气相色谱及气相色谱-质谱联用法　用于测定挥发性有机污染物（苯系物、卤代烃等）、氯代苯、多氯联苯、二噁英、硝基苯、有机氯农药、有机磷农药、邻苯二甲酸酯类等。

(2) 高效液相色谱及液相色谱-质谱联用法　常用于测定多环芳烃、氨基甲酸酯类农药、阿特拉津等除草剂、酚类、苯胺类等。

(3) 离子色谱法　用于测定常见阴离子（F^-、Cl^-、I^-、NO_3^-、NO_2^-、PO_4^{3-}、SO_4^{2-} 等）、有机酸、常见阳离子（Ca^{2+}、Mg^{2+} 等）等。

4. 电化学分析法

电化学分析法分为极谱分析法、电导分析法、电位分析法、离子选择电极法、库仑分析法等。主要用于测定电导率、pH、DO、酸度、碱度、SO_2、NO_x、F^-、Cl^-、Pb、Ni、Cu、Cd、Mo、Zn、V 等。

另外，还有利用植物和动物在污染环境中所产生的各种反应信息来判断环境质量的生物监测方法，这是一种最直接同时也是一种综合的方法，但花费时间较长。

生物监测包括利用生物体内污染物含量的测定、观察生物在环境中受伤害的症状、观察生物的生理生化反应、观察生物群落结构和种类变化等手段来判断环境质量。例如，利用某些对特定污染物敏感的植物或动物（指示生物）在环境中受伤害的症状，可以对空气或水的污染做出定性和定量的判断。

五、环境监测的发展阶段及趋势

1. 环境监测发展

(1) 典型污染事故调查监测发展阶段或被动监测阶段。

(2) 污染源监督性监测发展阶段或主动监测、目的监测阶段。

(3) 以环境质量监测为主的发展阶段或自动监测阶段。

2. 环境监测发展趋势

(1) 由人工采样和实验室分析为主，向自动化、智能化和网络化为主的监测方向发展。

(2) 由劳动密集型向技术密集型的方向发展。

(3) 由较窄领域监测向全方位领域监测的方向发展。

(4) 由单纯的地面环境监测向与遥感环境监测相结合的方向发展。

(5) 环境监测仪器将向高质量、多功能、集成化、自动化、系统化和智能化的方向发展。

(6) 环境监测仪器向物理、化学、生物、电子、光学等技术综合应用的高技术领域发展。

六、环境监测的质量控制

收集具有代表性和准确性的监测数据决定了环境管理、环境研究、环境治理以及环保执法等各方面的决策的准确性，是环境质量控制的关键。因此，必须对环境监测进行质量控制，以保证得到正确一致的数据。

环境监测质量控制包括：采样、样品预处理、储存、运输、实验室供应，仪器设备、器皿的选择和校准，试剂、溶剂和基准物质的选用，统一测量方法，质量控制程序，数据的记录和整理，各类人员的要求和技术培训，实验室的清洁度和安全，以及编写有关的文件、指南和手册等。

1. 制定合理的监测计划

根据监测目的和国家统一的标准分析方法，确定对监测数据的质量要求和相应的分析测量系统。

2. 建立具有良好素质的监测队伍

加强监测人员的素质教育，建设具有科学作风和良好职业道德的监测队伍。

3. 实施质量控制

（1）采样的质量控制　样品的代表性是监测成果的关键环节。采样的质量控制应做到：审查采样点的设置和采样时段的选择的合理性和代表性；确保采样器、流速和定时器的运转正常；使用有效吸收剂；按采样要求确定采样器放置的位置和高度；确定采样管和滤膜的正确使用。

（2）样品运输和储存的质量保证　在样品运送和储存的过程中，确保样品不被污染、损失、变质，针对不同样品应采取不同的保护措施，可参阅《环境监测技术规范》。样品若不能立即试验分析，应储存在冰箱里，为了防止样品发生变化，样品储存时，根据样品的检测项目适当加些保护剂。

（3）实验室的分析质量控制　实验室质量控制是测定体系中的重要部分，其分为实验室内部质量控制和实验室间质量控制，目的是保证测量结果有一定的精密度和准确度。室内控制工作包括空白试验、标准曲线核查、仪器设备的定期标定、平行样分析、加标样分析、回收率试验、密码样分析、编制质量控制图等。室间控制工作包括分析标准样品以进行实验室间的评价、分析测量系统的现场评价。

连续自动监测系统的质量保证工作：一是保证整个系统的完好；二是定期对系统进行校准。

（4）报告数据的质量控制　报告数据必须保证其有效性。对采样、分析测试、分析结果的计算等环节的数据进行逐一核实，确认无误后上报。测定中出现极值在没有充分理由说明错误所在的情况时，不能随意舍去。但由于采样人员或分析测试人员的差错、样品损伤或破坏等原因造成的错误数据以及超出分析方法灵敏度以外的数据必须去除。

思　考　题

1. 我国现行的主要环境管理制度有哪些？
2. 什么是"三同时"制度？简述其社会意义。
3. 我国环境保护法由哪些部分组成？
4. 环境监测的特点有哪些？
5. 环境监测中的报告数据如何进行质量控制？

第十三章 环境质量评价

> **内容提要及重点要求**：环境质量评价作为环境科学的重要分支学科，也是环境管理的主要内容。环境质量评价研究人类环境质量的变化规律，评价环境质量水平，对环境要素或区域质量进行定量描述，为改善和提高环境质量提供科学依据。本章主要讲解环境影响评价的概念、内容和分类以及环境现状评价的程序和方法。本章要求了解环境质量评价的概念、分类和环境质量现状评价，重点掌握环境影响评价的分类及其内容。

第一节 环境质量评价概述

一、环境质量评价的概念

环境质量评价（environmental quality assessment）是指从环境卫生学角度按照一定的评价标准和方法对一定区域范围内的环境质量进行客观的定性和定量调查分析、预测和评估。环境质量评价实质上是对环境质量优与劣的评定过程，该过程包括环境评价因子的确定、环境监测、评价标准、评价方法、环境识别。环境质量评价的目的是：掌握和比较环境质量状况及其变化趋势；寻找污染治理重点；为环境综合治理、城市规划及环境规划提供科学依据；研究环境质量与人群健康的关系；预测评价拟建的项目对周围环境可能产生的影响。

环境质量评价工作的核心问题是研究环境质量的好坏，并以其是否适于人类生存和发展（当前通常是以对人类健康的适宜程度）作为判别的标准。目前我国在环境科学研究中所谈的环境质量，一般侧重于随着工业、农业的发展，排放大量污染物而造成的环境质量的下降。在判定环境受污染的程度时，以国家规定的环境标准或污染物在环境中的本底值作为依据。实际上进行环境质量评价时，所考虑的范围既应包括自然环境质量、化学污染所引起的环境质量变异，还应包括社会经济及文化、美学等方面的内容。预计随着环境科学的不断发展，我们对环境的研究范围不断提出新的要求，不但应研究环境污染引起的环境变化，还应研究生活环境的舒适性。

二、环境质量评价的类型

环境质量评价可以分为回顾评价、现状评价及影响评价。

1. 环境质量回顾评价

环境质量回顾评价（environmental quality backward assessment）是对已经建成的工程产生的环境影响进行评价，以便了解工程兴建后实际的环境变化情况、环境影响的范围和深度，针对实际出现的不利影响，提出改善措施，保护环境质量，并为今后新建工程的环境影响评价提供参考依据；或对指定区域内过去一定历史时期的环境质量，根据历史资料进行回顾性的评价。通过对环境背景的社会特征、自然特征及污染源的调查，分析了解环境质量的演变过程，揭示区域环境污染的发展变化过程。环境质量回顾评价需要历史资料的积累，一般多在科研工作基础较好的大中城市进行。

2. 环境质量现状评价

环境质量现状评价（assessment of environmental quality）是对在建工程或已建工程的现状进行环境质量评价，以便了解目前工程的环境状况，针对不利影响提出措施，保证和提高环境质量；或是根据指定区域近期环境监测资料进行污染现状的评价。通过现状评价，可以阐明环境的污染现状，为区域环境污染综合防治、区域规划提供科学依据。环境质量现状评价是我国各地普遍开展的评价形式。

3. 环境质量影响评价

环境质量影响评价（environmental impact assessment）简称环境评价，是指对预建工程可能对环境造成的影响，或某地区或建设项目周围将来的环境质量变化情况进行预测并做出评价，对不利影响提出减免或改善措施，为决策部门提供科学的参考依据。我国环保法明确规定，新建、改建、扩建的大中型项目在建设之前，必须进行环境影响评价，并编制环境影响评价报告表。新建项目的环境影响评价是环境质量影响评价的主体，是根据污染源、环境要素、污染物浓度的变化特征及其相关性，推断污染物分布的可能变化，预测未来环境质量的变化趋势，并对建设项目的污染防治提出建议。

按照环境要素分类，环境质量评价可分为单要素评价和综合评价两类。单要素评价是指只对某一个环境领域进行质量评价，如水环境质量评价或大气环境质量评价等；综合评价则指对一个地区的各环境要素进行联合评价或是对建设项目全环境各种要素进行综合评价，用以阐明总体环境质量状况。

根据开发建设活动的不同，可分为单个建设项目的环境评价、区域开发建设的环境评价、发展规划和政策的环境评价（又称战略影响评价）三种类型，它们构成完整的环境评价体系。

第二节　环境质量现状评价

环境质量现状评价就是对评价区域以及周围地区的污染物及相关资料进行现场考察、污染物监测和污染源调查，阐明环境质量现状。确定拟建项目所在的环境质量本底值，为展开环境影响预测评价等工作提供基础资料。

一、环境质量现状评价的程序和方法

1. 环境质量现状评价的程序

环境质量现状评价的程序如图 13-1 所示。在评价程序中，应该首先确定评价的对象、地区的范围与评价目的，并根据评价深度和目的确定评价的精度。其次，把污染源-环境-影响作为一个统一的整体来进行调查和研究。因此，环境质量现状评价的基本程序分为四个阶段。

（1）第一阶段：准备阶段　确定评价的目的、范围、方法以及评价的深度和广度，制定出评价工作计划。组织各专业部门分工协作，充分利用各专业部门积累的资料，并对已掌握的有关资料做初步分析。初步确定出主要污染源和主要污染因子。做好评价工作的人员、资源及物质的准备。

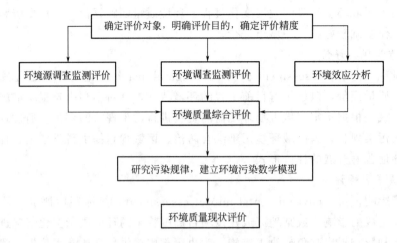

图 13-1 环境质量现状评价的程序

（2）第二阶段：监测阶段 根据确定的主要污染因子和主要污染项目开展环境质量现状监测工作，按国家规定标准进行，使监测资料具有代表性、可比性和准确性。有条件的地方，可增加环境生物学监测和环境医学监测，从不同专业来评价环境污染状况，可更全面地反映环境的实际情况。

（3）第三阶段：评价和分析阶段 选用适当方法，根据环境监测资料，对不同地区、不同地点、不同季节和时间的环境污染程度进行定性和定量的判断和描述，得到不同地区、不同时间环境质量状况，并分析说明造成环境污染的原因、重污染发生的条件以及这种污染对人、植物、动物的影响程度（环境效应评价）。

（4）第四阶段：成果应用阶段 通过评价研究污染规律，建立环境污染数学模型。这一成果对于环境管理部门、规划部门都是重要而有意义的基础资料。据此，可以制定出环境治理的规划意见，即控制和减轻一个地区的环境污染程度的具体措施。对一些主要环境问题，可以通过调整工业布局和产业结构、进行污染技术治理、制定合理的国民经济发展计划等措施来解决。所以，评价结果是进行环境管理和决策的主要依据。

2. 环境质量现状评价的方法

环境质量现状评价的方法主要有调查法、监测法和综合分析法等。

（1）调查法 对评价地区内的污染源（包括排放的污染物种类、排放量和排放规律）、自然环境特征进行实地考察，取得定性和定量的资料，以评价区域的环境背景值作为标准来衡量环境污染的程度。

（2）监测法 按评价区域的环境特征布点采样，进行分析测定，取得环境污染现状的数据，根据环境质量标准或背景值来说明环境质量变化的情况。

（3）综合分析法 是环境质量现状评价的主要方法。这种方法根据评价目的、环境结构功能的特点和污染源评价的结论，并根据环境质量标准，参考污染物之间的协同作用和拮抗作用以及背景值和评价的特殊要求等因素来确定评价标准，说明环境质量变化状况。

二、环境质量现状综合评价

环境质量综合评价的目的是为环境规划、环境管理提供依据，同时也是为了比较不同区域受污染的程度。由此可见，环境质量评价具有明显的区域性目标。为了描绘区域环境质量的总体状况，需要对区域环境质量进行综合评价。其综合性特征表现在：综合认识自然环境的承载能力与人为活动的环境影响之间的关系；综合了解不同环境单元构成的区域环境质量的总体状况；综合表达气、水、土等多种环境要素组成的全环境特征；综合判断不同时间尺度内环境质量的变化趋势。环境质量的综合评价实质是不同时间尺度、不同空间尺度、不同科学领域、不同研究内容的综合。因此，环境质量指数的原理和方法在环境质量综合评价中具有特殊的应用价值。

在区域环境质量的综合评价中应注意环境现状与经济社会的综合、生态稳定性与脆弱性的关系和环境物质的地球化学平衡。从而，满足区域环境质量综合评价的基本目标：为控制污染、环境管理和国土整治提供科学依据；为工业布局、环境规划和经济开发提供优化方案。

第三节　环境影响评价

环境影响评价（environmental impact assessment，EIA）是一种预断型的评价，它是对一个建设项目、区域开发利用及国家政策实施后，可能对环境带来的影响做预测性研究，其中包括对自然环境影响（生物地球物理影响和生物地球化学影响）和对社会环境影响的全面评价。同时提出防治对策，为决策部门提供科学依据，为设计部门提供优化设计的建议。

把环境影响评价工作以法律形式确定下来，作为一个必须遵守的制度，称为环境影响评价制度。美国是世界上第一个把环境影响评价工作在国家环境政策法中确定下来的国家，随后，瑞典、澳大利亚、法国、日本、加拿大等国家也建立了不同形式的环境影响评价制度。1979年，《中华人民共和国环境保护法（试行）》正式建立了环境影响评价制度。1981年，《基本建设项目环境保护管理办法》明确把环境影响评价制度纳入基本项目审批程序。1986年，《建设项目环境保护管理办法》对环境影响评价的范围、内容、程序、审批权限、执行主体的权利义务和保障措施等做了全面规定，并对评价单位提出了资质要求。1998年，国务院颁布了《建设项目环境保护管理条例》，作为建设项目环境管理的第一个行政法规，对环境影响评价做了全面详细明确的规定。1999年，《建设项目环境影响评价资格证书管理办法》对评价单位的资质进行了规定。2002年，我国颁布了《中华人民共和国环境影响评价法》，从建设项目环境影响评价扩展到规划环境影响评价。2003年9月1日，《中华人民共和国环境影响评价法》正式实施，标志着我国环境影响评价制度建设进入一个崭新的阶段，是我国环境影响评价制定法制化发展的一个重要的里程碑。2004年，原人事部、原国家环保总局在全国环境影响评价系统建立了环境影响评价工程师职业资格制度。

以法律形式确定的环境影响评价制度是带有强制性的。凡是对环境有重大影响的开发项目，必须做出环境影响报告书。报告书的内容必须包括开发此项目对自然环境、社会环境将会带来何种影响，并根据其影响的程度制定防治措施以减轻其危害程度。报告书必须上报有关环境保护部门，经批准后该开发项目才能实施。

一、环境影响评价的分类

根据被评价的开发建设活动的规模和情况可以划分为四类。

1. 单个建设项目的环境影响评价

这种评价是针对某一建设项目的性质、规模和所在地区的自然环境、社会环境，通过调查分析和预测找出其对环境影响的程度和规律，并在此基础上提出对环境保护措施的建议与要求。

2. 多个建设项目环境影响联合评价

在同一地区或同一评价区域内进行两个以上建设项目的整体评价称为多个建设项目环境影响联合评价。这种评价在任务和方法上与单个建设项目的影响评价相同，其所得预测结果能比较确切地反映出各单个建设项目对环境的叠加影响，提出的防治对策也更具有实用价值。

3. 区域开发项目的环境影响评价

某一区域的整体开发建设的布局和规划要能做到较完善和合理，必须对整个区域进行环境影响的整体评价。通过对该区域自然环境和社会环境的调查和分析，对未来建设项目的结构和布局做出合理的整体优化方案，促进该区域社会经济和环境的协调发展。

4. 战略及宏观活动的环境影响评价

它是指对于国家的宏观政策、计划、立法等高层次活动对环境产生的影响进行的预测。它的评价对象是一项政策或一个规划所造成的影响，它的范围是全国而不是某个项目或地区。因此宏观活动环境影响评价的方法也与前面几种评价不同，它更多地采用各种定性和半定量的预测方法及各种综合判断方法。对宏观活动进行环境影响评价，可以为高层次的开发建设规划决策服务，因此它对全国的环境保护工作具有重要的战略意义。

虽然这四种类型的环境影响评价在对象、内容和方法上各不相同，但它们之间有着密切的联系。

面对各种不同的建设项目，需要进行的环境影响评价的等级和深度有所不同。可能造成重大环境影响的，应当编制环境影响报告书，对产生的环境影响进行全面评价；可能造成轻度环境影响的，应当编制环境影响报告表，对产生的环境影响进行分析或者专项评价；对环境影响很小、不需要进行环境影响评价的，应当填报环境影响登记表。建设项目的环境影响评价分类管理名录，由国务院环境保护行政主管部门制定并公布。

二、环境影响评价的内容

1. 评价对象

环境影响评价主要是针对大型的工业基本建设项目，大中型水利工程、矿山、港口和铁路交通等建设，大面积开垦荒地、围湖围海的建设项目，对珍贵稀有野生动植物的生存和发展产生严重影响或对各种生态型自然保护区、科学考察等产生严重影响的建设项目等。

2. 评价内容

(1) 建设项目概况　工程的地理位置、规模、资源利用情况和项目情况，如产品产量、工艺流程、原料、能耗、污染物性质及发展规划等。

(2) 建设项目周围地区的环境状况　项目所在地区的自然环境和社会环境以及周围的大气、土壤、水体的环境质量状况。

(3) 建设项目对周围地区环境的影响　建立评价模型，对未来的环境影响进行定性的、半定量的或定量的分析和评价，这是环境影响评价的核心。建设项目特别是一些大型项目，往往具有长期性和永久性的特点，一旦建成就很难改变。因此，只有对建设项目的长期环境影响有适当的评价，才可能有正确的决策。

(4) 建设项目环境保护可行性技术经济论证意见　提出保持环境质量应采取的措施，做到既保护环境，又发展生产，把环境保护与生存发展统一起来。

三、环境影响评价的程序和方法

（一）环境影响评价的程序

环境影响评价的工作程序如图 13-2 所示。从图中可以看到，工作程序大体可以分为三个阶段。

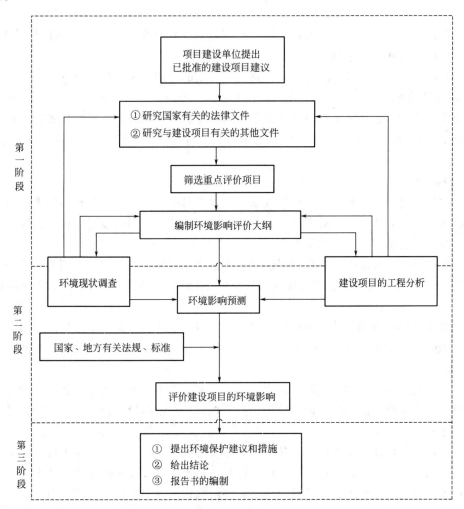

图 13-2　环境影响评价的工作程序

第一阶段为准备阶段，主要工作为研究有关文件，进行初步的工程分析和环境现状调查，筛选重点评价项目，确定各单项环境影响评价的工作等级，编制评价大纲。

第二阶段为正式工作阶段，其主要工作为工程分析和环境现状调查，并进行环境预测和评价环境影响。

第三阶段为报告书编制阶段，其主要工作为汇总、分析第二阶段所得到的各种资料、数据，得出结论，完成环境影响报告书的编制。

环境影响报告书应着重回答建设项目的选址正确与否，以及所采取的环保措施是否能满足要求。在正式工作阶段，应按如下步骤进行。

1. 工程分析

拟建项目的工程分析是环境影响评价的重要组成部分,应将工程项目分解成如下环节进行分析。

(1) 工艺过程　通过工艺过程分析,了解各种污染物的排放源和排放强度,了解废物的治理回收和利用措施等。

(2) 原材料的储运　通过对建设项目资源、能源、废物等的装卸、储运及预处理等环节的分析,掌握这些环节的环境影响情况。

(3) 厂地(场地)的开发　通过了解拟建项目对土地利用现状和土地利用形式的转变,分析项目用地开发利用带来的环境影响。

(4) 其他情况　主要指事故与泄漏,判断其发生的可能性及发生的频率。

2. 环境影响识别

对建设工程的可能环境影响进行识别,列出环境影响识别表,逐项分析各种工程活动对各种环境要素诸如大气环境、水环境、土壤环境及生态环境的影响,择其重点深入进行评价。

3. 环境影响预测

(1) 大气环境影响预测　首先应调查收集建设项目所在地区内的各种污染源、大气污染物排放状况,然后对建设项目的大气污染排放做初步估算,包括排放量、排放强度、排放方式、排放高度及在事故情况下的最大排放量。

大气环境影响评价范围主要根据建设项目的性质及规模确定。评价范围的边长一般由几千米到几十千米。大气质量监测布点可按网格、扇形、同心圆多方位及功能分区布点法进行。

(2) 水环境影响预测　首先调查收集建设项目所在地区污染源向水环境的排污状况,然后对建设项目的水环境污染物做出估算,包括排放量、排放方式、排放强度和事故排放量等。

为全面反映评价区内的环境影响,水环境的预测范围等于或略小于现状调查的范围;预测的阶段应分为建设阶段、生产运营阶段、服务期满后三个阶段;预测的时段应按冬、夏两季或丰、枯水期进行预测。

为完成以上环境评价工作内容,其工作程序安排如下:凡新建或扩建工程,首先由建设单位向环保部门提出申请,经审查确定应该进行何种等级的环境影响评价,确定等级后,由建设单位委托有关单位承担,该受托单位必须是由国家环保部确认的具有从事环境影响评价证书的单位。我国环境保护部颁发的环境评价证书分为甲级和乙级两等,建设单位应根据具体情况选择不同级别的单位。

(二) 环境影响评价方法

所谓环境影响评价方法,就是对调查收集的数据和信息进行研究和鉴别的过程,以实现量化或直观地描述评价结果为目的。环境影响评价方法主要有列表清单法、矩阵法、网络法、图形叠置法、质量指标法(综合指数法)、环境预测模拟模型法等。

1. 列表清单法

此法多用于环境影响评价准备阶段,以筛选和确定必须考虑的影响因素。具体办法是将拟建工程项目或开发活动与可能受其影响的环境因子分别列于同一张表格中,然后用不同符号或数字表示对各环境因子的影响情况,其中包括有利与不利影响,直观地反映项目对环境的影响。此法也可用来作为几种方案的对比，这种方法使用方便，但不能对环境影响评价程序做出定量评价。

2．矩阵法

矩阵法是将开发项目各方案与受影响的环境要素特性或事件，集中于一个非常容易观察和理解的形式——矩阵之中，使其建立起直接的因果关系，以说明哪些行为可以影响到哪些环境特性，以及影响程度的大小。矩阵法有相关矩阵法、迭代矩阵法和表格矩阵法等。

3．网络法

网络法是以树枝形状表示出建设项目或开发活动所产生的原发性影响和诱发性影响的全貌。用这种方法可以识别出方案行为可能会通过什么途径对环境造成影响及其相互之间的主次关系。

4．图形叠置法

这种方法是将若干张透明的标有环境特征的图叠置在同一张底图上，构成一份复合图，用以表示出被影响的环境特性及影响范围的大小。该方法首先做底图，在图上标出开发项目的位置及可能受到影响的区域，然后对每一种环境特性做评价，每评价一种特性就要进行一次覆盖透视，影响程度用黑白相间的颜色符号做成不同的明暗强度表示。将各不同代号的透明图重叠在底图上就可以得到工程的总影响图。

5．质量指标法（综合指数法）

质量指标法是环境质量评价综合指数法的扩展形式。它的特点是采用函数变换的方法，把环境参数转换为某种环境质量等级值，然后将等级值与权重值相乘，得到环境影响值，根据环境影响值即可对各种行为的影响进行评价。

6．环境预测模拟模型法

环境预测模拟模型法又称环境影响预测法，其做法是在可能发生的重大环境影响之后，预测环境的变化量、空间的变化范围、时间的变化阶段等。在物理、化学、生物、社会、经济等复杂关系中，做出定量或定性的探索性描述。在环境影响评价中用到的模拟模型有污染分析模型、生态系统模型、环境影响综合评价模型和动态系统模型等。

（三）环境影响报告书的编制

环境影响报告书是环境影响评价工作的全面总结。根据国家《环境影响评价技术导则》的规定，环境影响报告书应按下列内容进行编制。

1．总则

（1）结合评价项目的特点，阐述编制目的。

（2）编制依据包括项目建议书、评价大纲及其审查意见、评价委托书、建设项目可行性研究报告等。

（3）采用标准。

（4）控制污染与保护环境的目标。

2．建设项目概况

（1）建设项目的名称、地点及建设性质。

（2）建设规模、占地面积及厂区平面布置。

（3）土地利用情况和发展规划。

（4）产品方案和主要工艺方法。

（5）职工人数和生活区布局。

3. 工程分析

（1）主要原料、燃料及其来源、储运和物料平衡，水的用量与平衡，水的回用情况。

（2）工艺过程。

（3）排放的废水、废气、废渣、颗粒物、放射性废物等的种类、排放量和排放方式；污染物的种类、性质及排放浓度；噪声、振动的特性等。

（4）废弃物的回收利用、综合利用和处理、处置方案。

4. 建设项目周围地区环境现状

（1）地理位置。

（2）自然环境包括：气象、气候及水文情况（河流、湖泊、水库及海湾）；地质、地貌状况；土壤、植被（自然及人工）及珍稀野生动植物状况；大气、地面水、地下水及土壤环境质量状况。

（3）社会环境包括：建设项目周围现有工矿企业和生活居住区的分布情况、农业概况及交通运输状况；人口密度、人群健康及地方病情况。

5. 环境影响预测

（1）预测范围。

（2）预测时段。

（3）预测内容及预测方法。

（4）预测结果及其分析说明。

6. 评价建设项目的环境影响

（1）建设项目环境影响的特征。

（2）建设项目环境影响的范围、程度和性质。

7. 环境保护措施的评价及环境经济论证提出各项措施的投资估算

8. 建设项目对环境影响的经济损益性分析

9. 环境监测制度及环境管理、环境规划的建议

10. 环境影响评价结论

思 考 题

1. 环境质量评价有哪几种？各有什么特点？

2. 环境现状评价在评价过程中分为哪几个阶段？

3. 环境影响评价包括哪几个阶段？

4. 简述环境质量评价与环境监测的关系。

附　　录

附录一　历年世界环境日主题

- 1974 年　只有一个地球/Only one Earth
- 1975 年　人类居住/Human Settlements
- 1976 年　水：生命的重要源泉/Water：Vital Resource for Life
- 1977 年　关注臭氧层破坏，水土流失和土壤退化，滥伐森林/Ozone Layer Environmental Concern；Lands Loss and Soil Degradation；Firewood
- 1978 年　没有破坏的发展/Development Without Destruction
- 1979 年　为了儿童和未来——没有破坏的发展/Only One Future for Our Children-Development Without Destruction
- 1980 年　新的十年，新的挑战——没有破坏的发展/A New Challenge for the New Decade：Development Without Destruction
- 1981 年　保护地下水和人类的食物链，防治有毒化学品污染/Ground Water；Toxic Chemicals in Human Food Chains and Environmental Economics
- 1982 年　斯德哥尔摩人类环境会议十周年——提高环境意识/Ten Years After Stockholm（Renewal of Environmental Concerns）
- 1983 年　管理和处置有害废弃物，防治酸雨破坏和提高能源利用率/Managing and Disposing Hazardous Waste：Acid Rain and Energy
- 1984 年　沙漠化/Desertification
- 1985 年　青年、人口、环境/Youth：Population and the Environment
- 1986 年　环境与和平/A Tree for Peace
- 1987 年　环境与居住/Environment and Shelter：More Than a Roof
- 1988 年　保护环境、持续发展、公众参与/When People Put the Environment First，Development Will Last
- 1989 年　警惕全球变暖/Global Warming；Global Warning
- 1990 年　儿童与环境/Children and the Environment
- 1991 年　气候变化——需要全球合作/Climate Change. Need for Global Partnership
- 1992 年　只有一个地球——一齐关心，共同分享/Only One Earth，Care and Share
- 1993 年　贫穷与环境——摆脱恶性循环/Poverty and the Environment-Breaking the Vicious Circle
- 1994 年　一个地球，一个家庭/One Earth One Family
- 1995 年　各国人民联合起来，创造更加美好的未来/We the Peoples：United for the Global Environment
- 1996 年　我们的地球、居住地、家园/Our Earth，Our Habitat，Our Home

- 1997 年　为了地球上的生命/For Life on Earth
- 1998 年　为了地球上的生命——拯救我们的海洋/For Life on Earth-Save Our Seas
- 1999 年　拯救地球就是拯救未来/Our Earth-Our Future-Just Save It!
- 2000 年　2000 环境千年——行动起来吧！/2000 The Environment Millennium-Time to Act
- 2001 年　世间万物，生命之网/Connect with the World Wide Web of Life
- 2002 年　让地球充满生机/Give Earth a Chance
- 2003 年　水——二十亿人生命之所系/Water-Two Billion People are Dying for It!
- 2004 年　海洋存亡，匹夫有责/Wanted! Seas and Oceans-Dead or Alive
- 2005 年　营造绿色城市，呵护地球家园/Green Cities-Plan for the Planet!
- 2006 年　莫使旱地变荒漠/Deserts and Desertification-Don't Desert Drylands!
- 2007 年　冰川消融，是个热点话题吗？/Melting Ice-a Hot Topic?
- 2008 年　戒除嗜好！面向低碳经济/Kick the Habit! Towards a Low Carbon Economy.
- 2009 年　地球需要你：团结起来应对气候变化/Earth Needs You：to Unite to Combat Climate Change.
- 2010 年　多样的物种·唯一的星球·共同的未来/Manyspecies Oneplanet Onefuture
- 2011 年　森林：大自然为您效劳/Forests：Nature at Your Service.
- 2012 年　绿色经济：你参与了吗？/Green Economy：Does It Include You?
- 2013 年　思前、食后、厉行节约/Think. Eat. Save.
- 2014 年　提高你的呼声，而不是海平面/Raise Your Voice，Not the Sea Level.
- 2015 年　七十亿个梦，一个地球，关爱型消费/Seven Billion Dreams. One Planet. Consume with Care.
- 2016 年　为生命呐喊（打击野生动物非法贸易）/Go Wild for Life.
- 2017 年　人与自然，相联相生/Connecting People to Nature
- 2018 年　塑战速决/Beat Plastic Pollution

附录二 《京都议定书》 和《巴黎协定》 简介

《京都议定书》(Kyoto Protocol)，全称《联合国气候变化框架公约的京都议定书》，是《联合国气候变化框架公约》(United Nations Framework Convention on Climate Change, UNFCCC) 的补充条款。于 1997 年 12 月在日本京都由《联合国气候变化框架公约》参加国三次会议制定。其目标是"将大气中的温室气体含量稳定在一个适当的水平，进而防止剧烈的气候改变对人类造成伤害"。

它规定从 2008 年至 2012 年第一个量化的限制和减少排放的承诺期内，发达国家的二氧化碳等 6 种温室气体的排放量将在 1990 年的基础上平均减少 5.2%。其中欧盟将 6 种温室气体二氧化碳 (CO_2)、甲烷 (CH_4)、氧化亚氮 (N_2O)、氢氟碳化物 (HFCs)、全氟化碳 (PFCs)、六氟化硫 (SF_6) 的排放量削减 8%，美国削减 7%，日本削减 6%。《京都议定书》于 2005 年 2 月 16 日正式生效，具备了国际法效力。

2012 年在卡塔尔多哈举行的《联合国气候变化框架公约》缔约方第 18 次会议通过了《京都议定书》第二承诺期修正案，为相关发达国家设定了 2013 年至 2020 年的温室气体量化减排指标。

《联合国气候变化框架公约》第 21 次缔约方大会暨《京都议定书》第 11 次缔约方大会于 2015 年 11 月 30 日至 12 月 11 日在巴黎北郊的布尔歇展览中心举行，2015 年 12 月 12 日通过《巴黎协定》。国务院副总理张高丽 2016 年 4 月 22 日在纽约联合国总部代表中国签署《巴黎协定》；2016 年 9 月 3 日，中国全国大大常委会批准中国加入《巴黎协定》，成为第 23 个完成批准协定的缔约方。

《巴黎协定》是继 1997 年《京都议定书》(有效期至 2020 年) 之后的全球第二份关于控制气候变化的重要约束性协议，明确了从 2020 年至 2030 年全球气候治理机制和行动安排。协议各方将加强对气候变化威胁的全球应对，把全球平均气温较工业化前水平升高控制在 2℃之内，并为把升温控制在 1.5℃之内而努力，尽快实现温室气体排放达峰，21 世纪下半叶实现温室气体净零排放。《巴黎协定》共 29 条，包括目标、减缓、适应、损失损害、资金、技术、能力建设、透明度、全球盘点等内容。2016 年 11 月 4 日，《巴黎协定》正式生效。

附录三 地表水环境质量标准

[GB 3838—2002，原国家环境保护总局 2002 年 4 月 26 日批准，自 2002 年 6 月 1 日实施，《地面水环境质量标准》（GB 3838—1988）和《地表水环境质量标准》（GHZB 1—1999）同时废止]

附表 3-1 地表水环境质量标准基本项目标准限值　　　　　　单位：mg/L

项目		Ⅰ类	Ⅱ类	Ⅲ类	Ⅳ类	Ⅴ类
水温		人为造成的环境水温变化应限制在：周平均最大温升≤1℃；周平均最大温降≤2℃				
pH 值(无量纲)		6～9				
溶解氧	≥	饱和率 90%(或 7.5)	6	5	3	2
高锰酸盐指数	≤	2	4	6	10	15
化学需氧量(COD)	≤	15	15	20	30	40
五日生化需氧量(BOD$_5$)	≤	3	3	4	6	10
氨氮(NH$_3$-N)	≤	0.15	0.5	1.0	1.5	2.0
总磷(以 P 计)	≤	0.02 (湖、库 0.01)	0.1 (湖、库 0.025)	0.2 (湖、库 0.05)	0.3 (湖、库 0.1)	0.4 (湖、库 0.2)
总氮(湖、库，以 N 计)	≤	0.2	0.5	1.0	105	2.0
铜	≤	0.01	1.0	1.0	1.0	1.0
锌	≤	0.05	1.0	1.0	2.0	2.0
氟化物(以 F$^-$ 计)	≤	1.0	1.0	1.0	1.5	1.5
硒	≤	0.01	0.01	0.01	0.02	0.02
砷	≤	0.05	0.05	0.05	0.1	0.1
汞	≤	0.00005	0.00005	0.0001	0.001	0.001
镉	≤	0.001	0.005	0.005	0.005	0.01
铬(六价)	≤	0.01	0.05	0.05	0.05	0.1
铅	≤	0.01	0.01	0.05	0.05	0.1
氰化物	≤	0.005	0.05	0.2	0.2	0.2
挥发酚	≤	0.002	0.002	0.005	0.01	0.1
石油类	≤	0.05	0.05	0.05	0.5	1.0
阴离子表面活性剂	≤	0.2	0.2	0.2	0.3	0.3
硫化物	≤	0.05	0.1	0.2	0.5	1.0
粪大肠菌群	≤	200 个/L	2000 个/L	10000 个/L	20000 个/L	40000 个/L

附表 3-2 集中式生活饮用水地表水源地补充项目标准限值　　　　　　单位：mg/L

项目	标准值	项目	标准值
硫酸盐(以 SO$_4^{2-}$ 计)	250	铁	0.3
氯化物(以 Cl$^-$ 计)	250	锰	0.1
硝酸盐(以 N 计)	10		

附录四　环境空气质量标准

（GB 3095—2012，2016 年 1 月 1 日实施）

附表 4-1　环境空气污染物基本浓度限值

污染物项目	平均时间	浓度限值		单位
		一级	二级	
二氧化硫（SO_2）	年平均	20	60	$\mu g/m^3$
	24 小时平均	50	150	
	1 小时平均	150	500	
二氧化氮（NO_2）	年平均	40	40	
	24 小时平均	80	80	
	1 小时平均	200	200	
一氧化碳（CO）	24 小时平均	4	4	mg/m^3
	1 小时平均	10	104	
臭氧（O_3）	日最大 8 小时平均	100	160	$\mu g/m^3$
	1 小时平均	160	200	
颗粒物（粒径小于等于 $10\mu m$）	年平均	40	70	
	24 小时平均	50	150	
颗粒物（粒径小于等于 $2.5\mu m$）	年平均	15	35	
	24 小时平均	35	75	

附表 4-2　环境空气污染物其他项目浓度限值

污染物项目	平均时间	浓度限值		单位
		一级	二级	
总悬浮颗粒物（TSP）	年平均	80	200	$\mu g/m^3$
	24 小时平均	120	300	
氮氧化物（NO_x）	年平均	50	50	
	24 小时平均	100	100	
	1 小时平均	250	250	
铅（Pb）	年平均	0.5	0.5	
	季平均	1	1	
苯并[a]芘（BaP）	年平均	0.001	0.001	
	24 小时平均	0.0025	0.00255	
颗粒物（粒径小于等于 $10\mu m$）	年平均	40	70	
	24 小时平均	50	150	
颗粒物（粒径小于等于 $2.5\mu m$）	年平均	15	35	
	24 小时平均	35	75	

附录五　声环境质量标准

（GB 3096—2008，代替 GB 3096—1993，GB/T 14623—1993）

1. 声环境功能区分类

按区域的使用功能特点和环境质量要求，声环境功能区分为以下五种类型。

0 类声环境功能区：指康复疗养区等特别需要安静的区域。

1 类声环境功能区：指以居民住宅、医疗卫生、文化教育、科研设计、行政办公为主要功能，需要保持安静的区域。

2 类声环境功能区：指以商业金融、集市贸易为主要功能，或者居住、商业、工业混杂，需要维护住宅安静的区域。

3 类声环境功能区：指以工业生产、仓储物流为主要功能，需要防止工业噪声对周围环境产生严重影响的区域。

4 类声环境功能区：指交通干线两侧一定距离之内，需要防止交通噪声对周围环境产生严重影响的区域，包括 4a 类和 4b 类两种类型。4a 类为高速公路、一级公路、二级公路、城市快速路、城市主干路、城市次干路、城市轨道交通（地面段）、内河航道两侧区域；4b类为铁路干线两侧区域。

2. 环境噪声限值

附表 5-1　环境噪声限值　　　　　　　　　　单位：dB（A）

声环境功能区类别	时段	昼间	夜间
0 类		50	40
1 类		55	45
2 类		60	50
3 类		65	55
4 类	4a 类	70	55
	4b 类	70	60

附录六　"大气十条""水十条""土十条"印发通知

2013 年 9 月 12 日，国务院网站发布关于印发《大气污染防治行动计划》的通知，简称"大气十条"（http：//zfs. mep. gov. cn/fg/gwyw/201309/t20130912＿260045. shtml）

2015 年 4 月 16 日，国务院网站发布关于印发《水污染防治行动计划》的通知，简称"水十条"（http：//zfs. mep. gov. cn/fg/gwyw/201504/t20150416＿299146. shtml）

2016 年 5 月 28 日，国务院网站发布关于印发《土壤污染防治行动计划》的通知，简称"土十条"（http：//zfs. mep. gov. cn/fg/gwyw/201605/t20160531＿352665. shtml）

参 考 文 献

[1] 林肇信，等. 环境保护概论. 修订版. 北京：高等教育出版社，1999.
[2] 战友. 环境保护概论. 北京：化学工业出版社，2004.
[3] 曲格平. 环境保护知识读本. 北京：红旗出版社，1999.
[4] 苏杨. 中国生态环境现状及其"十二五"期间的战略取向. 改革，2010，（2）：5-13.
[5] 李博. 生态学. 北京：高等教育出版社，2000.
[6] 陈英旭. 环境学. 北京：中国环境科学出版社，2001.
[7] 刘树庆. 农村环境保护. 北京：金盾出版社，2010.
[8] 中华人民共和国农业部. 到2020年化肥使用量零增长行动方案.
[9] 中华人民共和国农业部. 到2020年农药使用量零增长行动方案.
[10] 中华人民共和国环境保护部. 全国土壤污染状况调查公报.
[11] 中国科学院可持续发展战略研究组. 中国可持续发展战略报告. 北京：科学出版社，2003.
[12] 钱易，唐孝炎. 环境保护与可持续发展. 北京：高等教育出版社，2000.
[13] 高吉喜. 持续发展理论探索——生态承载力理论、方法与应用. 北京：中国环境科学出版社，2001.
[14] 中国环境与发展国际合作委员会，世界自然基金会. 中国生态足迹报告（上）. 世界环境，2008，（5）：52-57.
[15] 中国环境与发展国际合作委员会，世界自然基金会. 中国生态足迹报告（下）. 世界环境，2008，（6）：63-69.
[16] 国家环境保护总局，国家统计局. 中国绿色国民经济核算研究报告，2004. 环境经济，2006，（10）：10-16.
[17] 马光，等. 环境与可持续发展导论. 第2版. 北京：科学出版社，2006.
[18] 薛惠锋. 日本、德国发展循环经济的考察与启示. 国际学术动态，2009，（2）：30-32.
[19] 中国科学院可持续发展战略研究组. 中国可持续发展战略报告. 北京：科学出版社，2009.
[20] 陈柳钦. 低碳经济：一种新的经济发展模式. 实事求是，2010，（2）：31-34.
[21] 杨春平. 循环经济与低碳经济的内涵及其关系. 中国经贸导刊，2009，（24）：21-31.
[22] 潘家华，庄贵阳，郑艳，等. 低碳经济的概念辨识及核心要素分析. 国际经济评论，2010，（4）：88-101.
[23] 国家环境保护局，国家技术监督局. 自然保护区类型与级别划分原则. 中华人民共和国国家标准. GB/T 14529—1993.
[24] 中国21世纪议程——中国21世纪人口、环境与发展白皮书.
[25] 全国科学技术名词委员会. 地理学名词. 第2版. 北京：科学出版社，2006.
[26] 中国科学院可持续发展战略研究组. 中国可持续发展战略报告. 北京：科学出版社，2008.
[27] 周富春，等. 环境保护基础. 北京：科学出版社，2008.
[28] 左玉辉. 环境学. 北京：高等教育出版社，2002.
[29] 杨志峰，等. 环境科学概论. 北京：高等教育出版社，2004.
[30] 刘培桐. 环境学概论. 北京：高等教育出版社，1995.
[31] 何强. 环境学导论. 北京：清华大学出版社，2004.
[32] 朱蓓丽. 环境工程概论. 北京：科学出版社，2006.
[33] 鞠美庭. 环境学基础. 北京：化学工业出版社，2004.
[34] 蒋展鹏. 环境工程学. 第2版. 北京：高等教育出版社，2005.
[35] 高廷耀. 水污染控制工程. 第2版. 北京：高等教育出版社，1999.
[36] 李圭白. 城市水工程概论. 北京：高等教育出版社，2002.
[37] W Wesley Eckenfelder Jr. 工业水污染控制. 第3版. 北京：化学工业出版社，2004.
[38] 颜素珍. 以史为鉴科学应对水灾害. 河海大学学报：哲学社会学版，2008，10（4）：15-18.

[39] 王修贵，陈斌，等. 对水灾害治理标准规律的初步认识. 灌溉排水学报，2008，27（5）：48-50.

[40] 郝吉明，马广大. 大气污染控制工程. 第2版. 北京. 高等教育出版社，2002.

[41] 吴忠标. 大气污染控制工程. 北京：科学出版社，2002.

[42] 郑正. 环境工程学. 北京：科学出版社，2004.

[43] 胡洪营，张旭. 环境工程原理. 北京：高等教育出版社，2005.

[44] 马广大. 大气污染控制工程. 第2版. 北京：中国环境科学出版社，2004.

[45] 蒲恩奇. 大气污染治理工程. 北京：高等教育出版社，1999.

[46] 郝吉明. 大气污染控制工程例题与习题集. 北京：高等教育出版社，2003.

[47] Noel de Nevers. Air Pollution Control Engineering. 北京：清华大学出版社，2000.

[48] 张玉龙. 农业环境保护. 第2版. 北京：中国农业出版社，2004.

[49] 马耀华，刘树庆. 环境土壤学. 西安：陕西科学技术出版社，1998.

[50] 陈维新. 农业环境保护. 北京：农业出版社，1993.

[51] 付柳松. 农业环境学. 北京：中国林业出版社，2000.

[52] 宁平. 固体废物处理与处置. 北京：高等教育出版社，2007.

[53] 赵由才，牛冬杰，柴晓利. 固体废物处理与资源化. 北京：化学工业出版社，2006.

[54] 彭长琪. 固体废物处理工程. 武汉：武汉理工大学出版社，2005.

[55] 杨国清. 固体废物处理工程. 北京：科学出版社，2000.

[56] 张益，赵由才. 生活垃圾焚烧技术. 北京：化学工业出版社，2000.

[57] 赵由才，朱青山. 城市生活垃圾卫生填埋场技术与管理手册. 北京：化学工业出版社，1999.

[58] 何品晶，邵立明. 固体废物管理. 北京：高等教育出版社，2004.

[59] 刘天齐. 环境保护概论. 北京：化学工业出版社，2004.

[60] 赵由才. 固体废物污染控制与资源化. 北京：化学工业出版社，2002.

[61] 庄伟强. 固体废物处理与利用. 北京：化学工业出版社，2001.

[62] 洪宗辉. 环境噪声控制工程. 北京：高等教育出版社，2002.

[63] 盛美萍，等. 噪声与振动控制技术基础. 北京：科学出版社，2007.

[64] 张邦俊. 环境噪声学. 杭州：浙江大学出版社，1999.

[65] 陈秀娟. 实用噪声与振动控制. 北京：化学工业出版社，1996.

[66] 高红武. 环境噪声控制. 武汉：武汉理工大学出版社，2003.

[67] 张林. 环境及其控制. 哈尔滨：哈尔滨工程大学出版社，2002.

[68] 奚旦立，等. 环境监测. 第3版. 北京：高等教育出版社，2004.

[69] 陆书玉. 环境影响评价. 北京：高等教育出版社，2001.

[70] 中华人民共和国环境保护部. 2015中国环境状况公报.

[71] 全国人民代表大会常务委员会. 中华人民共和国固体废物污染环境防治法（2016修订版）.

[72] 中华人民共和国中央人民政府. 土壤污染防治行动计划.